래블

파리

상상출판

셀프트래블

파 리

개정2판 1쇄 | 2024년 3월 15일

글과 사진 | 박정은

발행인 겸 편집인 | 유철상
편집 | 김정민, 김수현
디자인 | 노세희, 주인지
마케팅 | 조종삼, 김소희
콘텐츠 | 강한나

펴낸 곳 | 상상출판
주소 | 서울특별시 성동구 뚝섬로17가길 48, 성수에이원센터 1205호(성수동 2가)
구입 · 내용 문의 | **전화** 02-963-9891(편집), 070-7727-6853(마케팅)
팩스 02-963-9892 **이메일** sangsang9892@gmail.com
등록 | 2009년 9월 22일(제305-2010-02호)
찍은 곳 | 다라니
종이 | ㈜월드페이퍼

※ 가격은 뒤표지에 있습니다.

ISBN ISBN 979-11-6782-188-1 (14980)
ISBN 979-11-86517-10-9 (SET)

www.esangsang.co.kr

셀프트래블

파리

Paris

박정은 지음

상상출판

friedenfried
pazpaz

Prologue

파리는 나의 첫 해외 여행지다. 20대 초반, 혼자 파리 샤를 드 골 공항에 도착했을 때 설렘과 동시에 두려웠던 마음이 지금도 생생하다. 내 영어 실력도 형편없었지만, 그 형편없는 영어조차 쓸 수 없이 주변은 온통 프랑스어로 가득했고 한국에서 준비해갔던 머릿속 여행 정보는 하얗게 사라져 버렸다. 그때 든 생각은 단 하나다. 생.존. '일단, 공항 밖으로 나가 숙소를 찾아가자'. 당시엔 구글맵도, 휴대전화란 단어조차 존재하지 않는 시기였기에 지도 한 장 달랑 들고 길 가던 프랑스인들에게 주소를 보여주며 물어물어 가야 했다. 오른쪽으로 꺾고 왼쪽으로 돌아 다시 오른쪽이었던가, 왼쪽이었던가. 나는 방금 무엇을 들었나. 여긴 어디인가. 그렇게 여러 사람에게 묻고 물어 한참 걸려 도착한 호스텔 간판을 보자 눈물이 그렁그렁했다.
체크인하고 도미토리에서 안도의 숨을 쉬며 짐을 푸는데 내 또래의 미국 여자애들이 들어왔다. 파란 눈의 포니테일 머리를 한 여자아이가 인사했다(미국인들은 인사성이 참 바르다). "안녕, 어느 나라에서 왔어?" "한국에서 왔어." "나랑 친구들은 미국에서 왔어." "혼자 온 거야?" "응." "정말 용감하다! 얘들아, 얘 좀 봐, 한국에서 여자 혼자서 여행하러 왔대. 대단하지 않아?". 그때 처음 알았다. 내가 미국 언니들보다 용감한 사람이란 것을. 미국 언니들이야말로 세상에서 가장 용감한 줄 알았는데 말이다. 나는 우쭐해졌다. 아시아에서 여자 혼자서, 유럽으로 여행하러 올 정도로, '용감한' 사람은 바로 나고, 나는 앞으로도 계속 용감할 것이다!
그렇게 시작한 한 달 조금 넘는 유럽 여행은 나의 결심과는 다르게 사건 · 사고와 실수투성이 엉망진창이었지만 그 이후로도 주욱 굳건하게 혼자 여행을 떠났다. 그렇게 유럽과 아프리카, 아시아, 북미와 남미를 다니며 64개국을 여행했다. 처음이자 마지막일 줄 알았던 유럽은 세다가 포기한, 가장 여러 번 다녀온 대륙이 됐다. 비록 30대 중반부터 아이를 낳고 키우느라 여행 국가 수는 꽤 오랫동안 정체돼 있지만 다시 늘어갈 날이 머지않았음을 나는 안다. 이제는 딸과 함께 가는 것도 또 하나의 로망이 됐다. 보호자로 데리고 다니는 아이가 아닌 동등한 여행자로 말이다.

대학생 때부터 30대 초반까지 자유 배낭여행자로 여행을 다니다 아기부터 어린이, 청소년, 할머니가 포함된 가족과 여행을 떠나보니 고려할 사항이 많은 여행을 체감했다. 그래서 『파리 셀프트래블』은 다양한 여행자를 생각하며 작업했다. 첫 여행이 설레면서 동시에 두려운 청년 여행자들에게는 믿을 만한 여행 선배의 마음으로, 파리 여행을 앞둔 바쁜 회사원에게는 친구를 위해 대신 여행 일정을 짜주는 착한 친구로, 요즘 트렌드 맛집과 쇼핑에 관심이 많은 이들을 위해서는 팁을 담고, 아이와 함께 여행하는 가족 여행자들이 조금이라도 편한 여행을 즐길 수 있게 안내하기 위해 노력했다. 특히 각 장의 앞부분에 마련된 추천 루트는 여행자들의 다양한 상황을 고려했다. 시간이 없는 사람들을 위해 초단거리 루트도 있고, 일부러 좀 더 많이 걷는 루트도 있다. 모두 볼거리들을 놓치지 않으면서도 주변의 쇼핑과 식사할 장소를 고려해 만들었고 실제로 걸으며 체크한 것이다. 또 각 장의 루트를 자신의 상황에 맞춰 선택·조합할 수 있게 만든 것도 이 책의 큰 특징이다. 한 장은 여행자의 스타일에 따라 반나절 코스가 되기도 하고 하루 코스가 되기도 하니 가고 싶은 지역을 조합해(예를 들어, 1+3장, 1+5장 등) 나만의 하루 일정을 만들 수 있다. 그리고 실속 없이 두껍기만 하고, 너무 많은 정보로 혼란스러운 책과의 차별성도 있다. 여행을 떠나보면 두꺼운 책이 얼마나 부담스러운지 체감하게 된다. 20대부터 그런 가이드북의 단점을 없앤, 꼭 필요한 내용들로만 구성된 군더더기 없는 책을 만들고 싶었는데, 그 소망으로 만든 첫 번째 책이 바로 2011년에 쓴『파리 셀프트래블』이다. 파리를 시작으로 지금은 런던, 프라하, 크로아티아, 그리스, 동유럽까지 쓰게 되어 기쁘다. 모두 유철상 대표님의 제안과 상상출판의 노력, 그리고 여행자들의 반응이 있었기에 10년이 넘게 이어지고 있다고 생각한다.

한 번은 파리에서 다른 도시로 이동하는 비행기를 놓치고, 예정에 없이 한인 숙소에 머물게 됐다. 날린 비행기표와 꼬인 일정을 어찌하나 고민하고 있었는데 거실 한쪽에 여행자들이 놓고 간 가이드북들이 눈에 들어왔다. 1쇄부터 최신판까지 너덜너덜한 상태가 되어 꽂힌 여러 권의『파리 셀프트래블』을 본 순간 고민은 사라지고 뿌듯한 마음이 차올랐다. 누군가에게 도움을 주었음에 기분이 좋았다. 책을 펼쳐보니 안쪽에는 여행자들이 다음 여행자를 위해 기존 정보를 보강해 놓은 내용이 덧붙여 있다. 한두 명이 아닌 여러 명의 손글씨다. 착한 여행자의 마음은 얼마나 예쁜가! 누구인지 모를 사람을 위해 도움을 주고픈 선의의 마음, 내가 가이드북을 쓰는 이유도 그렇다. 우연한 기회에 가이드북을 시작한 지 벌써 17년째가 되어간다. 파리는 내가 가장 사랑하는 도시이며 가장 잘 알고 있는 여행지다. 이번 개정판은 거의 책을 새로 쓰는 것처럼 꼼꼼히 작업했다. 열심히 했다 하더라도 사람인지라 실수도 있고 모자란 부분이 있다. 독자분들은『파리 셀프트래블』을 읽고 잘못된 정보나 보완했으면 하는 부분이 있으면 인스타그램으로 언제든지 말해주면 좋겠다(여행 강의 소식과 새 책이 나오면 출간 이벤트도 한다). 좋은 평가는 즐겁고, 까다로운 지적은 순간은 부끄럽지만 더 나은 책을 만드는 데 훌륭한 밑거름이 된다. 나는 독자와 소통하며 실용적이면서도 역사와 문화를 이해하고 즐길 수 있는 재미난 가이드북을 만들고 싶다. 마지막으로 이번 개정판은 김수현 에디터와 노세희 디자이너가 함께 작업했다. 중년의 노안과 건망증을 커버해줘서 이 자리를 통해 감사를 전하고 싶다.

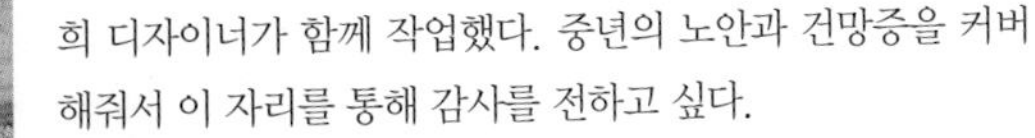

2024년 3월, 박정은

Contents

목차

Mission in Paris

파리에서 꼭 해봐야 할 모든 것

Enjoy Paris

파리를 즐기는 가장 완벽한 방법

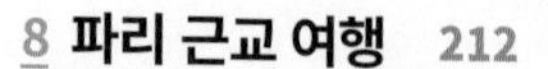

Step To Paris

쉽고 빠르게 끝내는 여행 준비

일러두기

❶ 주요 지역 소개

『파리 셀프트래블』에서는 라 데팡스, 시테 섬과 라탱 지구, 몽마르트르, 시청에서 레알, 루브르 박물관 주변, 마레 지구 등을 다룹니다. 또한, 이 지역과 인접한 주변 지역들도 다양하게 다루고 있습니다. 지역별 주요 스폿은 관광명소, 쇼핑, 식당, 숙소 등으로 소개하고 있으니 참고 바랍니다.

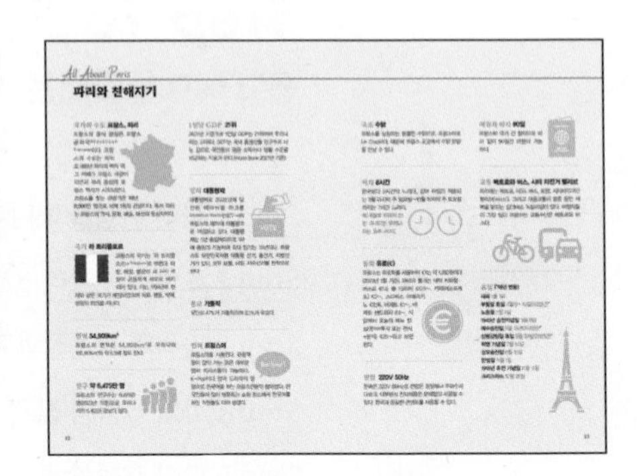
All About Paris
파리와 친해지기

❷ 철저한 여행 준비

Mission in Paris 파리에서 놓치면 100% 후회할 볼거리, 음식, 쇼핑 아이템 등의 재미난 정보를 테마별로 한눈에 보여줍니다. 즐겁고 알찬 여행을 즐길 수 있는 필요한 정보만 쏙쏙! 골라서 보세요.
Step to Paris 맞춤형 파리 여행 계획을 짜는 방법부터 계절에 맞춰 짐 꾸리는 노하우, 파리로 떠나기 전 알아두면 유용한 여행 정보를 한눈에 보기 쉽게 모았습니다. 파리의 일반 정보, 출입국 수속, 짐 꾸리기, 기본 영어 회화 등을 초보 여행자도 어렵지 않게 습득해 자신만의 여행을 떠날 수 있습니다.

Step 1 파리 여행을 떠나기 전 알아야 할 모든 것
Culture 1
프랑스의 유네스코 문화유산

❸ 알차디알찬 여행 핵심 정보

Enjoy Paris 파리를 지역별로 세분화하여 주요 명소를 상세하게 소개합니다. 지도를 수록해 두었기 때문에 구체적인 이동 동선을 살필 수 있고 여행 계획을 짜기 용이합니다. 다음으로 주요 명소와 음식점 등을 주소, 위치, 홈페이지 등 상세 정보와 함께 수록했습니다. 알아두면 유용한 Tip도 가득하니, 설레는 여행을 준비해 보세요.

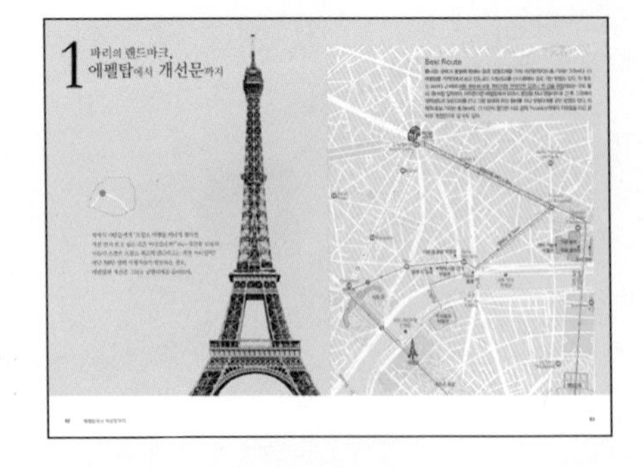
1 파리의 랜드마크, 에펠탑에서 개선문까지
Best Route

❹ 원어 표기

최대한 외래어 표기법을 기준으로 표기했으나 몇몇 관광명소와 업소의 경우 현지에서 사용 중인 한국어 안내와 여행자들에게 익숙한 이름을 택했습니다. 또한 도서 내 모든 내용은 '만 나이'를 기준으로 했습니다.

❺ 정보 업데이트

이 책에 실린 모든 정보는 2024년 1월까지 취재한 내용을 기준으로 하고 있습니다. 현지 사정에 따라 요금과 운영시간 등이 변동될 수 있으니 여행 전에 한 번 더 확인하시길 바랍니다. 잘못되거나 바뀐 정보는 계속 업데이트하겠습니다.

❻ 지도 활용법

이 책의 지도에는 아래와 같은 부호를 사용하고 있습니다.

주요 아이콘

- Ⓡ 레스토랑, 카페 등 식사할 수 있는 곳
- Ⓢ 백화점, 쇼핑몰, 슈퍼마켓 등 쇼핑 장소
- Ⓗ 호텔, 게스트 하우스 등 숙소
- Ⓝ 클럽, 바 등 나이트 라이프를 즐기기 좋은 곳
- Ⓜ 전철
- ⓘ 관광안내소
- 경찰서
- ✉ 우체국
- ● 관광지, 스폿

파리 전도

2장. 라 데팡스(p.104)
신개선문
아클리마타시옹
놀이공원
루이비통 재단
(미술관)
불로뉴 숲
라끄 씨엘
마르모탕
모네 박물관
BVJ(Champs-
Elysées Monceau점)
몽소 공원
몽마르트
공동묘
생 라자르역
6장. 루브르
(p.166)
개선문
샹젤리제 거리
마들렌
성당
콩코르드
광장
그랑
팔레
프티
팔레
팔레 드 도쿄
몽테뉴 길
오랑주리
미술관
샤요 궁
케 브랑리
박물관
에펠탑
한국 대사관
오르세
중앙관광안내소
마르스 광장
앵발리드
로댕
미술관
1장. 에펠탑에서 개선문까지(p.82)
푸알란
파리
군사 학교
K-Mart
보그르넬
다래
유네스코
봉 마르쉐
백화점
Kriad(Tour Eiffel점)
에펠 약국
Hotel Campanile
(Tour Eiffel점)
Hotel Ibis
(Tour Eiffel Cambronne점)
마카롱 민박
몽파르나
타워
파리
몽파르나스 민박
몽파르나스역
몽파르
공동
방브 벼룩시장
(p.205)

생 우앙 벼룩시장(p.205)
몽마르트르
테르트르
광장
사크레쾨르 성당
AJ(Opera-
Montmartre점)
빈티지
호스텔
북역
동역
구스타브 모로
국립 박물관
세인트 크리스토퍼 인
Paris Gare du Nord점
생 마르탱 운하
(p.166)
빌레트
공원
부트-쇼몽 공원
갤러리
라파예트
Hotel Ibis
(Grands
Boulevards점)
5장. 시청에서
레알까지(p.150)
웨스트필드
포럼 데 알
국립 현대
미술관
퐁피두
센터
피카소
국립 미술관
아틀리에
데 뤼미에르
(미디어 아트관)
페르 라셰즈
공동묘지
(p.147)
루브르
박물관
예술의 다리
퐁네프
콩시에르주리
생 샤펠
시청
보주
광장
빅토르
위고의 집
7장. 마레 지구(p.192)
AIJ
바스티유
오페라
바스티유
호스텔
외젠 들라크루아
국립 박물관
시테 섬
생 루이 섬
파리-소르본
대학
아랍 세계
문화원
마이 오픈 파리
팡테옹
뤽상부르
공원
시테 섬과 라탱 지구(p.110)
파리
식물원
리옹역
프로므나드
플랑테
몽주 약국
오스테를리츠역
베르시역
베르시
공원
Hôtel Kyriad
(Bercy Village점)
프랑스
국립 도서관
(프랑수아
미테랑 도서관)
베르시
빌리지
FIAP Jean Monnet

All About Paris

파리와 친해지기

국가와 수도 **프랑스, 파리**

프랑스의 공식 명칭은 프랑스 공화국République Française이다. 프랑스의 수도는 파리로 989년 파리의 백작 위그 카페가 프랑스 국왕이 되면서 파리 중심의 프랑스 역사가 시작되었다. 프랑스를 찾는 관광객은 매년 8,900만 명으로 세계 1위의 관광지다. 특히 파리는 프랑스의 역사, 문화, 예술, 패션의 중심지이다.

국기 **라 트리콜로르**

프랑스의 국기는 '라 트리콜로르La Tricolore'로 부른다. 파랑, 하양, 빨강의 세 가지 색깔이 균등하게 세로로 배치되어 있다. 이는 1794년에 현재와 같은 국기가 제정되었으며 자유, 평등, 박애, 평등의 의미를 지닌다.

면적 **54,909km^2**

프랑스의 면적은 54,909km^2로 우리나라 100,413km^2의 약 5.5배 정도 된다.

인구 **약 6,488만 명**

프랑스의 인구수는 6,488만 명(2024년 기준)으로 우리나라의 5,162만 명보다 많다.

1인당 GDP **23위**

2021년 기준으로 1인당 GDP는 23위이며 우리나라는 29위다. GDP는 국내 총생산을 인구수로 나눈 값으로 국민들의 평균 소득이나 생활 수준을 비교하는 지표가 된다.(World Bank 2022년 기준)

정치 **대통령제**

대통령제로 2022년에 당선된 에마뉘엘 마크롱Emmanuel Macron(1977~)이 프랑스의 제25대 대통령으로 역임하고 있다. 대통령제는 5년 중임제이므로 1차례 중임이 가능하며 최대 임기는 10년이다. 프랑스도 대한민국처럼 대통령 선거, 총선거, 지방선거가 있다. 모두 보통, 비밀, 자유선거를 원칙으로 한다.

종교 **가톨릭**

국민의 47%가 가톨릭이며 33%가 무교다.

언어 **프랑스어**

프랑스어를 사용한다. 관광객들이 많이 가는 곳은 대부분 영어 의사소통이 가능하다. K-Pop이나 한국 드라마의 영향으로 한국어를 하는 프랑스인들이 많아졌다. 한국인들이 많이 방문하는 쇼핑 장소에서 한국어를 하는 직원들도 더러 생겼다.

Bonjour!

국조 **수탉**

프랑스를 상징하는 동물은 수탉으로, 프랑스어로 Le Coq이다. 때문에 프랑스 곳곳에서 수탉 문양을 만날 수 있다.

시차 **8시간**

한국보다 8시간이 느리다. 섬머 타임이 적용되는 3월 마지막 주 일요일~10월 마지막 주 토요일까지는 7시간 느리다.

예) 8월에 파리가 오전 9시라면 우리나라는 오후 4시다.

통화 **유로(€)**

프랑스는 유로화를 사용하며 €1는 약 1,443원이다(2024년 3월 기준). 파리의 물가는 대략 지하철·버스표 €2.15, 물 1.5리터 €0.5~, 커피(에스프레소) €2~, 스타벅스 아메리카노 €3.45~, 바게트 €1~, 바게트 샌드위치 €4~, 식당에서 오늘의 메뉴 점심(본식+후식 또는 전식+본식) €25~라고 보면 된다.

전압 **220V 50Hz**

한국은 220V 60Hz로 전압은 동일하나 주파수가 다르다. 대부분의 전자제품은 문제없이 사용할 수 있다. 한국과 동일한 콘센트를 사용할 수 있다.

여권과 비자 **90일**

프랑스와 국가 간 협약으로 비자 없이 90일간 여행이 가능하다.

교통 **메트로와 버스, 시티 자전거 벨리브**

파리에는 메트로, RER, 버스, 트램, 시티바이크인 벨리브(Vélib'), 그리고 대중교통이 멈춘 동안 새벽을 밝히는 심야버스 녹틸리앙이 있다. 여행자들이 가장 많이 이용하는 교통수단은 메트로와 버스다.

휴일 **(*매년 변동)**

새해 1월 1일
부활절 휴일 3월 31일~4월 1일(2024년)*
노동절 5월 1일
1945년 승전기념일 5월 8일
예수승천일 5월 12일(2024년)*
성령강림절 휴일 5월 19일(2024년)*
혁명 기념일 7월 14일
성모승천일 8월 15일
만성절 11월 1일
1918년 휴전 기념일 11월 11일
크리스마스 12월 25일

파리에 가기 전 자주 묻는 질문 8가지

Q1 파리를 여행하기 가장 좋을 때는 언제인가요?

파리 여행의 성수기는 4~10월입니다. 이 중 가장 여행하기 좋을 때는 5 · 6월과 9 · 10월입니다. 파리는 1년 내내 관광객이 가득하지만 7~8월은 초피크 시즌으로 포화상태를 겪습니다. 한국보다 습도는 낮지만 이상 기온으로 30도를 넘어가는 날이 많아 더위로 힘든데 긴 줄을 서야 하기도 합니다. 또 파리에는 에어컨이 없는 레스토랑과 숙소가 있어 깜짝 놀라기도 해요. 벚꽃 핀 파리를 보고 싶다면 4월 초중순, 9~10월이 되면 센 강변의 낙엽을 밟으며 운치를 즐길 수 있습니다. 밤에는 한국의 가을보다 쌀쌀하니 카디건이나 점퍼가 필요합니다.

Q2 파리 여행을 피해야 할 시기는 언제일까요?

파업 시기입니다. 프랑스의 파업은 가공할 만합니다. 한국과는 달리 공항, 철도, 지하철이 정말 완전히 멈춥니다. 특히 11월과 12월은 파업이 자주 있으니 여행을 계획하고 있다면 파리 파업 소식에 귀 기울이고 대체 교통수단을 생각해두는 것이 좋습니다. 숙소를 예약할 때 주요 관광지와 걸어 다닐 만한 중심가로 정하는 것도 한 방법입니다.

Q3 파리는 안전한가요?

세계적인 관광도시에 부응하듯 도난 사건도 매우 자주 일어납니다. 사람들이 많은 곳에서는 항상 소매치기를 주의하고 우범지대로 알려진 곳에 갈 때면 특별히 주의를 기울여야 합니다. 주의해야 할 장소는 샹젤리제, 오페라역, 동역, 북역, 생우앙 벼룩시장, 루브르 박물관, 몽마르트르입니다. 길에서 조직적으로 걸어가는 관광객을 둘러싸고 소매치기를 벌이기도 하니 조심하지 않아야 할 곳은 없습니다. 한국에서처럼 카페에서 가방을 놓고 화장실을 다녀오거나 짐을 두고 주문하러 간다면 가방은 도난당합니다. 주요 물품이 든 가방은 항상 몸에서 떼지 말고 대각선으로 앞쪽으로 향하게 메는 습관을 들여야 합니다. 특히 휴대폰 도난에 주의하세요. 한국처럼 손에 휴대폰을 들고 돌아다니는 것은 위험합니다. 필요할 때만 꺼내서 보고 '스프링 고리'나 '릴 홀더'를 이용해 휴대폰과 가방을 연결해 두는 것이 좋습니다.

Q4 여행 기간은 정도가 적당할까요?

책에는 1일에서 6박 7일 일정까지 소개하고 있지만 구석구석 제대로 보려면 끝이 없습니다. 파리 시내의 주요 볼거리와 베르사유 궁전을 본다면 최소 3박 4일의 일정을 추천합니다. 여기에 더하여 보다 떨어진 몽 생 미셸이나 루아르 계곡 고성, 오베르 쉬르 우아즈, 지베르니, 스트라스부르 등을 방문한다면 일정이 추가됩니다. 책에 나오는 각 장의 주요 장소들을 모두 돌아본다면 7~10일 정도를 추천합니다.

Q5 파리의 물가는 한국과 비교해 어떤가요?

빅맥 지수로 보는 프랑스의 물가는 10위(한국은 32위)로 꽤 차이가 납니다. 일회용 교통권은 €2.1(약 2,800원)로 한국과 2배 정도 차이가 납니다. 커피 가격은 한국과 비슷하며 물, 바게트, 과일, 채소는 한국보다 저렴합니다. 식당에서 음료 포함해 밥을 먹을 때 한국의 2배 정도는 생각해야 합니다.

Q6 파리에서 무료 Wifi를 사용할 수 있는 곳이 있나요?

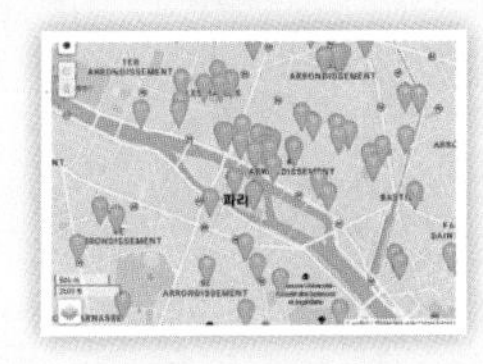

파리에는 250개의 무료 공공 Wifi가 있습니다. 보통 공원이나 광장, 도서관으로 한국처럼 지하철은 지원하지 않습니다. 이름, 전화번호, 이메일을 넣으면 사용 가능한데 2시간마다 갱신이 필요합니다. 오전 7시에서 자정까지만 이용할 수 있습니다.

Wifi 존 www.paris.fr/pages/paris-wi-fi-152

Q7 유심 구매는 어디서 하는 것이 좋을까요?

여행을 떠나기 전 해외여행용 유심 판매 업체에서 구입하거나 파리 도착 후 공항에서, 그리고 파리 시내에 들어와 통신판매 업체에서 구입할 수 있습니다. 가장 저렴하게 구입하는 방법은 역시 파리 시내 구입으로, 다양한 데이터 조건과 가격대로 비교 구입이 가능하나 대신 공항에서 파리까지는 인터넷 사용 없이 들어와야 합니다. 추천할 만한 유심은 오랑쥐Orange사의 것이 프랑스 내에서는 가장 좋습니다. 다른 유럽 지역으로 떠난다면 쓰리Three사도 추천합니다.

Q8 파리 여행에서 놓치지 말아야 할 소확행 방법을 알려주세요.

• 매일매일 에펠탑 조명 쇼

해가 진 후 한 시간마다 10분씩 펼쳐지는 조명 쇼야말로 파리 여행을 실감할 수 있는 환상의 시간입니다. 오늘은 샤요 궁과 샹 드 마르 공원에서, 내일은 갤러리 라파예트와 프렝탕 백화점 옥상에서, 그다음 날은 센 강변과 다리에서 매일매일 파리에 있음을 느껴보세요.

• 1유로의 파리지앵

한국에서 비싼 바게트, 겉은 바삭 속은 부드러운 바게트 맛집을 찾아다녀야 했다면 파리는 바게트의 천국. 단돈 1유로에 어디에서나 저렴한 바게트를 맛볼 수 있습니다. 햄, 계란, 치즈 등 다양한 속재료를 넣는 바게트 샌드위치도 매일 드실 수 있어요.

• 매일매일 디저트

라 뒤레, 피에르 에르메, 달로와요, 앙젤리나, 장 폴 에방, 파트릭 호제, 아 라 메리 드 파미유, 피에르 마르코리니, 드보에 에 갈레 등 마카롱과 초콜릿, 캬라멜 달콤한 디저트의 천국 파리입니다. 길을 걷다 만나게 되는 장인의 디저트를 맛보세요.

파리 추천 루트

이 책의 각 장들은 효율적으로 파리를 즐길 수 있는 도보 루트로 구성되어 있다. 가장 큰 장점은 주요 관광명소에 따라 간단히 조합이 가능하다는 것. 에펠탑과 샹젤리제를 돌아보는 Enjoy Paris의 1장과 몽마르트르 도보 루트가 있는 4장을 조합해 하루 일정을 만들 수도 있고, 에펠탑과 샹젤리제의 1장과 라 데팡스가 있는 2장을 묶어 하루 일정을 만들 수 있다. 즉, 보고 싶은 파리의 주요 랜드마크가 포함된 장을 뽑아 조합하면 하루 일정이 만들어진다. 천천히 여유 있게 돌아보는 일정을 원한다면 각 장을 하루 일정으로 삼아도 좋다.
다음에 소개하는 당일에서 6박 7일까지의 파리 일정은 샘플이다. 이 일정 역시 그대로 따라 해도 좋고, 원하는 대로 변경할 수도 있다. 예를 들어, 파리에 도착한 날이 토요일 밤이라면 당일은 푹 쉬고 다음 날인 일요일이 첫째 날이 된다. 첫째 날은 일요일이니 다음 6박 7일 일정 중 제7일째, 일요일 벼룩시장과 마레 지구를 보는 일정이 알맞다. 본문에서는 제7장을 참고하면 된다. 다음 일정을 자신의 상황에 맞게 유동적으로 활용하자. 별로 어렵지 않다. :)

❖도움 되는 일정 짜기 팁!

1. 여행 기간과 일정에 따라 교통권을 먼저 선택하자.

파리시는 환경문제를 해결하기 위해 2024년부터 종이 승차권 발매를 획기적으로 중단하고 충전식 교통카드로 대체하고 있다. 먼저 교통카드를 만들어야 하는데 여행자들을 위한 교통카드는 크게 1~10회권과 1일권을 충전할 수 있는 **나비고 이지**Navigo Easy(수수료 €2)와 1일권, 일주일권, 한 달권을 충전할 수 있는 **나비고 데쿠베르트**Navigo Découverte(수수료 €5)가 있다. 교통카드를 만들기 복잡하다면 좀 더 비싼 파리 비지테Paris Visite도 있다. 예를 들어, 나비고 데쿠베르트 1–5존 1일권이 보증금 €5+€20.6이라면, 파리 비지테 1–5존 1일은 €29.25이다.
걷는 걸 좋아하는 사람이라면 나비고 이지를 구입한 후 10회권 티켓 할인 묶음인 카르네 정도만 충전하고 걸어 다니자. 파리는 서울시의 1/6 크기이며 도심 대부분이 평지로 걷기 굉장히 좋은 도시다. 자전거를 좋아한다면 파리시의 시티바이크, 벨리브를 이용하는 것도 좋다. 렌털 카드 비용이 24시간에 €5(전기 자전거 포함 시 €10), 3일에 €20(전기 자전거 포함)이다. 자전거를 탄 후 30분까지는 추가 요금이 없어 이동할 때마다 시간을 30분 미만으로 잡기만 하면 저렴하게 여행할 수 있다. 자세한 교통 정보는 p.284를 참고.

2. 하루를 알뜰하게 보내고 싶다면 입장 시간에 맞추고 예약하자.

여유 있는 일정이라면 상관없겠지만, 일정이 짧다면 아침 일찍부터 서두르는 것이 좋다. 일정을 짤 때 미술관이나 박물관 오픈 시간(보통 9~10시)에 맞추고 사전에 예약하면 하루를 효율적으로 보낼 수 있다.

3. 비가 오거나 사진 찍기 흐린 날은?

미술관이나 박물관 또는 웨스트필드 포럼 데 알이나 라 데팡스의 실내 쇼핑몰과 갤러리 라파예트, 프렝탕 등의 백화점에 다녀오자.

4. 일요일에는 많은 상점과 슈퍼마켓이 문을 닫는다.

일요일에 파리에 있다면 동선이 한정된다. ① 미술관·박물관 ② 마레 지구 ③ 샹젤리제 ④ 벼룩시장 ⑤ 아웃렛 쇼핑몰 ⑥ 생 마르탱 운하에서의 브런치, 오베르 쉬르 우아즈나 베르사유 궁전 등으로의 근교 여행도 좋으나 사람이 많이 몰린다. 그리고 일요일에는 대부분의 슈퍼마켓이 문을 닫으니 토요일에 미리 물이나 식량(?)을 준비해둘 것.

5. 밤 시간을 적극 활용하자.

미술관·박물관은 대부분 오후 6시에 문을 닫고, 슈퍼마켓과 백화점은 7시나 8시에 문을 닫는다. 온종일 돌아다니느라 피곤하겠지만, 시간이 없는 여행자라면 그 이후의 시간을 활용하는 것이 좋다. 밤 시간에 즐길 수 있는 곳은 자정 무렵까지 운영하는 에펠탑, 성수기에 10:00부터 22:00까지 운영하는 센 강의 유람선, 퐁피두 센터의 국립현대 미술관(~21:00, 목요일 ~23:00, 화요일 휴무), 오르세 미술관(목요일 ~21:45), 루브르 박물관(금 ~21:45), 클래식 및 재즈 공연장 등이다. 일정을 짤 때 참고하면 더욱 효율적으로 파리 여행을 할 수 있다.

6. 분위기를 위해서는 저녁을, 저렴하게는 점심을!

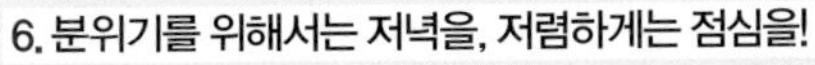

파리 여행을 떠난다면 누구나 한 번쯤 근사한 저녁 식사를 꿈꾼다. €100 이상을 투자해 미슐랭 가이드에 나온 레스토랑에서 코스요리를 즐겨보는 것도 좋다. 평생 잊지 못할 즐거운 추억이 된다. 보다 나아가 미슐랭 홈페이지에 들어가면 더 많은 식당을 볼 수 있으며 예약도 가능하다. (홈피 guide.michelin.com/kr/ko) 파리에서의 멋진 식사를 기대한다면 저녁보다는 점심 식사를 추천한다. 보통 점심시간에는 가격도 저녁보다 훨씬 저렴하다. 저녁 식사가 €100이었다면 점심 식사는 €60~70 정도.

PLAN 1 당일치기

하루 만에 파리를 다 본다는 것은 불가능에 가깝다. 하지만 일정상 그럴 수밖에 없는 상황도 있기 마련이다. 알찬 하루를 위해 아침 일찍부터 바쁘게 다녀야 한다. 입장권을 구입해 내부를 보는 것은 어렵고 바깥에서 사진 찍는 것에 만족하자. 교통권을 최대한 활용해 걸어 다니는 시간을 줄인다면 백화점 쇼핑까지 할 수 있다.

1일 **샤요 궁*** → (메트로 6호선 Trocadéro역 승차/Charles de Gaulle 하차 또는 버스 22 · 30번) → **개선문 & 샹젤리제** → (메트로 2호선 Charles de Gaulle 승차/Anvers역 하차 또는 버스 30번) → **몽마르트르+점심** → (메트로 12호선 Abbesses역 승차/메트로 1호선 Hôtel de Ville역 하차) → **노트르담 대성당** → (버스 21 · 27번) → **오페라** → **백화점 쇼핑+저녁** → **에펠탑 조명 쇼 관람**

* 샤요 궁에서 850m 떨어진 에펠탑까지 걸으며 사진을 찍었다면 이에나 다리에서 버스 30번을 타고 개선문으로 갈 수 있다. 또 다른 방법으로 에펠탑 근처에서 버스 42번을 타면 명품 거리 몽테뉴 길을 지나며 볼 수 있는 장점이 있는데 샹젤리제 거리의 끝에 세워준다. 개선문까지 1km 걸으며 구경해도 되나 시간이 없다면 버스 73번을 타며 샹젤리제를 볼 수 있다.

Tip **교통권** 나비고 이지Navigo Easy1일권 충전(또는 파리 비지테 1일권)
포인트 1. 낮과 밤의 에펠탑을 모두 즐길 것
2. 교통권을 이용해 걷는 시간을 최대한 줄일 것
3. 에펠탑 조명 쇼를 즐기기에 가장 좋은 곳은 샤요 궁의 발코니다. 하지만 빡빡한 일정으로 피곤하다면 오페라의 백화점 옥상에서 조명 쇼를 즐기고 숙소로 돌아가는 것을 추천한다.

PLAN 2 1박 2일

풀 데이 하루 루트보다 여유 있기는 하지만 파리를 즐기기엔 역시 빽빽한 일정이다. 게다가 1박만 하고 공항으로 곧바로 떠난다면 풀 데이 하루 일정과 그다지 큰 차이가 없다. 아래는 이튿날 밤늦은 시간 비행기로 출발한다는 가정에 따라 짠 루트다.

1일 **샤요 궁** → (도보 850m) → **에펠탑 올라가기+점심** → (버스 30번) → **개선문** → **샹젤리제(500m~1km 도보 구경)** → (메트로 1호선 George V역 또는 Franklin D. Roosevelt역 승차/메트로 12호선 메트로 12호선 Abbesses역 하차) → **몽마르트르+저녁** → (메트로) → **샤요 궁에서 에펠탑 조명 쇼 관람 또는 유람선 타기**

2일 **오르세 미술관 또는 루브르 박물관** → (메트로 또는 버스) → **오페라** → **점심+백화점 쇼핑**

Tip **교통권** 나비고 이지Navigo Easy로 10회권 또는 1일권 충전
포인트 1. 낮과 밤의 에펠탑을 모두 즐길 것
2. 교통권을 이용해 걷는 시간을 최대한 줄일 것
3. 둘째 날 늦은 저녁 비행기라 하더라도 미술관 · 박물관 관람과 쇼핑까지 하려면 일정이 바쁘다. 구입할 쇼핑 품목을 미리 정해 백화점을 방문한다면 시간을 절약할 수 있다.

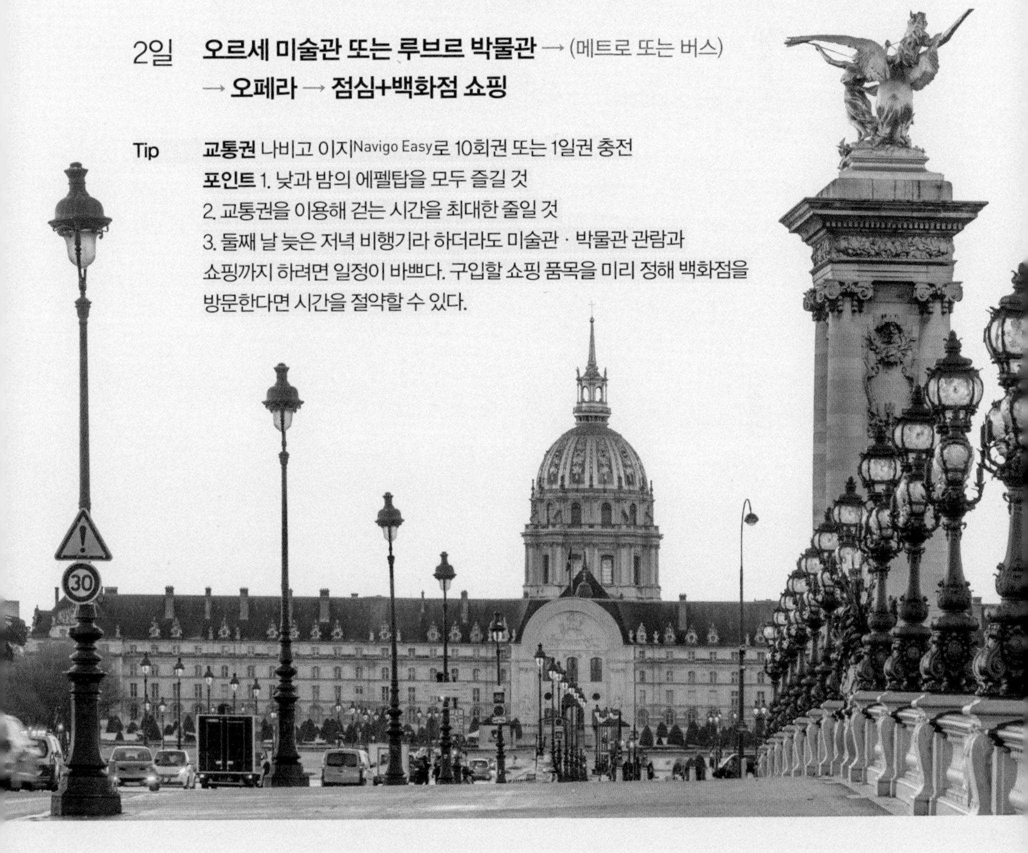

PLAN 3 3박 4일

파리의 최소 일정은 아래의 3박 4일 루트라고 생각한다. 주요 관광지와 미술관·박물관을 모두 둘러보고 베르사유 궁전을 다녀올 수 있는 일정이다. 파리의 골목을 천천히 즐겨보자.

1일 **에펠탑 → 개선문 & 샹젤리제 → 몽마르트르 → 에펠탑 조명 쇼**

2일 **베르사유 궁전 → 시테 섬과 라탱 지구**

3일 **오르세 미술관 → 콩코르드 광장 → 마들렌 사원 → 오페라 → 백화점 쇼핑**

4일 **루브르 박물관 → 시청 → 퐁피두 센터 → 웨스트필드 포럼 데 알(쇼핑)**

Tip **교통권** 첫날은 나비고 이지Navigo Easy에 1일권 충전이 유용하다. 몽마르트르에서만 볼 수 있는 푸니쿨라를 타보자. 나머지 날들은 대부분 도보 루트이기 때문에 일반 교통권을 끊으면 된다. 만 26세 미만이라면 베르사유에 가는 날을 주말로 잡고 티켓 젠느 위크(p.284 참고)를 끊도록 하자. 굉장히 유용한 교통권이다.
포인트 첫날은 1장+4장의 루트를 따르고, 둘째 날 베르사유 궁전을 본 뒤 3장의 루트를, 셋째 날에는 6장의 3번 루트를, 넷째 날에는 5장의 루트를 참고하면 된다.

PLAN 4 아이와 함께하는 3박 4일

어린이를 동반한 여행자들은 아이의 나이와 취향에 따라 일정이 유동적이다. 첫째 날은 프랑스의 이미지를 느낄 수 있는 날로 대표 관광지 위주의 일정이다. 둘째 날에는 아이들이라면 모두 흥미로워할 과학박물관 체험의 날로, 더불어 공원과 놀이터에서 시간을 보낼 수 있다. 셋째 날은 디즈니랜드 또는 아클리마타시옹 놀이공원에서 온전히 하루를 보내는 날이다. 파리에서 놓쳐서는 안 될 루브르 박물관이나 오르세 미술관을 갈 수도 있으나 대체로 아이들은 지루해하고 나가고 싶어 한다. 여행 중에는 부모의 욕심을 너무 강요하지 않고 아이의 컨디션에 따라 움직이는 것이 중요하다. 특히, 잔디밭과 놀이터에서 뛰노는 시간은 꼭 포함하자.

1일 **샤요 궁(에펠탑 뷰포인트)** → (도보 800m) → **에펠탑** → (버스 72번) → **루브르 박물관+점심** → (도보 1.8km 또는 버스 27번) → **바토 무슈나 바토 파리지앵** → **저녁** → **샹 드 마르스에서 에펠탑 조명 쇼 관람**

1. 에펠탑을 오르는 것은 선택, 올라갈 예정이라면 반드시 예약하고, 올라가지 않더라도 가까이에서 에펠탑의 거대함을 느껴보도록 하자.
2. 루브르 박물관에 들어가는 것은 선택. 피라미드 앞에서 기념사진만 찍어도 좋다. 박물관에 들어갈 경우 반드시 예약하고 아이의 컨디션에 맞춰 관람 시간을 조정하자. 루브르 박물관을 방문하지 않는다면 바토 무슈나 바토 파리지앵을 타고 센 강을 따라 한 바퀴 돌아보는 것을 추천한다. 에펠탑 근처에 선착장이 있어 접근성이 좋고 배를 타고 센 강 주변의 랜드마크를 한국어 설명을 들으며 돌아볼 수 있다.

3. 점심을 먹은 후 걷지 않고 파리의 주요 랜드마크를 보고 싶다면 투어버스를 이용해 파리 주요 랜드마크를 볼 수 있다. 빅버스Big Bus Paris 또는 티오오티버스TOOT Bus가 있다. (p.285 참고)

2일 **노트르담 대성당과 시테섬+점심** → (버스 47·67번) → **국립 자연사 박물관*** → (메트로 7호선) → **오페라 가르니에+저녁(한식)**

* 런던의 자연사 박물관보다는 규모가 작지만 여러 체험이 있어 아이들이 흥미로워한다. 자연사 박물관에 관심이 없다면 퐁피두 센터를 추천한다. 광장에서는 종종 공연이 펼쳐지고 스트라빈스키 분수가 있다.

3일 **파리 과학 산업 박물관 → 라빌레트 공원*+점심** → (메트로) → **몽마르트르**+저녁**

* 라 빌레트 공원은 파리 과학 산업 박물관 바로 옆에 있다.
** 몽마르트르에는 회전목마, 푸니쿨라(아래쪽에서 언덕으로 올라가는 데 이용), 몽마르트르 곳곳을 구경하며 올라가는 꼬마 기차가 있는데 아이들이 다 좋아할 만한 것들이다.

4일 **디즈니랜드 파리**Disneyland Paris **또는 아클리마타시옹 놀이공원**Jardin d'Acclimatation

취향에 따라 선택하면 좋다. 디즈니랜드보다 가깝고 대기 없는 놀이공원을 선호한다면 아클리마타시옹 놀이공원을 방문해보자.

Tip **교통권** 나비고 데쿠베르트Navigo Découverte를 구입해 1~5존 1주일 권 충전이 유용하다. 1주일 권은 무조건 일요일이 종료일이기 때문에 3박 4일 일정을 소화하려면 최대 목요일에는 구입해야 한다.

❶ 아이와의 여행은 컨디션 관리가 중요하다. 피곤하고 배가 고프면 힘들게 고민한 일정을 포기해야 할 수 있기 때문에 아이의 컨디션을 좋은 상태로 유지하기 위해 노력해야 한다. 가장 좋은 방법은 아이가 흥미가 있으면 더 자세히 돌아보고, 지루해한다면 하이라이트만 보고 휴식 공간이나 놀이 공간에서 시간을 보내는 것을 추천한다.

❷ 입장권을 구입해야 하는 경우 사전 예약 필수다. 줄서기는 아이들이 견디기 힘들다. 가족 요금은 보통 성인 2명+어린이 2명으로 할인된 입장권이 있으니 참고하자.

❸ 아이와 함께라면 숙소의 위치가 중요한데 유모차를 이용할 경우 엘리베이터가 운행하는 메트로역인지 확인하고, 이동 시 환승하는 메트로보다는 버스가 덜 걸으니 버스를 이용하자.

PLAN 5 4박 5일

3박 4일 일정에서 파리 근교 한 곳을 추가해 돌아보는 루트다. 파리뿐만 아니라 다른 지역의 정취를 느끼고 싶은 사람들에게 추천한다.

1일 **에펠탑 → 개선문 & 샹젤리제 → 라 데팡스**

2일 **베르사유 궁전 → 시테 섬과 라탱 지구**

3일 **루브르 박물관 → 시청 → 퐁피두 센터 → 웨스트필드 포럼 데 알(쇼핑)**

4일 **오르세 미술관 → 콩코르드 광장 → 마들렌 사원 → 오페라 → 백화점 쇼핑**

5일 **파리 근교(지베르니 또는 오베르 쉬르 우아즈)+자유시간**

Tip **교통권** 나비고 데쿠베르트Navigo Découverte를 구입해 1~5존 1주일 권 충전이 유용하다. 1주일 권은 무조건 일요일이 종료일이기 때문에 4박 5일 일정을 소화하려면 최대 수요일에는 1일 일정을 시작해야 한다. 또는 만 26세 미만이라면 나비고 이지Navigo Easy에 10회권인 카르네를 충전하고 근교를 가는 날 나비고 젠느위크Navigo Jeunes Weekend를 충전해도 된다.
포인트 첫날은 1장+2장의 루트를 걷고, 둘째 날 베르사유 궁전과 3장의 루트를, 셋째 날은 루브르 박물관과 5장의 루트를, 넷째 날은 6장의 3번 루트를 참고하면 된다.

PLAN 6 5박 6일

회사에 다니는 친한 친구에게 권할 만한 파리 여행 루트. 조금 더 여유가 된다면 여기에 몽생미셸·생 말로 1박 2일 여행을 추가하면 된다. 그러면 비행기 왕복 시간을 포함해 10일짜리 휴가 일정이 만들어진다.

1일 **에펠탑 → 개선문 & 샹젤리제 → 라 데팡스**

2일 **베르사유 궁전 → 시테 섬과 라탱 지구**

3일 **루브르 박물관 → 시청 → 퐁피두 센터 → 웨스트필드 포럼 데 알(쇼핑)**

4일 **오르세 미술관 → 콩코르드 광장 → 마들렌 사원 → 오페라 → 백화점 쇼핑**

5일 **파리 근교-지베르니(5~8월 사이 방문을 추천)+자유시간**

6일 **파리 근교(오베르 쉬르 우아즈)+자유시간**

Tip **교통권** 나비고 데쿠베르트Navigo Découverte를 구입해 1~5존 1주일 권 충전이 유용하다. 1주일 권은 무조건 일요일이 종료일이기 때문에 5박 6일 일정을 소화하려면 최대 화요일에는 1일 일정을 시작해야 한다.

포인트 첫날은 1장+2장의 루트를 걷고, 둘째 날 베르사유 궁전과 3장의 루트를, 셋째 날은 루브르 박물관과 5장의 루트를, 넷째 날은 6장의 3번 루트를 참고하면 된다.

PLAN 7 6박 7일

일주일 동안 충분히 파리를 돌아보고 베르사유 궁전, 지베르니, 오베르 쉬르 우아즈와 같은 근교와 조금 떨어져 있지만 몽 생 미셸을 1박 2일로 다녀오며 기억에 남을 시간을 보내는 일정이다. 특히 몽 생 미셸 1박 2일을 추천한다. 해지는 몽 생 미셸과 해 뜨는 몽 생 미셸 모두를 볼 수 있는데 깊은 감동으로 프랑스 여행을 기억하게 된다.

1일 **에펠탑 → 개선문 & 샹젤리제 → 라 데팡스**

2일 **베르사유 궁전 → 시테 섬과 라탱 지구**

3일 **오르세 미술관 → 콩코르드 광장 → 마들렌 사원 → 오페라 → 백화점 쇼핑**

4일 **루브르 박물관 → 시청 → 퐁피두 센터 → 웨스트필드 포럼 데 알(쇼핑)**

5일 **파리 근교-지베르니(5~8월 사이 방문 가능)+자유시간 또는 몽 생 미셸 1박 2일 여행**

6일 **파리 근교(오베르 쉬르 우아즈)+자유시간**

7일 **벼룩시장 → 마레 지구**

Tip **교통권** 나비고 데쿠베르트Navigo Découverte를 구입해 1~5존 1주일 권 충전이 유용하다. 1주일 권은 무조건 일요일이 종료일이기 때문에 6박 7일 일정을 소화하려면 파리에 도착하는 날짜를 월요일에 맞추자.
포인트 첫날은 1장+2장의 루트를 걷고, 둘째 날 베르사유 궁전과 3장의 루트를, 셋째 날은 루브르 박물관과 5장의 루트를, 넷째 날은 6장의 3번 루트를 참고하면 된다.

Mission in Paris

파리에서 꼭 해봐야 할 모든 것

Culture 1.

프랑스의 유네스코 문화유산

프랑스에는 유네스코 문화유산이 42곳이 있다. 우리나라의 15곳과 비교하면 3배 정도로 많으며 유네스코로부터 가장 많은 문화 유적과 자연경관을 유산으로 인정받은 나라 중 하나다. 2022년에는 바게트가 '바게트의 장인 노하우와 문화'로 인류무형문화유산 목록에 올랐다. 다음은 책에 소개된 프랑스의 유네스코 문화유산들을 소개한다.

1 파리의 센 강변

Paris, rives de la Seine(p.50)

파리의 센 강 주변에는 파리 역사의 흐름을 한눈에 볼 수 있는 건축물들이 산재하다. 노트르담 대성당과 생 샤펠은 고딕 양식을, 생 루이 섬에는 17 · 18세기의 건축 양식을, 오스만 남작의 계획에 따라 만들어진 샹젤리제와 같은 대도로와 구획에서 파리의 도시화 사업을 볼 수 있고 19세기 말에서 20세기에 만들어진 에펠탑과 샤요 궁은 파리의 랜드마크가 되었다. 센 강변을 따라 걷는 것만으로도 여러 시대의 유산을 느낄 수 있는 것이 매력적이다.

2 베르사유 궁전과 정원

Palais et parc de Versailles(p.216)

루이 14세와 마리 앙투아네트부터 루이 16세까지 프랑스 왕족이 살았던 거주지로 당대 가장 실력 있는 건축가, 조각가, 장식가, 조경건축가들이 이곳을 조화롭게 만들었다. 당시 유럽에서는 이상적인 왕궁의 표본으로 여겨졌다. 1789년 프랑스혁명이 일어나기 전까지 영화는 지속됐다.

3 퐁텐블로 궁전과 정원
Palais et parc de Fontainebleau(p.219)

프랑스 남쪽 거대한 숲 안에 위치해 12세기에는 사냥 별장으로 사용되다 16세기에 프랑수아 1세에 의해 큰 변화를 맞는다. 퐁텐블로를 '새로운 로마'로 만들기 위해 이탈리아의 르네상스 양식으로 재건축했는데 르네상스의 예술과 프랑스의 전통이 어우러진 궁전으로 변모했다. 이후 앙리 4세와 루이 13세, 루이 15세, 루이 16세는 궁전을 꾸미는 데 일조했으며 특히 나폴레옹 1세의 사랑을 많이 받았다.

4 몽 생 미셸과 만
Mont-Saint-Michel et sa baie(p.224)

몽 생 미셸은 노르망디와 브르타뉴 사이 유럽에서 조수간만의 차이가 가장 큰 거대한 만에 있다. 대천사 미카엘에게 봉헌된 고딕 양식의 수도원은 11세기와 16세기 사이에 건축되었으며, 아래쪽으로는 마을이 형성되어 있다.

5 스트라스부르: 그랑딜에서 노이슈타트까지
Strasbourg, Grande-Île et Neustadt(p.236)

스트라스부르의 그랑딜Grande Ile('큰 섬'이라는 뜻)은 강에 둘러싸인 알자스의 유서 깊은 역사 도시다. 중세 도시의 특징을 잘 간직하면서 15세기에서 18세기까지 스트라스부르의 발전을 잘 보여주고 있다. 1871년~1918년까지 독일이 설계하고 건축한 신시가지인 노이슈타트Neustadt 구역이 추가되어 문화유산 구역이 확장됐다.

6 숼리 쉬르 루아르와 샬론 사이에 있는 루아르 계곡
Val de Loire entre Sully-sur-Loire et Chalonnes(p.228)

루아르 계곡은 2000년 이상 지속된 인간과 환경의 조화로운 상호작용으로 주요 강을 따라 고성과 경작지가 조성되어 있다. 중세와 르네상스 시대에 지은 건축학적 가치가 높은 아름다운 고성 유적들로 2000년 유네스코의 세계문화유산으로 지정됐다.

Culture 2.

영화와 드라마 속 파리

1 미드나잇 인 파리
Midnight In Paris (2011)

〈미드나잇 인 파리〉만큼 여행자들에게 친숙한 파리를 담은 영화는 없다. 주인공인 질은 약혼녀의 가족과 브리스톨 호텔Hotel Le Bristol에 머물며 모네의 정원, 오랑주리 미술관, 로댕 박물관, 생 우앙 벼룩시장, 베르사유 궁전 등 파리의 주요 관광지를 모두 방문하기 때문이다. 어느 늦은 밤 산책하던 주인공은 생 에티엔 뒤 몽 교회Saint-Étienne-du-Mont 앞에서 푸조 차에 탄 사람들의 초대를 받고 과거로 떠난다. 그렇게 매일 밤 벨 에포크 시대인 1920년대로 돌아가 헤밍웨이, 달리, 로트렉 등을 만난다.

2 에밀리, 파리에 가다
Emily in Paris (2020~)

미국 시카고 홍보 회사에서 일하는 에밀리 쿠퍼가 파리에 일하러 오면서 겪는 이야기를 그린다. 넷플릭스 드라마로 시즌 1, 2, 3이 제작됐다. 카페 드 플로르, 플라자 아테네 호텔, 팔레 루아얄, 오페라와 같은 주요 장소들도 등장하고, 몽마르트르의 라 메종 로즈La Maison Rose, 놀이공원 박물관Les Pavillons de Bercy-Musée des Arts Forains(〈미드나잇 인 파리〉에도 나왔다)과 미디어 아트 상영관 아틀리에 데 뤼미에르Atelier des Lumières가 특별한 장소로 나온다.

3 비포 선셋
Before Sunset (2004)

〈미드나잇 인 파리〉가 파리의 주요 관광지를 보여준다면 〈비포 선셋〉은 잘 알려지지 않은 파리의 장소들을 보여준다. 영화는 셰익스피어 앤 컴퍼니Shakespeare & Company에서 시작하는데 주인공들이 영화 대부분 파리 골목과 프로므나드 플랑테 등을 걸으며 이야기를 나눈다. 오스트리아의 빈이 배경이었던 〈비포 선라이즈〉(1996)의 다음 편이며 이후의 이야기는 그리스가 배경인 〈비포 미드나잇〉(2013)으로 이어진다.

4 아멜리에
Amelie Of Montmartre (2001)

오래된 영화지만 오드리 토투의 리즈 시절과 몽마르트르 곳곳을 자세히 보여주는 귀여운 영화다. 아멜리에가 살던 건물과 일하는 곳으로 나오는 레 뒤 물랭Les Deux Moulins은 지금도 팬들이 찾는다. 아멜리에가 물수제비를 뜨고 금붕어를 풀어주던 장소로 나오는 곳은 생 마르탱 운하다. 파리의 젊은이들이 모이는 핫한 장소다.

5 마리 앙투아네트
Marie Antoinette (2006)

미국, 프랑스, 일본 합작영화로 프랑스 정부의 지원으로 제작되어 베르사유 궁전의 화려한 모습을 제대로 볼 수 있는 영화다. 당시의 헤어스타일, 화장, 드레스, 구두, 화려한 디저트 등 볼거리가 많다.

6 물랑 루즈
Moulin Rouge (2001)

이완 맥그리거와 니콜 키드먼 주연의 영화로 1889년에 개장한 물랭 루주 카바레가 주요 배경으로 나온다. 〈물랑 루즈〉는 캉캉춤을 처음 선보인 장소로 화가 로트레크가 자주 찾고 그림을 그리기도 했다. 영화는 몽마르트르의 실제 장소가 아닌 세트에서 촬영되었지만 〈물랑 루즈〉 분위기를 느끼기에 좋은 영화다.

7 퐁네프의 연인들
Les Amants Du Pont-Neuf (1991)

레오 까락스 감독의 영화로 한국에 프랑스 영화와 줄리엣 비노쉬를 소개해 줬다. 이 영화 덕분에 프랑스 영화에 대한 인지도가 생겼다. 퐁네프와 퐁네프 메트로역, 루브르 박물관의 등이 주요 배경으로 나온다. 20대 시절 줄리엣 비노쉬의 모습을 볼 수 있다.

8 미라큘러스 레이디버그
Miraculous: Tales of Ladybug & Cat Noir (2015/2019)

프랑스, 일본, 한국의 삼지 애니메이션이 공동 제작했다. 파리에 사는 중학생 마리네뜨와 아드리앙이 히어로인 레이디버그와 블랙캣으로 변신해 호크모스 악당무리로부터 파리시와 사람들을 지킨다는 내용이다. 파리가 주 배경으로 보쥬 광장, 마레지구, 에펠탑 주변 등을 섬세하게 구현했다. 아이와 함께 애니메이션 속 장소를 찾는 것도 재미난 여행 테마가 된다.

9 라따뚜이
Ratatouille (2007)

요리 천재 쥐, 레미가 재능 없는 견습생 링귀니를 만나 프랑스 최고의 요리를 만드는 이야기다. 제목이 프로방스 지역의 요리 이름인데 영화 덕분에 '라따뚜이'는 전 세계 사람들이 한 번쯤 맛보고 싶은 프랑스 요리로 등극했다. 프랑스 요리와 파리 시내 풍경을 애니메이션으로 만나볼 수 있다.

10 줄리 & 줄리아
Julie & Julia (2009)

메릴 스트립 주연의 영화로 실제 인물인 줄리아 차일드에 관한 이야기다. 외교관 남편과 함께 프랑스에 도착한 주인공은 르 꼬르동 블루를 다니며 훗날 프랑스 요리사가 된다. 프랑스 요리에 흥미가 있다면 더할 나위 없는 즐거운 영화다.

11 코코 샤넬
Coco Avant Chanel (2009)

샤넬 디자인을 좋아하는 사람이라면 파리 여행 전 이 영화를 추천한다. 샤넬의 일대기를 그린 영화로 깜봉가에서 모자 디자이너로 시작해 편안한 스타일의 여성복을 만들었다. "여성이 자신을 가꾸는 건 남성을 위함이 아니라 여성 자신을 위한 것이고 높은 자존감은 여성의 매력이자 품격이다"는 코코 샤넬의 패션 철학을 볼 수 있다. 영화 〈아멜리에〉의 오드리 토투가 코코 샤넬 역을 맡았다.

12 라 비 앙 로즈
La Mome, The Passionate Life Of Edith Piaf (2007)

1915년 빈민가에서 태어나 '작은 참새'라는 에칭으로 프랑스의 사랑을 온몸에 받았던 샹송 가수 에디트 피아프의 삶의 이야기다. 에디트 피아프의 역을 한 마리옹 꼬띠아르는 〈미드나잇 인 파리〉에서 주인공인 길과 사랑에 빠지는 아드리아나 역으로 나왔다.

Sightseeing 1.

파리에서 꼭 가야 할 곳

❖주요 랜드마크

1 에펠탑 Tour Eiffel

1889년 만국박람회를 기념하기 위해 세운 철탑이다. 당시 건축은 주로 돌과 나무를 이용했었는데 단단한 철을 이용해 얼마나 자유자재로 변형해 건축할 수 있는지 구스타브 에펠의 플렉스를 볼 수 있다. 가장 많은 관광객이 방문하는 곳으로 긴 줄을 서고 싶지 않다면 여행 1~2달 전에 예약하자. (p.86참고)

2 개선문 Arc de Triomphe

나폴레옹 1세가 오스테를리츠 전쟁 승리를 기념하기 위해 만든 문이다. 문의 아래쪽에는 1차 세계대전에서 목숨을 잃은 무명용사들의 무덤이 있다. 개선문과 콩코르드 광장까지 난 일직선의 샹젤리제 거리는 개선문에 올라가면 에펠탑과 샹젤리제의 전망이 좋다. (p.98참고)

3 신개선문 Grande Arche

1989년 미테랑 대통령이 프랑스혁명 200주년을 기념해 카루젤 개선문, 개선문을 잇는 일직선상에 위치한 미래의 개선문으로 만든 건축물이다. 프랑스의 미래와 인류애를 상징한다. (p.108참고)

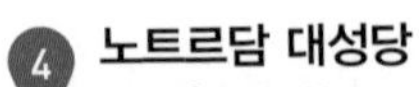

4 노트르담 대성당

Cathédrale Notre-Dame de Paris

프랑스 중세시대를 대표하는 건물로 에펠탑 다음으로 많이 찾는다. 프랑스혁명 때 파괴되어 철거 위기에 몰렸으나 빅토르 위고의 소설 '파리의 노트르담'의 인기로 복원되었다. 정면과 뒷면에서 바라보는 성당의 느낌이 다르니 한 바퀴 돌아보기를 추천한다. 노트르담 타워의 기괴한 가고일 동상 너머 보이는 에펠탑과 파리 시내의 전망도 멋지다. (p.116참고)

5 사크레쾨르 성당
Basilique du Sacré-Coeur

프랑스-프로이센 전쟁에서 패배한 뒤 패배의 원인이 도덕적 타락이라고 여기고 만든 성당이다. 네오바르크의 영향으로 로마-비잔틴 양식으로 만들었다. 파리에서 가장 높은 고도에 있어 해 질 녘 파리의 모습을 즐기기 위해 삼삼오오 와인 병과 술잔을 들고 잔디밭이나 계단에 자리를 잡는다. (p.141참고)

6 루브르 박물관과 피라미드
Musée du Louvre et Pyramide

과거 왕의 궁전이 모든 사람이 즐길 수 있는 세계 최대 규모의 박물관이 됐다. 과거 미술 작품은 왕과 귀족들만이 즐기던 것이었지만 프랑스혁명 이후 모두에게 공개됐다. 이곳만큼 프랑스혁명의 결과를 상징하는 건물이 또 있을까. 피라미드는 미테랑 대통령 때 혁명 200주년을 기념해 만든 것으로 파리의 중요한 랜드마크가 됐다. (p.170참고)

7 오르세 미술관 Musée d'Orsay

기차역에서 미술관으로 탈바꿈한 건물이다. 바깥 모습보다 안의 모습이 더 매력적인데 기차 역사로 사용될 당시의 대형시계가 그대로 있어 인스타에 올릴 사진을 찍기 위해 긴 줄을 서기도 한다. 시계를 통해 보이는 바깥 파리 전망은 몽마르트르 언덕 정도이지만 최고다. (p.174참고)

8 오페라 Palais Garnier Opéra

샤를 가르니에가 1875년에 만든 극장으로 상단부의 황금색 장식이 눈부시다. 건물 내부에는 샤갈이 그린 아름다운 천장화를 볼 수 있다. 오페라 앞 계단은 파리시민들의 만남의 장소로 쓰인다. (p.179참고)

9 퐁피두 센터 Centre Georges Pompidou

퐁피두 대통령이 현대 프랑스 문화의 중심지 역할을 위해 만든 건축물이다. 실험적인 건축물로 에펠탑 다음으로 논란이 있었다. 내부에는 국립 현대 미술관이 있고 옥상에서 바라보는 전망이 뛰어나다. (p.155참고)

10 웨스트필드 포럼 데 알
Westfield Forum des Halles

12세기 말부터 파리시민의 배꼽을 책임지던 재래시장으로 1970년대 여러 노선이 지나는 지하철 개통 후 쇼핑몰이 되었다. 쇼핑몰은 2010년까지 운영되다 대대적인 리노베이션 작업을 거쳐 2018년 현재의 쇼핑몰로 화려하게 재탄생했다. (p.157참고)

Sightseeing 2.

알고 가면 더 재밌다! 파리에서 볼 수 있는 명물

여러 나라를 여행하다 보면 그 나라만의 독특한 감성과 특징이 눈에 들어온다. 처음엔 생소함에 눈에 띄지만, 며칠 있다 보면 금세 익숙해져 버리는, 그 나라와 도시에서만 느낄 수 있는 독특한 분위기와 생활 문화다. 파리에 머물다 다른 나라로 떠나면 그리워지는 파리에서만 느낄 수 있는 소소한 일상과 특이점들을 모았다.

1_ 시크한 파리지앵

어마어마한 칼로리의 디저트를 섭취하는데도 날씬한 파리 여성들. 정말 와인 때문일까? 자신만의 감각으로 차려입은 아름다운 파리지엔느를 구경하는 재미가 쏠쏠하다. 마레 지구에 가면 멋진 차림의 파리지앵을 자주 마주칠 수 있다.

2_ 이른 아침 고소한 냄새 솔솔 풍기는 바게트

오직 아침형 인간만이 느낄 수 있는 귀한 볼거리! 아침 일찍 숙소 주변을 걷다 보면 어디선가 고소하고 따뜻한 빵 냄새가 솔솔 풍겨온다. 냄새를 따라가 보면 여지없이 빵집이 나타나고 아침 빵을 사러 나온 부스스한 모습의 파리지앵들이 길게 줄을 선 모습을 볼 수 있다.

3_ 아침저녁으로 반려견 산책을 시키는 사람들

출근시간 직전과 퇴근시간 직후에 볼 수 있는 진풍경. 매일매일 빼먹지 않고 산책시키는 모습에 파리 시민들의 넘치는 반려견 사랑을 느낄 수 있다. 그리고 넘치는 개똥도…. 파리에서는 항상 개똥 주의!

4_ 세계 최고의 마카롱

1533년 앙리 2세와 카트린 드 메디치가 결혼하면서 이탈리아에서 넘어온 레시피가 프랑스의 디저트로 거듭났다. 지금의 마카롱 형태는 1862년에 문을 연 라뒤레가 개발한 것이다. 최초라는 라뒤레의 수식어에 대항하듯 또 다른 예술의 마카롱을 만드는 곳이 있다. 바로 피에르 에르메다. 두 곳의 마카롱을 사서 맛을 비교해 보는 것도 재미있다.

5_ 메트로의 연주자들

이렇게 수준 높고 다양한 연주자들이 있는 곳은 오직 파리시 하나뿐! 엄격한 심사 과정을 통해 뽑힌 지하철에서 활동하는 뮤지션이다. 지하철 통로와 메트로 안에서 이들의 음악을 즐길 수 있다. 고마움의 표시로 잔돈을 준비하는 것도 잊지 말자.

6_ 지하철의 반자동 문

오직 파리에서만 볼 수 있다. 우리나라 지하철처럼 문이 자동으로 열리는 것도 있지만 어떤 차량은 열리지 않아 낭패를 경험한다. 반자동 문은 두 가지가 있는데 하나는 버튼식이고 다른 하나는 손잡이를 위로 올리는 형태다. 한번 경험해 보면 반자동 문 여는 재미가 쏠쏠하다.

7_ 화장실

길거리를 지나가다 화장실 표지가 있는 회색 부스를 만날 수 있다. 바로 무료 공공 화장실이다. 녹색불일 때 버튼을 누르면 열리는데 안으로 들어가면 잠긴다. 최대 20분까지 있을 수 있다. 사용 후에 자동 세척이 되므로 그냥 나오면 된다. 특이한 점이 있다면 변기 의자가 없다. 스쿼트 자세로 볼일을 봐야 한다는 사실! 파리의 모든 공공화장실이 그렇다.

Sightseeing 3.

로맨스를 부르는 파리의 장소

사랑하는 사람과 함께라면 그 어떤 곳이라도 낭만적인 장소로 변신한다. 그런데 그 장소가 파리라면 어떨까? 세계에서 로맨틱하기로 첫손가락에 꼽히는 파리라면 말이다. 연인과 다정히 길을 걸으며 함께 맞잡은 손엔 사랑의 전기가 흐르고, 마주보는 서로의 눈동자엔 언제라도 스파크가 튈 준비가 되어 있다. 연인들을 위해, 또 연인이 되고 싶은 사람들을 위해 로맨스를 부르는 파리의 장소를 살짝 소개한다.

Romantique à Paris ❤

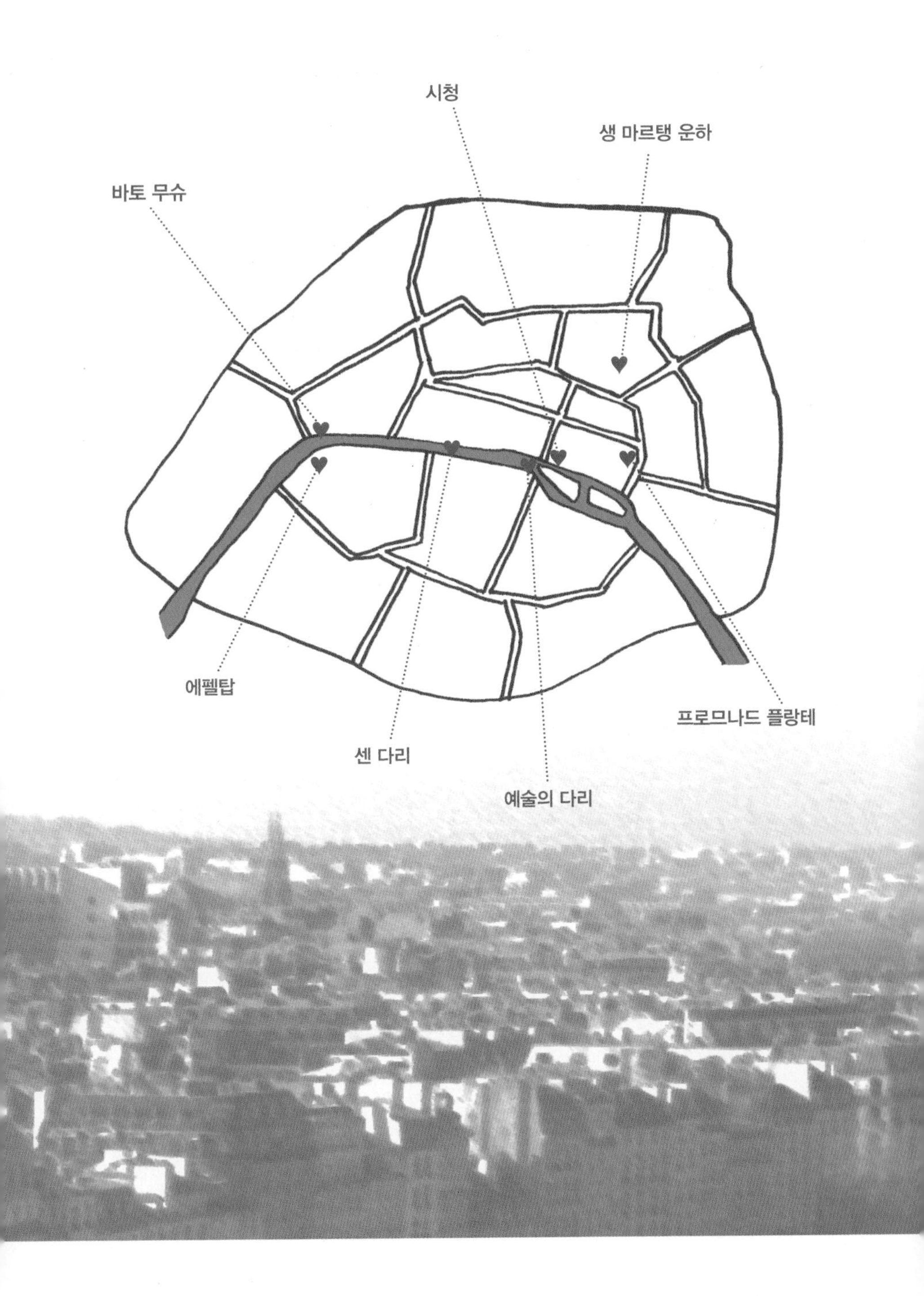
시청
생 마르탱 운하
바토 무슈
에펠탑
프로므나드 플랑테
센 다리
예술의 다리

로베르 두아노의 〈시청 앞에서의 키스〉 장소

바토 무슈

1 에펠탑의 조명 쇼

밀레니엄을 기념해 시작된 에펠탑의 조명 쇼는 10년이 흐른 지금까지 계속되고 있다. 해가 진 후, 매시간 정각마다 에펠탑에는 수만 개의 조명이 반짝이고, 연인들은 약속이나 한 것처럼 모두 끌어안고 키스를 나눈다. 가장 전망이 좋은 곳은 샤요 궁과 평화의 문. 단, 관광객들이 많다. 부끄럼이 많은 사람이라면 에펠탑이 보이는 센 강변의 다리에 기대어 서로의 마음을 나누자.

메트로 6호선 Bir Hakeim역, RER C선 Champ de Mars-Tour Eiffel역 **버스** 30 · 42 · 72 · 82번

2 센 다리의 사랑의 자물쇠

서울의 남산만큼은 못하지만, 파리에도 사랑의 자물쇠를 다는 곳이 있다! 처음으로 자물쇠가 달린 곳은 예술의 다리다. 자물쇠 달기는 점점 확장되어 레오폴드 세다르 셍고르 인도교Passerelle Léopold-Sédar-Senghor와 노트르담 뒤편의 대교구의 다리Pont de l'Archevêché까지 열쇠가 매달려 있다. 자물쇠의 무게로 난간이 무너져 내릴 것을 우려한 파리시의원들이 자물쇠 철거를 요청하기도 했다.

메트로 RER C선 Musée d'Orsay역 또는 12호선 Solférino역 **버스** 72 · 73번

3 시청 앞에서의 키스

로베르 두아노의 사진처럼 똑같이 포즈를 취하고 시청 앞에서 키스 사진을 찍어보자. 신혼부부에게 적당한 미션이다. 사람들의 왕래가 잦은 곳이니 부끄럼이 많은 사람은 일찌감치 포기하자.

메트로 1 · 11호선 Hôtel de Ville역 **버스** 62 · 67 · 72 · 75 · 96번

4 바토 무슈의 밤

파리 관광을 하러 온 생면부지의 남녀가 있었다. 이들이 밤의 바토 무슈를 타고 옆자리에 앉았다가 그 분위기에 빠져 키스를 나누고, 사랑에 빠져 결혼하게 되었

에펠탑의 조명 쇼

생 마르탱 운하

예술의 다리, 사랑의 자물쇠

파리의 연인

다는 전설! 그만큼 밤의 바토 무슈는 낭만적이다.

메트로 9호선 Alma-Marceau역 **버스** 30 · 72 · 82번

5 프로므나드 플랑테

번잡한 파리의 관광지를 벗어나 사랑하는 사람과 손 꼭 잡고 파리지앵처럼 천천히 산책해보자. 영화 〈비포 선셋〉에서처럼 사랑하는 사람의 무릎에 앉아보는 건 어떨까? 눈빛이 통한다면 그 자리에서 표현하자! 이곳의 정식 이름은 쿨레 베르트 르네-뒤몽Coulée verte René-Dumont이다.

메트로 1 · 5 · 8호선 Bastille역 **버스** 29 · 87 · 91번

6 예술의 다리에서 와인과 함께하는 밤

차가 다니지 않는 인도교이자, 예술의 다리라고 할 수 있다. 밤이면 친구들과 모여 앉아 생일파티도 하고, 직장인들은 퇴근 후 동료들과 뒤풀이도 하는 곳이다. 슈퍼마켓에서 맛있는 와인 한 병, 플라스틱 와인 잔과 약간의 치즈를 사서 자리를 잡자. 해가 지는 센 강과 에펠탑을 바라보며 한잔! 낭만적인 시간이다.

메트로 7호선 Pont Neuf역 **버스** 27 · 69 · 72 · 82번

7 생 마르탱 운하

생 마르탱 운하는 아침에는 조깅하는 사람들로 가득하고 저녁에는 사랑하는 이들과 여가를 즐기는 사람들로 넘친다. 특히나 생 마르탱 운하의 여름밤은 젊은 이들이 나누는 유쾌한 즐거움으로 가득! 바닥에 앉아 와인과 맥주를 마시며 이야기도 한다. 역시 관광객보다 파리지앵들이 많은 곳! 단, 너무 으슥한 곳에 있으면 위험하다.

메트로 7호선 Louis Blanac역 또는 3 · 5 · 8 · 9 · 11호선 République역 **버스** 46 · 75번

파리의 연인

예술의 다리

Sightseeing 4.

센 강의 다리

파리에는 서울의 한강보다 규모가 작은 센 강이 흐른다. 한강에는 1900년 최초로 한강철교가 건설된 이후 현재 총 32개의 다리가 있다. 반면 센 강에는 총 37개의 다리가 있다. 작은 규모의 다리들이 오밀조밀하게 센 강을 가로지른다. 센 강을 따라 이어지는 유적지와 주변 풍경, 그리고 아름다운 다리는 1991년 유네스코 세계문화유산에 등재되었다. 자전거나 도보로 센 강변을 따라 돌아보는 것도 재미있는 테마여행이 된다.

❶ 미라보 다리 Pont Mirabeau

미라보 다리는 기욤 아폴리네리 Guillaume Apollinaire의 시로 유명해졌다. '미라보 다리 아래 센 강은 흐르고 우리들의 사랑도 흐른다'의 그곳이다. 1893년 건축 당시에는 미라보 다리가 파리에서 가장 길고 높은 다리였다. 아폴리네리는 집으로 가기 위해 미라보 다리를 종종 건너곤 했는데, 그러면서 이 시를 짓게 됐다.

주소 메트로 10호선 Mirabeau역·Javel-André Citroën역, 버스 30·72·88번

샤요 궁

에펠탑

❹ Pont de l'Alma

❺ Pont Alexandre III

앵발리드

❸ Pont de Bir-Hakeim

백조의 섬

❷ Pont de Grenelle

❶ Pont Mirabeau

❹ 알마 다리 Pont de l'Alma

1854년 알마에서 프랑스 · 영국 연합군이 러시아 군대와 싸워 승리한 것을 기념해 만든 다리다. 원래 돌다리였다가 1970~1974년 철교로 재건설되었다. 다리 한쪽 편에는 제2차 세계대전 당시 활약한 레지스탕스를 기념하는 불꽃 모양의 동상이 있다. 다리 옆에는 프랑스의 보병을 뜻하는 주아브Le Zouave 청동 조각이 있으니 놓치지 말자. 1998년 알마교 지하터널에서 다이애나 왕세자비가 교통사고로 사망했다.

주소 메트로 9호선 Pont de l'Alma역·Alma-Marceau역, 버스 42·63·72·80·92번

❸ 비르-아켐 다리 Pont de Bir-Hakeim

각종 영화와 광고 촬영이 많이 이루어지는 곳이다.

주소 메트로 6호선 Passy역·Bir-Hakeim역, RER C선 Champ de Mars-Tour Eiffel역, 버스 30·72번

❷ 그르넬 다리 Pont de Grenelle

파리에 자유의 여신상이 있다는 것을 아는 사람이 얼마나 될까? 자유의 여신상은 프랑스가 1886년에 미국의 독립 100주년을 축하하기 위해 제작한 콘크리트 구조물로 허드슨 강 하류 뉴욕 항의 리버티 섬에 있다. 파리에 있는 자유의 여신상은 1966~1986년 건설한 그르넬 다리 가운데에 있는 백조의 섬에 세워져 있다. 이 자유의 여신상은 프랑스혁명 100주년을 기념해 미국인 커뮤니티가 미국의 것을 1/4로 축소해 프랑스에 선물한 것이다.

주소 메트로 10호선 Charles Michels역, 버스 30·70·72번

❺ 알렉상드르 3세 다리 Pont Alexandre III

1900년 만국박람회 당시 프랑스와 러시아의 친선을 기념하기 위해 만들었다. 황금 장식과 조각으로 꾸며놓았는데 센 강에서 가장 화려한 다리로 통한다. 패션 화보 촬영지로도 종종 이용된다.

주소 메트로 8·13호선, RER C선 Invaildes역, 버스 63·72·83·93번

❻ 레오폴드 세다르 셍고르 인도교

Passerelle Léopold-Sédar-Senghor

1999년에 만들어진 다리로, 예술의 다리처럼 나무로 만든 인도교다. 다리 부분이 뫼비우스의 띠처럼 재미나게 설계되어 있어 걷고 구경하기에도 즐거운 곳이다. 예술의 다리보다는 한적하고 사랑의 자물쇠도 이곳에 걸려 있다.

주소 메트로 12호선 Assemblée Nationale역 또는 RER C선 Musée d'Orsay역, 버스 68·69·72·73번

❼ 예술의 다리 Pont des Aarts

목조로 만든 보행자 전용 다리로 1802년에 만들어져 1970년 파손되었다가 1982년에 다시 복구되었다. 연인들의 데이트 장소이자 친구들과의 파티 장소로 사랑받는 곳이다. 연인들이 사랑을 맹세하며 다리 난간에 자물쇠를 달고, 열쇠는 센 강에 버리는 장소로도 유명하다.

주소 메트로 1호선 Louvre Rivoli역, 버스 27·69·72·87번

❾ 시몬느 드 보부와르 인도교

Passerelle Simone de Beauvoir

센느강의 37개 다리 중에 2006년, 가장 최근에 생긴 인도교다. 강이 흐르듯 굴곡이 있는데 지지대가 없는 것이 특징이다.

주소 메트로 6·14호선 Bercy Bourgogne역, 버스 61·89번

❽ 퐁네프 Pont Neuf

1604년에 건설한 퐁네프는 '새로운(Neuf=new) 다리(Pont)'라는 뜻이다. 이름과는 달리 파리에서 가장 오래된 다리로 레오 카락스의 영화 〈퐁네프의 연인들〉로 유명해졌다. 실제 영화 촬영은 퐁네프 다리를 그대로 본뜬 세트장에서 했다.

주소 메트로 7호선 Pont Neuf역, 버스 21·27·58·67·69·70·85·87번

Sightseeing 5.

개성 넘치는 파리의 메트로 여행

파리를 여행할 때 주로 이용하게 되는 교통수단은 단연 메트로다. 메트로는 '파리 메트로' 또는 '메트로폴리탄'이라고 부른다. 최초의 메트로는 1900년 파리 만국박람회 시기에 맞춰 1 · 2호선을 개통했다. 1998년에 생긴 14호선은 무인 열차로 차장 없이 운행되고 있으며 2024년 파리 올림픽까지 15~18호선이 만들어질 예정이다. 세계 최초의 지하철은 런던의 튜브로 1863년에 운행을 시작했고 우리나라의 지하철은 1974년에 1호선이 개통했으니 지하철의 역사를 비교해볼 수 있다.

메트로가 개통한 지 120년이 넘은 만큼 우리나라의 쾌적한 지하철과는 차이가 크다. 반면에 역사는 인상적이다. 메트로 역 중에 역사적 의미를 지닌 곳은 그 특징을 살려 내부를 꾸며 놓았다. 내부 디자인에 따라 의자의 모양이나 색깔까지 다르게 만드는 세심함이 인상적이다. 파리의 메트로 여행을 떠나보자.

이 표시가 있는 역에서는 무료 와이파이 사용이 가능하다.

Wifi ZONE

메트로 역에 따라 의자 모양도 다르다

14호선은 무인 열차로 운행된다.

파리의 지하철 파업은 가공할 만하다. 한없이 기다리는 승객들.

코레스펑당스Correspondance는 '환승'이란 뜻이다.

메트로의 다양한 표지, 프랑스 발음은 메트호Metro다.

들어가는 곳과 나오는 곳은 한국과 비슷하지만 간혹 나오는 문이 이렇게 생긴 곳도 있다. 다가가면 자동으로 열린다. 소호티Sortie는 출구라는 뜻이다.

아르누보 양식으로 장식된 입구는 프랑스의 건축가인 엑토르 기마르Hector Guimard의 작품으로 1899~1904년 사이에 제작된 것이다.

12호선 Abbesses역
긴 원형 계단을 따라 몽마르트르의 곳곳을 보여준다. 구경하며 내려가는 것은 괜찮지만 올라가는 것은 계단이 많아 힘들다. 입구는 아르누보 양식이다.

1 · 11호선 Hôtel de Ville(시청역)
파리 시청의 문장, 라탱어로 '플룩투앗 넥 메르기투르Fluctuat nec Mergitur' 흔들릴지라도 가라앉지는 않는다'라는 뜻이다.

3 · 11호선
Arts et Métiers역
과학기술에 대한 박물관인 '파리 기술공예 박물관'이 있는 역이다.

1호선 Tuileries역

1호선 Louvre-Rivoli역
역 안이 작은 박물관으로 꾸며져 있다.

1 · 5 · 8호선 Bastille역
프랑스 혁명에 대한 벽화가
그려져 있다.

1 · 8 · 12호선 Concorde역

12호선 Assemblée Nationale역

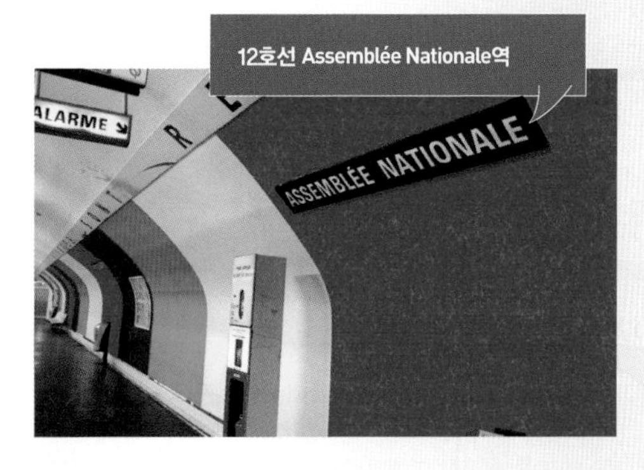

10호선 Cluny La Sorbonne역
시인, 작가, 철학자, 예술가들의 사인으로 가득 차 있다.
좋아하는 명사의 사인을 찾아보자.

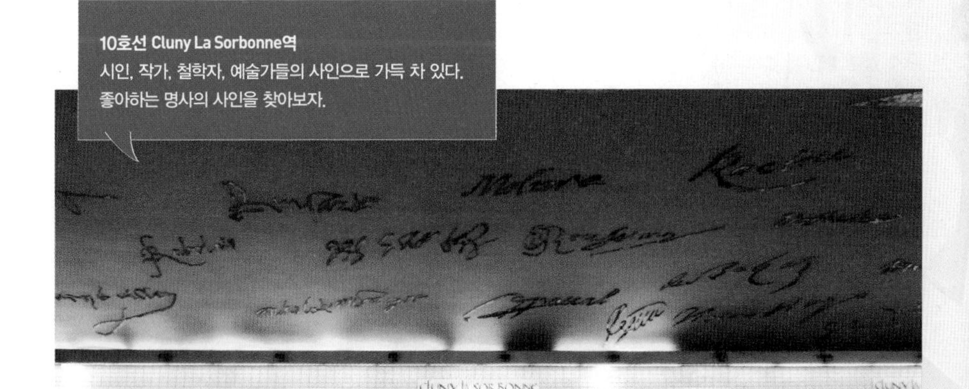

프랑스에서 커피 주문하기

프랑스 전통 카페에는 아메리카노가 없다. 아메리카노가 무엇인지 모르는 카페도 많기에 아이스 아메리카노는 더 별나라의 메뉴일 수밖에 없다. 여행 중 한국에서 마시던 얼음 가득한 아메리카노가 생각나는 날이면 스타벅스를 찾게 되겠지만, 그렇지 않은 날은 프랑스의 운치 있는 카페에 자석처럼 이끌려 머물게 될 것이다. 그날의 추억을 위해 프랑스 커피 메뉴를 익혀보자.

"아메리카노와 가장 비슷한 커피를 원한다면
'엉 카페 알롱제 실 부 플레Un café allongé, S'il vous plaît'를 잊지 말자."

1 카페Café 또는 에스프레소Espresso

에스프레소 1샷을 내린 것으로 '카페 에스프레스Café Express'라고도 한다. 는 '두블 에스프레소Double Expresso'는 에스프레소 2샷을 내린 커피다. '카페 리스트레토Café Ristretto'도 있는데 물의 양이 적은 더 진한 에스프레소를 말한다.

카페 에스프레소

2 카페 알롱제Café Allongé

에스프레소보다 더 긴 시간 추출해 물이 많이 들어간 에스프레소다. 뜨거운 물을 넣어 희석하는 아메리카노와는 방식이 조금 다르다. 프랑스식 커피 중에 가장 아메리카노와 비슷하나 물이 적어 진하고 양도 적다. 이탈리아에서는 '룽고Lungo'라고 하는데 프랑스 메뉴판에서도 종종 볼 수 있다. 프랑스의 알롱제 보다 한국의 아메리카노와 더 비슷한 커피가 있다면 '카페 필트르Café Filtre'다. 미국 스타일로, 필터로 내린 커피인데 관광객이 많은 카페나 신생 카페가 아니라면 메뉴판에서 보기 어렵다. 보인다면 주문해보자. 간혹 '아메리카노Americano' 메뉴도 볼 수 있는데 그래도 여전히 진하다.

한국에서 마시는 아이스 아메리카노는 '카페 알롱제 글라세Café Allongé Glacé'로 주문하면 된다. 단 한국보다는 양이 적고, 보통 라테 컵 잔에 얼음 몇 개만 넣어 주기도 해서 시원하기보다는 미지근한 아메리카노를 마실 수도 있다. 그래서 한국과 같은 아이스 아메리카노를 마시고 싶은 사람은 스타벅스을 찾게 된다. 외에도 아이스 아메리카노와 비슷한 메뉴가 있는데 바로 '카페 프라페Café Frappé'다. 에스프레소와 얼음을 섞어 쉐이커로 흔들어 나온다. 그래서 거품이 있다.

카페 알롱제

3 카푸치노Cappuccino

프랑스 커피 메뉴 중에 우리가 마시는 것과 가장 비슷하다.

카푸치노

카페 올레

카페 비누아

카페 콘 파나

카페 마키아토

4 카페 크렘Café Crème

우리나라의 카페 라테와 비슷하나 위에 우유 거품이 들어간다. 카페 라테와 카푸치노의 중간 느낌이다. 플랫 화이트Flat White 메뉴가 있다면 카페 크렘보다는 더 라테 느낌이 난다.

5 카페 누와젯Café Noisette

헤이즐넛 커피라는 뜻인데 헤이즐넛 맛이 나지는 않는다. 헤이즐넛 색의 커피로 에스프레소에 우유를 아주 조금 넣어 색이 그렇다. 에스프레소 잔에 준다.

6 카페 올레Café au Lait

밀크커피다. 카페 크렘보다 우유가 많이 들어간다. 우유 한 그릇에 커피를 조금 탄 느낌이다. 보통 아침에 먹는데 일반적인 커피잔이 아닌 사발 느낌의 큰 그릇에 준다.

7 카페 비누아Café Viennois

비엔나 커피. 커피에 뜨거운 우유를 넣고 그 위에 휘핑크림을 얹어주는데 한국의 비엔나 커피보다 휘핑크림이 훨씬 많다.

8 카페 콘 파나Cafe Con Pana

에스프레소에 휘핑크림을 얹어준다.

9 카페 마키아토Caffè Macchiato

우리나라의 마키아토를 기대해선 안 된다. 에스프레소에 우유 거품을 얹은 메뉴다. 에스프레소 잔에 나온다.

10 카페 디카피네Café décaféiné

디카페인 커피다. 줄여서 카페 데카라고 부른다.

1. 카페 고모Café Gourmand

커피와 몇 가지 디저트가 함께 나오는 메뉴로 맥도날드에도 있다. 카페에서 주문하면 디저트가 더 화려하고 가격도 꽤 비싸다.

2. 카페 컴플리트Café Complet

커피가 포함된 아침 식사를 지칭한다. 크루아상, 또는 뱅 오 쇼콜라, 또는 바게트 & 버터 & 잼과 커피를 마신다. 정식 이름은 프티 데쥬네 Petite Déjeuner다.

Votre
CAFÉ GOURMAND
3€
ENTRE 14H ET 17H
맥도날드에도
카페 고모가 있다.
호스텔의 카페 컴플리트

Food 2.

파리에서 꼭 먹어야 할 프랑스 음식

파리 여행에서 가장 기대되는 것 중 하나가 바로 음식이다. 넷플릭스 드라마 〈에밀리, 파리에 가다〉를 보면 주인공 에밀리가 파리에 이사와 집 근처 빵집에서 '뱅 오 쇼콜라'를 사서 한 입 베어 물고 감탄하는 장면이 나온다. 파리를 여행한 사람이라면 누구나 공감하는 장면으로 길거리 제과제빵의 수준 높은 맛에 파리가 사랑스러워진다. 빵집과는 달리 오랜 시간 머물게 되는 식당은 좀 더 나아간다. 프랑스의 점심이나 저녁 식당은 보통 전식, 본식, 후식으로 구성되는데 전식 또는 본식만 선택해 먹을 수도 있고 세 가지 코스로 즐길 수 있다. (식당에 따라 9개까지 구성되기도 한다.) 다음은 일반적인 세 가지 코스를 기반으로 한 프랑스 대표 요리와 우리 입맛에 맞는 추천 요리를 소개한다.

❖전식 요리

1

1 달팽이 요리 Escargot

프랑스 여행을 다녀와 달팽이 요리를 먹어보지 않았다고 하면 "도대체 프랑스 음식을 뭘 먹고 온 거냐!"는 눈초리를 받기 쉽다. 맛이 대단하다기보다는 프랑스에서 먹지 않고 돌아가면 서운한 음식이다. 부르고뉴 지방 음식으로 쫄깃한 달팽이에 버터와 마늘, 파슬리 등을 얹어 오븐에 구운 것이다. 우리나라 소라구이나 골뱅이와는 또 다른 맛이다. 달팽이 요리는 본 음식이 아닌 전채 요리로 주문한다. 좀 더 특색있는 요리를 시도해보고 싶다면 개구리 뒷다리 요리가 있다.

2

2

2 푸아그라 Foie Gras

달팽이 요리와 마찬가지로 프랑스를 대표하는 음식 중 하나다. 푸아그라를 만드는 방법은 다음과 같다. 거위나 오리를 옴짝달싹 못 하게 만들어놓고 주둥이에 깔때기를 꽂아 먹이를 과다 투입한다. 그러면 간에 지방이 끼게 되는데 그렇게 'Foie=간' 'Gras=기름진', 즉 '기름진 간'이 만들어진다. 오리보다 거위의 간이 더 고급이다. 맛은 고단백 간에 버터를 더한 맛이다. 부드럽고 진하다. 보통 빵에 발라먹거나 전채 요리로 나온다. 우리 입맛엔 불호가 많지만 맛보지 않으면 서운한 음식이다. 입맛에 맞다면 슈퍼마켓이나 백화점 식료품 코너에서 구입해 올 수 있다.

3

3 타타르 데 뵈프 Tartare de boeuf

전식 요리 중 가장 추천하는 음식이다. 참기름과 소금 간을 하는 우리의 육회와는 다르게 다진 샬롯, 케이퍼, 부추, 씨겨자 등을 섞어 만든다. 식당마다 맛이 조금씩 다르나 대체로 우리 입맛에도 잘 맞는다. 식당에 따라 타타르 데 뵈프만 나오기도 하고, 채소와 감자 요리와 함께 나오기도 한다. 식사용 빵과 함께 먹는다.

4 **양파 수프** Soupe à L'oignon

양파를 갈색이 날 때까지 볶은 후 우려낸 육수를 구운 빵 위에 붓고 치즈를 얹어 오븐에 구워낸 음식이다. 해장용으로 많이 먹는다. 우리나라와 같은 국물 요리를 기대하기는 어렵지만 프랑스 음식에서 추운 날 몸을 따뜻하게 하기 좋은 메뉴다. 치즈를 좋아한다면 입맛에 맞다.

5 **샐러드** Salade

우리나라와 비슷한 구성으로 다른 점이 있다면 양이 많다는 것 정도다. 안에 넣는 재료에 따라 그냥 야채 샐러드Salade Verte, 연어 샐러드Salade de Saumon, 참치 샐러드Salade au Thon 등으로 나뉜다. 양이 적은 사람은 샐러드만 시켜 식사용 빵과 메인 요리로 먹을 수 있다.

❖본식 요리

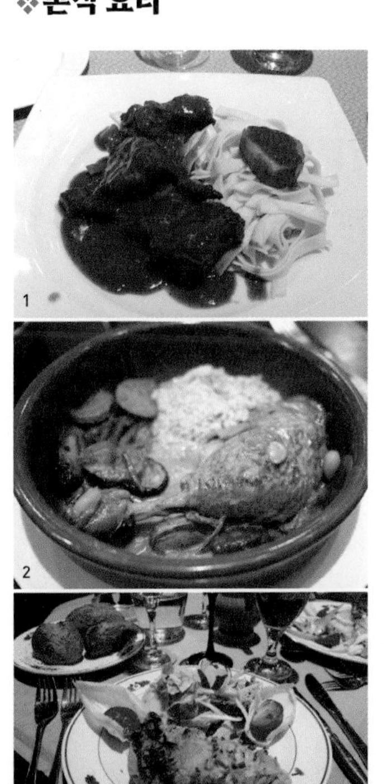

1 **뵈프 부르기뇽** Bœuf Bourguignon

부르고뉴 지방에서 탄생한 소고기 요리여서 뵈프 부르기뇽이라는 이름이 붙었다. 부르고뉴는 프랑스의 와인 주 생산지 중 하나로 잘 알려진 곳이다. 소고기의 질긴 부위를 각종 채소와 함께 장시간 푹 끓여 부드럽게 만든다. 눈으로 보기엔 우리나라의 갈비찜과 비슷하나 맛은 전혀 다르다. 와인 베이스와 간장 베이스 요리의 차이로 유럽 요리의 메인은 단맛이 나지 않는다. 파리에서 일반 식당에서 뵈프 부르기뇽 맛집을 찾기는 힘드니 전문점을 찾는 것이 좋다. 시간적 여유가 있다면 프랑스 맛의 도시이며 뵈프 부르기뇽의 고향, 디종Dijon 방문을 추천한다.

2 **꼬꼬뱅** Coq au Vin

뵈프 부르기뇽이 소고기를 와인에 졸인 음식이라면 꼬꼬뱅은 닭을 각종 채소를 함께 와인에 졸인 음식이다. 역시 부르고뉴 지방에서 탄생한 요리이고 나이 들어 질겨진 수탉을 부드럽게 먹기 위해 만들어졌다. 파리에서 뵈프 부르기뇽 보다는 괜찮은 맛의 꼬꼬뱅을 파는 곳은 많은 편이다.

3 **키쉬** Quiche

프랑스식 야채 파이. 속 재료에 따라 이름이 달라진다. 우리나라의 야채전과 비교하면 밀가루가 더 많이 들어간 파이 느낌이다. 역시 특별한 맛이라기보다는 프랑스 음식으로 한 번쯤 먹어볼 만하다.

4 오리 콩피 Canard de Confit

콩피는 프랑스 가스코뉴Gascogne 지방에서 중세시대 냉장 기술이 발달하기 이전 장기 보존을 위해 기름을 이용한 요리법이다. 겉은 바삭하고 속은 매우 부드러운 식감이 특징이다. 주로 바삭하게 구운 감자와 함께 낸다. 통조림으로도 판매하니 식재료 코너에서 구입해 한국에서 즐길 수도 있다.

5 오리 가슴살 구이 Magret De Canard RÔti

한국에서는 맛보기 힘든 요리로 맛도 있어 추천할 만하다. 1950년대 후반, 요리사인 앙드레 다강André Daguin이 개발한 음식으로 소스에 꿀이 이용된다.

6 생선 요리 Plat de Poisson

프랑스에서 메인으로 나오는 생선 요리는 프랑스 여행을 특별하게 만든다. 우리나라 생선 요리와 다른 특징은 가시가 없다는 것! 소스가 특별하다는 것! 가시가 없어 먹기 편하고 한국식의 소금 간의 구이 요리가 주류인 우리나라와는 스타일이 달라 색다르고 고급스러운 맛을 느낄 수 있다.

7 스테이크 Steak

가장 쉽게 접근할 수 있고 예상할 수 있는 맛에 거부감 없는 음식이다. 돼지Porc, 소Boeuf, 송아지Veau, 양고기Agneau, 닭고기Poulet 스테이크를 맛볼 수 있다.

8 홍합 요리 Moules

겨울철 파리 여행을 떠난다면 홍합 요리를 추천한다. 화이트 와인에 홍합을 넣고 파슬리 등을 넣어 찐 요리로 홍합도 맛있고 감칠맛 나는 국물도 맛있다. 프랑스인들은 국물에 빵 정도만 적셔 먹지만 국물이 그리운 우리 여행자들은 숟가락으로 자꾸 떠먹게 된다. 보통 감자튀김과 함께 먹는다.

9 라따뚜이 Ratatouille

2007년에 개봉한 〈라따뚜이〉 애니메이션을 통해 알려진 요리다. 혹평가로 유명한 음식 평론가가 주인공 쥐 레미의 '라따뚜이'를 먹고 어린 시절을 떠올린다. 프로방스 지방의 야채 음식으로 농부들이 제철 채소를 이용해 만들었다. 토마토, 호박, 양파, 파프리카 등을 켜켜이 겹쳐 오븐에 굽는다. 곁들임 음식으로 메인 요리와 함께 나온다.

❖후식

딸기타르트

일 플루통

프로피트롤

달콤한 디저트 Desserts

프랑스 식당에서 나오는 디저트류는 아이스크림Glace, 과일Fruit, 크렘 브륄레Crème Brûlée, 타르트Tarte, 프로피트롤Profiteroles, 무스Mousse, 일 플루통Île Flottante가 주로 나온다. 길거리에서 흔히 볼 수 있는 제과점인 파티세리Pâtisserie에서는 마카롱, 에클레어, 마들렌, 밀푀유, 슈케트, 브리오슈, 카눌레, 수플레, 주현절에 먹는 특별한 디저트인 라 갈레뜨 데 로아La Galette des Rois 등 다양한 디저트 메뉴를 만날 수 있다. 프랑스는 달콤 가득한 디저트 문화의 천국이니 마음껏 즐겨보자.

❖와인과 치즈 *Vin & Fromage*

프랑스 음식에서 와인은 결코 빼놓을 수 없다. 슈퍼마켓만 가도 빼곡히 진열장을 채운 거대한 와인 섹션에 놀라고, 그 가격에 또 한 번 감동하게 된다. 와인은 한국에서도 대중화되어 가격이 많이 저렴해졌지만 치즈는 아직 종류가 다양하지 못하다. 프랑스의 치즈는 그 종류가 많아 선택하기 난감할 정도다. 여행지에서 만나 친해진 친구와 와인 한 병 그리고 와인에 어울리는 치즈를 사서 샹데마르, 몽마르트르, 예술의 다리로 향해보자! 와인 전에 마시는 건 보통 화이트 와인과 안주로 아페로Apéro 또는 아페리티프Apéritif라고 부르며 후에 마시는 것은 디제스티프Digestif라고 부른다. 와인에 관심이 많다면 보르도에서 다양한 와인 투어를 해보는 것을 추천한다.

와인 체인점

보르도
와인 투어

❖ 간단한 음식

바게트 샌드위치

디저트용 크레페

식사용 크레페

크로크 마담

1 바게트 샌드위치 & 파니니
Baguette Sandwich & Panini

한국에서 인기 있는 잠봉뵈르는 바게트 빵에 햄과 버터를 넣어 먹는 음식이다. 햄과 계란, 채소 등을 넣은 바게트 샌드위치는 간단한 한 끼 식사이면서 쉽게 만날 수 있는 빵집에서 모두 파는 음식이다. 갓 만든 바게트 샌드위치는 저렴하고 맛있다. 파니니는 프레스에 구워주는데 따뜻하고 치즈가 듬뿍 들어가 있어 겨울에 먹기에 좋다.

2 크레프 Crêpe

브루타뉴 지방의 음식으로 한국인들의 입맛에 잘 맞다. 메밀가루를 이용한 반죽에 베이컨, 계란 등을 넣은 식사용 크레페Crêpes Salées와 우리에게 익숙한 누텔라, 잼, 과일, 생크림 등을 조합한 달콤한 디저트용 크레페Crêpes Sucrées가 있다. 디저트 크레페는 길거리에서 테이크아웃으로 많이 판다.

3 크로크 무슈 & 크로크 마담
Croque Monsieur & Croque Monsieur

프랑스식 샌드위치로 식빵 안에 햄과 치즈를 넣고 테두리를 자른 음식이다. 위에 반숙 계란 후라이를 올리면 크로크 마담이라고 부른다. 프랑스에서는 빵집에서 식빵을 볼 수 없고 맛도 떨어지는데 클럽 샌드위치와 같은 식빵으로 만든 모든 음식은 비싼 편이다.

한국으로 돌아온다면 가장 그리울, 프랑스식 아침 식사 프티 데쥬네 Petit Déjeuner

유럽의 아침 식사는 저마다 각각 다르다. 독일은 햄과 치즈, 곡물이 들어간 빵으로 아침을 든든하게 먹는 반면, 프랑스는 크루아상Croissant(또는 뺑 오 쇼콜라Pain au Chocolat) 또는 바게트Baguette에 버터Beurre와 잼Confiture을 발라 커피Café(에스프레소나 우유가 많이 들어간)와 함께 먹는다. 애써 먹으려 하지 않아도 호스텔이나 호텔에 머문다면 한 번쯤 경험하게 되는 식사다. 지극히 평범하지만 프랑스 바게트와 버터는 왜 그리 고소하고 맛있었는지, 한국으로 돌아오면 가장 그리운 음식이 된다.

Food 3.

프랑스 식당과 카페 이용법

보통 수준인 식당에서 오늘의 메뉴를 선택하고, 음료와 커피를 시킨다면 €30~35 정도를 생각하면 된다.

1 먼저 식당에 가면 빈자리를 찾아 앉으려 하지 말고 입구에서 조금 기다리자. 곧 종업원이 나타나 인원수를 확인한 후 자리를 안내해준다. 테라스 쪽은 상관없지만 실내에서 손님이 먼저 빈자리를 찾아 앉는 것은 실례다.

2 자리에 앉아 있으면 종업원이 메뉴판을 가져다준다. 메뉴판을 주면서 음료(부아송Boisson)를 무엇으로 할지 먼저 물어보는데, 이는 메뉴를 고르는 동안 음료를 먼저 가져다주기 때문이다. 원하는 음료를 주문하면 된다. 이때 음료를 시키고 싶지 않고, 한국에서처럼 무료로 제공되는 물을 마시고 싶다면 이렇게 말하면 된다. "윈 카라프 도, 실 부 플레Une Carafe d'eau, s'il vous plait." 우리나라 말로 "수돗물Tap Water 한 병 주세요."라는 뜻인데, 유럽에서는 일반적인 물이 우리나라처럼 정수기 물이 아니라 수돗물이다. 물론 마셔도 되는 물이다. 유럽 사람들은 모두 이렇게 마신다. 만약 꺼림칙하다면 "미네랄 워터Mineral Water 실 부 플레"하고 얘기하면 미네랄 워터(유료)를 가져다준다. 그리고 프랑스는 우리나라에서처럼 와인이 비싸지 않다. 콜라 같은 탄산음료나 와인이나 비슷한 가격이니 프랑스에서는 와인과 함께 식사를 즐겨보자.

3 이제 메뉴판을 보자. 많은 식당의 메뉴판이 영어 설명보다는 생소한 프랑스어로 되어 있기 때문에 주문할 때 당혹스러울 때가 있다. 여행자들이 가장 편리하게 시킬 수 있는 것이 오늘의 메뉴(플라 뒤 주르Plat du Jour)이다. 오늘의 메뉴는 전채(앙트레Entrée), 본식(플라Plat), 후식(데세르Dessért)에 각각 나열된 서너 가지 메뉴 중 한 개씩 선택해 시키면 된다. 따로따로 시켜서 조합하는 것보다 가격이 훨씬 저렴하다. 가격이 부담스럽거나 양이 많다고 생각한다면 본식만 또는 전식+본식, 본식+후식 형태로 주문할 수도 있다. 영어 메뉴가 있으면 훨씬 수월하지만 없다고 해서 당황할 필요는 없다. 뒷장의 부록을 참고하면 각 음식들에 대한 정보를 얻을 수 있으며 파파고나 구글 번역 앱이 도움이 된다.

4 본식을 다 먹을 즈음이 되면 눈치 빠른 종업원이 다시 와서 접시를 치워주며 후식을 묻는다. 메뉴판에서 본 메뉴가 기억이 난다면 주문을 하고 그렇지 않다면 다시 메뉴판을 달라고 해서 선택하면 된다. 보통 후식은 케이크나 아이스크림 또는 푸딩류가 많은데 커피와 잘 어울린다. 유럽은 후식을 다 먹은 뒤에 커피를 마시기 때문에 커피와 함께 후식을 먹고 싶다면 커피를 함께 달라고 말해야 한다. 계산서를 달라고 할 때에는 "라디시옹 실 부 플레L'addition, s'il Vous Plaît"라고 하면 된다.

❖파리의 프랜차이즈 음식점

프랑스어를 모르는 여행자들이 접근하기 쉬운 프랜차이즈 식당들 영어 메뉴가 있어 편리하고, 합리적인 가격에 좋은 음식을 즐길 수 있다.

1 르 를레 드 랑트르코트 Le Relais de l'Entrecôte

겨자 소스를 사용한 립 스테이크가 맛있는 곳으로 단 한 가지 메뉴만 판다. 따뜻하게 먹을 수 있도록 스테이크는 반씩 가져다주니 놀라지 말자. 후식도 훌륭하다. **홈피** www.relaisentrecote.fr

2 이포포타무스 Hippopotamus

1968년 파리에서 생겨 6개의 레스토랑이 있는 프렌치 그릴 체인점이다. 점심에 '오늘의 메뉴' 구성이 실속있다.

홈피 www.hippopotamus.fr

3 레옹 드 브뤼셀 Léon de Bruxelles

1867년부터 운영해 온 벨기에 브뤼셀의 유명한 홍합 요리 전문점, 세즈 레옹Chez Léon의 분점이다. 파리에 9개의 지점이 있다. 쌀쌀해지는 가을이나 겨울에 따뜻한 요리가 먹고 싶을 때 제격이다.

홈피 www.leon-de-bruxelles.fr

4 플런치 Flunch

본식을 선택하면 샐러드바를 무한정 무료로 이용할 수 있는 저렴한 식당으로 음식의 질보다는 양껏 먹고 싶을 때 추천한다. 1971년 오픈해 파리에 10개의 지점이 있다. **홈피** www.flunch.fr

5 베이글슈타인 Bagelstein

베이글 샌드위치 전문점으로 파리에만 30개의 체인점이 있다.

홈피 www.bagelstein.com

6 르 팽 코티디앵 Le Pain Quotidien

르 팽 코티디앵은 '오늘의 빵The daily bread'이라는 뜻이다. 벨기에 유기농 베이커리 레스토랑으로 유기농 식재료로 만든 건강 메뉴를 제공한다. 파리에 10여 개의 매장이 있다. **홈피** www.lepainquotidien.com

7 에릭 케제르 Eric Kayser

파리에서 폴이나 브리오슈 도레만큼이나 쉽게 만나볼 수 있는 베이커리 전문점이다. 전통적인 방식인 천연 효모를 사용해 빵을 만들며 에릭 케제르 자신의 이름을 걸었다.

홈피 www.maison-kayser.com

8 폼 드 팽 Pomme de Pain

한국에도 들어와 있는 샌드위치 · 빵 전문점으로 편하게 간단한 점심을 먹기 좋다.

홈피 pommedepain.fr

9 브리오슈 도레 La Brioche Dorée

1976년에 문을 연 빵집으로 파리에 많은 체인점이 있다. 아래 소개하는 폴 Paul과 함께 프랑스를 대표하는 2대 베이커리 체인점이다. 한국으로 치면 '파리바게트'와 '뚜레쥬르'라고 생각하면 된다. 테이크아웃 하기에도 좋고 앉아서 먹을 수 있는 공간도 있어 편리하다.

10 폴 Paul

브리오슈 도레와 함께 어디서나 눈에 띈다. 프랑스식 간단한 아침과 점심 샌드위치, 그리고 레스토랑 형태를 띤 곳들이 있어 식사까지 가능하다.

홈피 www.paul-bakeries.com

11 프레 망제 Pret a Manger

영국의 샌드위치 체인점이 파리에 왔다. 따뜻한 수프와 커피, 샐러드와 샌드위치를 판매한다.

홈피 www.pretamanger.fr

프랑스에서 맛보는 세계 음식

여행 기간이 길어진다면 아무래도 프랑스 음식에서 벗어나 한식, 베트남, 일본, 중국 음식집을 찾게 된다. 특히, 겨울 시즌에 여행한다면 따뜻한 국물 요리가 그리워지는데 국물 요리가 거의 없다시피 한 프랑스에서 부족한 부분을 채워준다.

베트남 음식

프랑스에서 저렴하게 먹을 수 있는 국물 요리로 베트남 음식을 빼놓을 수 없다. 국물 요리를 좋아하는 사람은 프랑스에서 가장 맛있게 먹은 음식으로 베트남 쌀국수를 꼽을 정도다. 파리 곳곳에 베트남 식당이 있으며 파리에서 먹는 가장 저렴한 음식 중 하나다.

일본 음식

뜨끈한 우동이나 라멘, 연어 덮밥, 초밥이 당긴다면 오페라 주변의 일본 식당을 찾아보자. 오페라 주변에는 한국과 일본 식당들이 밀집해 있으며 현지인들에게도 인기 있다. 오픈 시간에 맞춰 방문하는 것이 좋다.

중국 음식

탕수육, 완탕, 볶음밥이 먹고 싶다면 중국집도 좋다. 파리엔 베트남 음식점만큼이나 중국 음식점이 많다.

❖ 프랑스 메뉴판

세계 3대 요리 국가인 프랑스의 음식은 모든 여행자들의 로망이다. 문제는 메뉴판 읽기! 일부 식당을 제외한 대부분의 식당은 오직 프랑스어뿐이다. 여기, 핵심 단어를 이용한 서바이벌 메뉴판 읽기를 소개한다.

Entrée 전채 [앙트레]

1. Salade 샐러드

예) Salade Verte 야채 샐러드

* Thon 참치, Saumon 연어 주로 샐러드에 함께 나옴

2. Soupe 수프

예) Soupe à l'oignon 양파수프, Consommé 맑은 고기채소 수프

3. Escargot 에스카르고 달팽이 요리

4. Foie Gras 푸아그라 거위 간 요리

예) Terrine de Foie Gras 푸아그라와 다른 재료를 쌓아 만드는 요리. 기름진 음식으로 빵에 발라먹는다.

5. Tartare de Bœuf 프랑스식 소고기 육회

6. Melon au Jambon Cru 생 햄을 얹은 멜론

7. Huître 생 굴

8. Coquilles Saint-Jacques 가리비 요리

예) Coquilles Saint-Jacques au Beurre d'Herbe 허브버터를 얹어 구운 가리비 요리

Plat 본식 [플라]

Viandes 고기

1. Boeuf 소고기

한국과 고기를 정형하는 방법이 달라 부위가 겹치기도 하고 명칭이 애매한 부분이 있다. 식당에서 맛본 후 맛있었던 부위의 단어를 기억해두면 이후에 유용하게 쓸 수 있다.

Filet 안심

*Chateaubriand 샤토브리앙(가장 크고 맛있는 부위), Petite Filet, Tournedos, Filet Mignon이 안심 부위에 속한다.

예) Filet de Boeuf 안심 스테이크

Faux-Filet 등심

*Entrecôtes 꽃등심, Faux-Filet 채끝등심, Côtes 갈비뼈가 있는 등심

예) Côte de Boeuf 립 스테이크, Plat de Côtes 갈비

이외에 메뉴에 많이 사용되는 부위

Rumsteck 우둔살/홍두깨살, Aiguillette Baronné 삼각살, Bavette d'Aloyau 치마살, Hampe 안창살, Onglet 토시살

고기류를 선택했을 경우 굽는 정도를 묻는데 이 부분은 영어로 말해도 대부분 통한다. 한국과 굽는 정도가 조금 차이가 있으나 지방이 적은 부위(안창살, 토시살, 등심 등)를 선택했을 때는 미디움 레어 정도로 구워야 질기지 않다.

레어(Rare) 겉만 익힌 정도 : Bleu(블뢰)

미디엄 레어(Midium Rare)
레어와 미디엄 중간 : Saignant(세냥)

미디엄(Midium)
중앙 부분만 덜 익은 정도 : À Point(아 포앙)

미디엄 웰(Midium Well)
미디엄과 웰던 중간 : Cuit(퀴)

웰던(Well Done)
핏기 없이 구운 상태 : Bien Cuit(비엥 퀴)

---

2. Veau 송아지고기

3. Porc 돼지고기

예) Côte de Porc 폭찹, Pied de Porc 족발, Chchon de Lait 젖을 먹고 자란 새끼돼지

* Poitrine 삼겹살용, Chchon 새끼돼지

4. Poulet 닭고기

* Blanc 닭가슴, Cuisse 닭다리, Coq au Vin 와인에 졸인 닭요리

5. Canard 오리고기

예) Magret de Canard 오리가슴 요리, Confit de Canard 오리다리 요리

6. Agneau 양고기

예) Navarin d'Agneau 양고기 스튜, Gigot d'Agneau Rôti au Four 양다리 구이

7. Chèvre 염소

8. Pigeon 비둘기

9. Rapin 토끼

10. Oie 거위

11. Grenouille 개구리

고기의 형태에 따라

Gril 그릴, Filet·Steak 스테이크, Barbecue 바비큐, Brochettes 꼬치, Rôti 구이, Médaillon 고기를 조각조각 썬 형태

예) Medaillon de Boeuf 소고기를 잘게 썬 것

Farcis 다진 고기

예) Poivrons Farcis 피망에 다진 고기를 넣은 음식

고기 요리에 자주 함께 쓰이는 단어

Champagne 버섯, Oignon 양파, Sel 소금, Poivre 후추, Sésame 깨, Pomme de Terre 감자(Pommes Vapeur 삶은 감자, Pommes Frites 튀긴 감자), Carotte 당근, Épinard 시금치, Citrouille 호박, Brocoli 브로콜리, Asperges 아스파라거스, Légumes 야채, Riz 쌀, Romarin 로즈마리, Basilic

바질, Herb 허브, Ail 마늘

Poisson 생선

1. Perche 농어
2. Truite 송어
3. Morue 대구
4. Homard 로브스터
5. Calmar 오징어
6. Poulpe 문어
7. Crevette 새우
8. Moule 홍합

예) Moules Marinières
벨기에식 홍합찜, 주로 감자와 함께 먹는다.

간단한 식사

간단한 점심 식사나 브런치, 식사와 식사 사이에 먹는다.

키쉬(Quiche)
고기와 야채, 계란을 섞어 구운 파이

크레프(Crêpe)
계란과 햄 치즈 등을 넣어 식사용으로 많이 먹는다. 메밀로 만든 크레페는 갈레트Galette라고 한다.

오믈렛 Omelette

크로크 무슈 Croque-Monsieur
햄을 넣은 식빵에 치즈를 얹어 구운 요리

크로크 마담 Croque-madame
크로크 무슈에 계란을 얹는다.

Dessert 후식 [데세르]

1. Glace 아이스크림 · Sorbet 셔벗
2. Fruits à Coques 견과류
3. Fruit 과일

예) Sorbet et Fruit de Saison 셔벗과 계절과일
* Fraises 딸기, Pomme 사과, Poire 배, Péché 복숭아, Banane 바나나, Ananas 파인애플, Mangue 망고, Pamplemousse 자몽, Citron 레몬

4. Crème Brûlée 크렘 브륄레
5. Tarte 타르트

예) Tarte au Citron 레몬 타르트, Tarte Tatin 사과 타르트
보통 뒤에 이름이 붙는다.

6. Mousse 무스
7. Soufflé 수플레
8. Mille-Feuille 밀푀유
9. Yaourt·Yoghourt 요구르트, Miel 꿀
10. Thé 차 · Café 커피

Boisson 음료 [부아송]

1. Eaux Minerales 미네랄 생수
2. Eaux Gazeuses 가스가 들어간 물
3. Jus de Fruit 과일주스
4. Bière 맥주
5. Vin 와인

예) Vin Rouge 레드 와인, Vins Blancs 화이트 와인, Vins Rosès 로제 와인, Vins au Verre 잔으로 파는 와인

6. Champagne 샴페인

Shopping 1.

화려한 명품부터 빈티지까지 파리의 쇼핑 명소

프랑스는 세계 최대의 쇼핑 천국이다. 쇼핑하기에 가장 좋은 시기는 여름, 겨울 세일 시즌인데 세일 초반에는 30~60%에서 시작해 후반에는 90%까지 저렴해진다. 세일 후반으로 갈수록 인기 있는 품목이나 사이즈가 줄어드니 찜해 놓은 물건을 사려면 세일 초반에 방문하는 것이 좋다.

쇼핑을 좋아한다면 파리 곳곳의 쇼핑 거리를 도보여행 테마로 삼아 걸어보자. 역사와 전통이 있는 작은 부티크들이 모인 쇼핑 거리부터 럭셔리한 명품 거리, 현대적인 형태의 쇼핑몰까지 다양하게 즐길 수 있다.

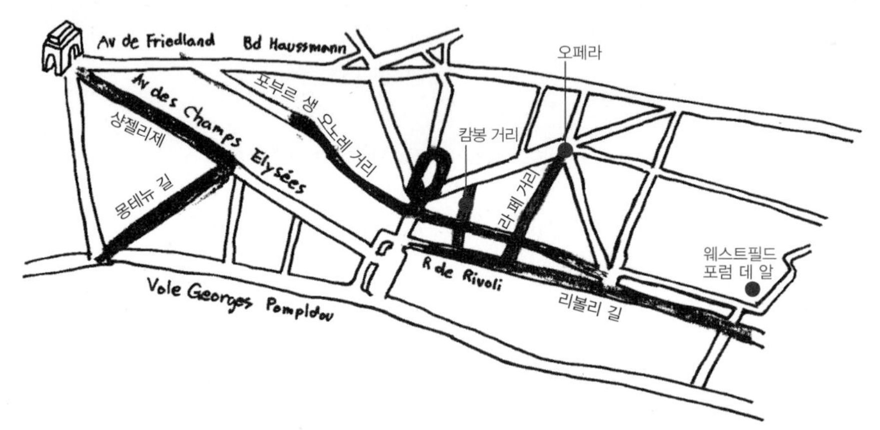

❖쇼핑 거리

① 몽테뉴 길 Avenue Montaigne

오트 쿠튀르를 상징하는 럭셔리 명품 거리. 샤넬, 크리스찬 디올, 루이비통, 발렌시아가 등 프랑스 대표 명품뿐 아니라 다양한 유럽 명품 브랜드를 모두 만나볼 수 있다.

② 샹젤리제 Avenue des Champs-Élysées

명품부터 중저가 패션 브랜드까지 모두 만나볼 수 있는 쇼핑 거리. 루이비통 본점 건물이 샹젤리제의 랜드마크다. 개선문을 보고 샹젤리제 거리를 따라 내려오면서 보면 된다.

③ 포부르 생 오노레 거리
Rue du Faubourg Saint-Honoré

역사와 전통이 있는 쇼핑 거리. 포숑Fauchon 같은 고급 식료품점이 있는 마들렌 광장과 만나는 이 거리 주변은 명품 및 또는 브랜드가 모여있다. 레클레어 같은 편집숍도 있다.

④ 방돔 광장 & 라 페 거리
Place Vendôme & La Paix

까르띠에, 쇼메, 롤렉스와 같은 럭셔리한 명품 시계와 주얼리가 모여있다.

⑤ 웨스트필드 포럼 데 알
Westfield Forum des Halles

명품 브랜드를 제외한 패션, 주방, 식료품 등의 모든 브랜드가 총망라된 쇼핑몰. 나이키와 레고 매장이 크다. 근처에 있는 몽마르트르 길에는 작은 아웃렛 매장이 모여있다.

⑥ 캄봉 거리 Combon

샤넬이 파리에 오픈한 첫 매장이 이 거리의 상징. 31번지의 샤넬 본점과 19번지에도 매장이 하나 더 있다.

⑦ 히볼리 거리 Rivoli

현대적인 쇼핑 거리로 유니클로, H&M 등 중저가 패션 브랜드를 만나볼 수 있다.

⑧ 마레 지역 Mare

마쥬Maje, 바쉬Ba & Sh 등 젊은 브랜드들은 모여있다. 빈티지 숍이 많다.

❖ 백화점

백화점의 가장 큰 장점은 시간을 절약할 수 있는 원스톱 쇼핑과 면세 혜택이다. 면세 혜택은 한 상점에서 €100 초과 시 받을 수 있는데 백화점에서는 저렴한 물건을 사더라도 다른 제품과 합산해 €100 초과하기 쉬워서 면세 혜택을 받기 유리하다. 백화점 안내센터로 가면 관광객들에게 할인쿠폰을 주니 적극적으로 이용하자. 단, 실물 여권을 지참해야 한다. 명품 구입 시 세관 신고를 위한 FTA 서류를 함께 받는 것을 잊지 말자.

1

갤러리 라파예트
Galeries Lafayette

1912년에 개관한 백화점으로 여성관, 남성관, 고메관Gourmet 세 개의 건물로 구성되어 있다. 고메관은 좋은 식자재로 만드는 레스토랑과 프랑스의 식재료와 유명 디저트 브랜드가 총 망라되어 있다.

2

프렝탕 Printemps

1865년에 개관한 백화점으로 최초로 '엘리베이터'와 '백화점 세일'을 도입했다. 비교적 덜 붐비며 물건이 더 많다. 2021년에는 백화점 최초로 중고 명품 숍을 열었다. 레어 아이템을 찾고 있다면 가보도록 하자. 라파예트보다 덜 붐빈다.

3

르 봉 마르쉐 Le Bon Marché

1838년에 문을 연 파리 최초의 백화점으로 루이비통이 있는 LVMH 그룹에 속해있다. 봉 마르쉐 백화점의 하이라이트는 프랑스 전역의 식자재를 모아 놓은 식품관이다.

❖주방·인테리어 용품

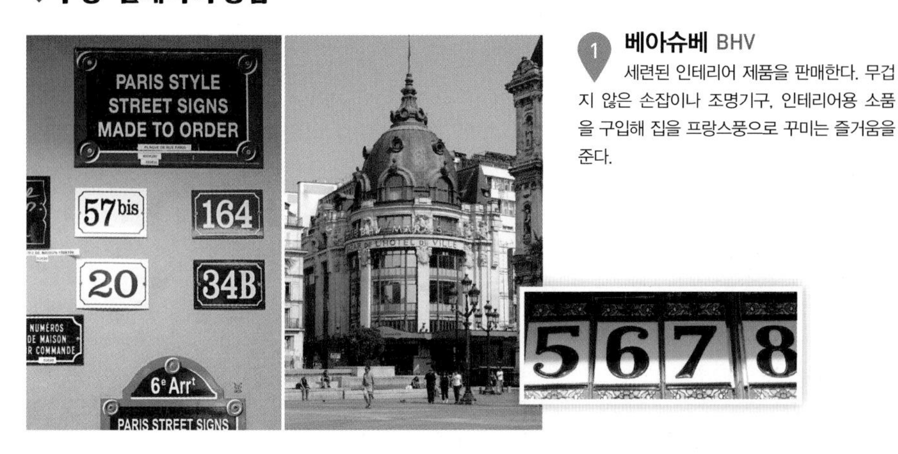

1 베아슈베 BHV

세련된 인테리어 제품을 판매한다. 무겁지 않은 손잡이나 조명기구, 인테리어용 소품을 구입해 집을 프랑스풍으로 꾸미는 즐거움을 준다.

2 모라 · 티오시 MORA·TOC

유명 셰프들이 애정하는 주방용품 전문점이다. 냄비, 프라이팬, 커피 메이커 등 주방용품을 총망라한다.

❖아웃렛 매장

라 발레 빌라주 La Vallée Village

명품부터 주방용품, 스포츠 · 등산용품, 속옷까지 130여 개의 브랜드가 입점해 있는 아웃렛 매장이다. 파리 안에 있어 접근성이 좋다.

❖슈퍼마켓

파리 여행 시 물이나 간식거리를 사러 가는 모노프리 Monoprix와 까르푸Carrefour 슈퍼마켓은 최고의 가성비를 자랑하는 쇼핑 장소다. 백화점보다 저렴하고 대중적인 식재료를 판매하며 화장품 코너의 부르주아나 로레알 제품은 한국보다 품목이 더 다양하다.

Shopping 2.

파리의 쇼핑 품목

❖명품

국내에서 구하기 힘들거나 아직 들어오지 않는 신상 제품을 직접 눈으로 보고 국내에서보다 저렴하게 살 수 있다. 프랑스의 대표적인 명품은 브랜드는 루이비통, 샤넬, 크리스찬 디올, 이브 생 로랑, 지방시, 발렌시아가, 셀린느, 에르메스 등이 있다. 자세한 명품 브랜드에 대한 설명은 (p.92)를 참고하자. 명품 구입 시 신경 써야 할 부분이 있다면 바로 세금이다. 품목에 따라 간이 세율 부과가 달라지는데 관세청에서 사전에 휴대품 예상 세액조회를 통해 체크해 보는 것이 좋다.

❖프랑스 패션 브랜드

인기 있는 프랑스 브랜드는 쟈딕 앤 볼테르, 콩투아 데 코토니에, 바쉬, 세잔느, 후즈 등 폭이 넓어지는 추세다. 이런 브랜드들은 웨스트필드 포럼 데 알과 마레 지구에 모여있다.

1 쟈딕 앤 볼테르 Zadig & Voltaire
1997년 티에르 질리에가 창립한 프랑스의 패션 브랜드로 프렌치 시크룩을 표방한다. 좋아하는 철학자 볼테르와 그의 소설 'Zadig ou La Destinée'의 이름을 조합해 만들었다.

2 산드로 Sandro
프랑스 컨템포러리 브랜드로 클래식하면서 모던한 이미지로 국내에서 인지도가 높다.

3 바쉬 Ba & Sh
2003년에 런칭한 브랜드로 어린 시절 친구였던 바바라와 샤론의 이름을 조합해 만들었다. 프렌치 시크를 표방하는 컨템포러리 브랜드다.

4 콩투아 데 코토니에
Comptoir des Cotonniers
프랑스 프랑스의 컨템포러리 패션 브랜드으로 파리지엔느의 감성을 표현한다.

5 세잔느 Sèzane
온라인에서 탄생한 최초의 프랑스 브랜드로 빈티지한 감성을 표현한다. 인스타그램에서 감각적인 동영상 편집으로 여러 옷을 보여주는데 소비 욕구를 자극한다.

6 루즈 Rouje
모델이자 배우인 잔느 다마스가 런칭한 브랜드로 프렌치 시크를 표방하고 있다. 인스타그램를 통해 잔느 다마스의 일상과 의상을 만날 수 있다.

7 아페쎄 A.P.C.
1987년에 장 뚜이뚜라는 디자이너가 창립한 프랑스의 컨템포러리 패션 브랜드이다. 아페쎄는 Atelier de Production et de Création의 약자다.

8 마쥬 Maje
프랑스 컨템포러리 패션 브랜드로 로맨틱하면서 시크한 프렌치 룩을 표현하고 있다.

9 아네스 비 Agnès b.
시크하면서 캐주얼한 파리지엔느를 표현한 프랑스 대표브랜드로 아네스 비는 디자이너 이름이다.

10 쁘티 바토 Petit Bateau
프랑스 국민 아동복 브랜드다. 프랑스 감성 넘치는 예쁜 옷을 자녀 · 조카에게 입혀보자.

11 아가타 Agatha
프랑스 패션 액세서리를 대표하는 브랜드로 창업자의 반려 개인 스코티시 테리어 강아지 모양이 시그니처다. 요즘은 그 인기가 덜하지만 과거 20~30대 여성들의 필수 쇼핑 장소였다.

12 베자 VEJA
2004년 세바스티앙 코프와 프랑수아 기슬렝 모릴리옹이 만든 프랑스 스니커즈 브랜드로 요즘 프랑스의 국민 신발로 등극했다. 친환경 재료를 이용해 공정무역으로 신발을 만든다.

13 벤시몽 Bensimon
1979년에 런칭한 프랑스를 대표하는 라이프 스타일 브랜드다. 우리나라에서는 벤시몽 신발로 알려졌지만 옷, 가방, 생활용품 전반에 걸친 상품을 볼 수 있다.

❖ 차·마카롱·초콜릿

1 다만 프레르 Dammann Frères

1692년 루이 14세 때부터 프랑스에서 티 독점권을 가졌던 유서 깊은 브랜드다. 가향차를 처음 만들어 낸 곳도 바로 이곳이다. 고트 루쓰Goût Russe Douchka, 쟈뎅 블루Jardin Bleu가 시그니처다.

2 마리아주 프레르 Mariage Fréres

1854년부터 고급 차를 판매해 온 곳으로 마르코 폴로Marco Polo, 웨딩 임페리얼Wedding Imperial 등의 가향차가 유명하다.

3 라뒤레 Ladurée

1862년 현대의 마카롱을 최초로 개발해냈으며 마카롱 최고의 명성을 이어가고 있다.

4 포숑 Fauchon

1886년 오귀스트 포숑이 문을 연 가게로 제과제빵, 푸아그라와 트러플 등의 고급 식자재와 차가 유명하다.

5 발로나 Valrhona

프랑스 최고의 초콜릿을 생산하는 기업으로 1925년에 설립됐다. 카페의 초콜릿 음료 제조, 초콜릿 제작에 쓰이는 재료도 생산한다. 별도의 매장은 없고 백화점과 면세점에서 구입 가능하다.

6 장 폴 에방 Jean-Paul Hevin

파리에서 손꼽히는 세계적인 쇼콜라티에로 초콜릿과 두가지 색상을 넣은 마카롱이 시그니처다.

7 파트릭 호제 Patrick Roger

'초콜릿 조각가'라는 닉네임을 가진 세계적인 쇼콜라티에로 매장 안에 진짜 초콜릿으로 만든 조각이 있다.

8 피에르 에르메 Pierre Hermé

디저트 업계의 '피카소'라고 불리는 디저트 계의 예술가다. 1998년에 파리에 첫 매장을 열었지만 '이스파한Isfahan'의 성공 이후 단숨에 라뒤레와 함께 프랑스 마카롱을 대표하는 양대 산맥으로 우뚝 섰다.

❖ 약국 화장품

파리에 가면 약국 화장품을 빼놓을 수 없다. 아벤느, 비쉬, 라 로슈 포제, 유리아주, 꼬달리 등의 저자극성 약국 화장품은 한국에서 인기가 많다. 가격이 국내보다 1/2~1/3 정도 저렴하기에 더 매력적이다. €100 초과 시 면세 혜택도 누릴 수 있어 면세금액에 맞춰 사는 사람들이 많다. 파리 시내 곳곳에 대형 약국이 있는데 가격이 조금씩 다르고 1+1 혜택 등이 있으니 여러 곳을 비교해본 후 구매하는 것이 좋다. 한국인들에게 인기 있는 몽주 약국은 아침에 가도 줄을 설 정도로 사람이 많으니 시간을 넉넉히 배분하자. 다음은 인기 있는 약국 화장품을 소개한다.

❶ 피지오겔 A.I 크림

피지오겔은 독일 제품이나 프랑스에서도 구입할 수 있다. 케이스가 파란색과 붉은색으로 나뉘는데 악건성이나 아토피 피부로 고민하는 사람은 붉은 라인을 쓰면 된다. A.I 크림은 정말 심할 경우 부분적으로 사용하면 효과가 좋다.

❷ 바이오더마 클렌징워터

Crealine H2O

클렌징워터계의 종결자다. 피부에 따라 색깔이 다른 뚜껑을 선택하면 된다. 빨간색(민감성), 초록색(지성), 파란색(수분공급)

❸ 바이오더마 아토덤 크림

건조함과 아토피로 고민하는 사람에게 추천한다. 피지오겔 로션처럼 끈적이지 않고 흡수율이 빨라 피부를 촉촉하게 가꿔준다.

❹ 라 로슈 포제 선크림

Anthelios SPF 50+ 지수가 높고 자극이 없다.

❺ 꼬달리 아이 & 립 크림

민감성 눈 주변에 보습을 하는 Crème S.O.S Yeux Sensibles(추천), 항산화 아이 & 립 크림 폴리페놀 C15 Polyphenol C15 등이 있다.

❻ 아벤느 온천수 스프레이 오 떼르말

건조한 유럽에서 얼굴 수분공급용으로 좋다.

❼ 아벤느 클렌징로션

로션형 클렌징을 선호하는 사람에게 추천. 자극 없이 부드럽게 닦이고 촉촉하다.

❽ 달팡 수분크림과 세럼

수분크림으로 약국 화장품 중 가장 인기 있다. 가벼운 느낌이 좋다면 세럼, 좀 더 묵직한 느낌을 원한다면 크림을 선택하면 된다. 연령층이 높다면 좀 더 진한 Hydraskin Rich(Crème Hydratation Continue)를 추천한다.

❾ 유리아주 립밤

가볍고 저렴해 선물용으로 많이 구입한다.

❿ 꼬달리 화이트닝 세럼

Vinoperfect Sérum Éclat Anti-Taches

프랑스에서 붉은 기와 기미를 옅게 해주고 피부톤을 균일하게 해주는 화이트닝으로 가장 인기 있는 제품이다. 수분진정을 원한다면 Vinosource Sèrum S.O.S Dèsaltèrant를 선택하면 된다.

⓫ 라 로슈 포제 Effaclar Duo

여드름 피부를 위한 제품 중 가장 인기 있다. 민감성 피부를 가진 사람들에게 유용하다.

⓬ 꼬달리 윌 디바인 오일

Caudalie Huile Divine Oil

꼬달리 마니아라면 은은한 향의 멀티 오일을 추천한다.

⓭ 눅스 멀티 오일 Huile Prodigieuse

김남주 오일로 잘 알려진 다용도 오일로 얼굴, 몸, 머리 모든 부위에 사용할 수 있다.

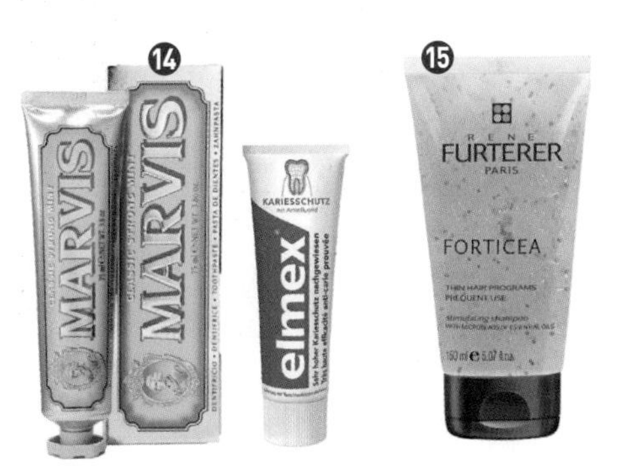

⓮ 이탈리아 마비스 치약과 이스라엘 엘멕스 치약

한국에서 구매하면 비싸다. 치약 계의 명품으로 불리는 제품들이다.

⓯ 르네 휘테르 Forticea

비듬방지용 샴푸로 유명하고 효과가 좋다. 이 외에도 보습, 볼륨, 안티에이징 Tonucia 등 다양한 라인이 있다.

❖욕실용품

프랑스의 비누, 물비누, 바디워시, 샴푸, 린스 제품은 여러 가지 향으로 욕실 생활을 즐겁게 한다. 추천하는 브랜드는 르 프티 마르세이에Le Petit Marseillais와 이브 로쉐Yves Rocher다.

다양한 향의 핸드워시 리필

❖다양한 식재료

국내에 없거나 백화점에서 3~10배까지 비싸게 파는 식재료를 구할 수 있다. 초콜릿 쿠키류, 라 페루쉐 설탕, 게랑드 꽃소금과 허브 소금, 꿀, 디종 홀그레인 머스타드, 밤잼은 선물용으로도 좋고 집에서 먹을 때마다 파리 여행을 떠올릴 수 있는 좋은 아이템이다.

Shopping 3.

이건 꼭 사야 해! 파리에서만 파는 가성비 기념품

1 에펠탑 열쇠고리

가장 저렴하지만 한국으로 돌아와 보면 가격 대비 반응이 좋은 선물이다. €1에 3~6개를 살 수 있다. 에펠탑이 보이는 샤요 궁이나 에펠탑 주변의 잔디밭에서 사는 편이 저렴하다. 에펠탑 열쇠고리를 가득 든 흑인들을 주목하자. 흥정이 가능하고 많이 살수록 할인율도 높아진다.

2 실용적인 파리 기념품

관광지 주변의 기념품점이나 백화점의 기념품 코너에 가면 파리를 상징하는 메트로, 에펠탑 등을 소재로 만든 다양한 상품이 있다. 메트로 지도가 그려진 에코백이나 머그컵(스타벅스 머그컵도!)은 한국에 돌아와서도 실용적이다. 그리고 사용할 때마다 향수를 불러일으킨다.

3 프랑스 책

라탱 지구의 서점이나 타셴, FNAC에 가면 프랑스어로 된 다양한 책들이 있다. 프랑스어를 알지 못하는데 책을 왜 사야 하냐고? 읽지는 못하지만 볼 수는 있다. 특히 로베르 두아노나 윌리 로니스 같은 사진작가의 사진집은 좋은 선물이 된다.

4 엽서

파리에서는 재미난 엽서를 판다. 프랑스에서 생산되는 빵 이름을 정리해놓거나 치즈, 디저트, 주방용품, 전통의상 등 다양한 주제로 프랑스를 대표하는 이미지들을 모아 엽서로 만든다. 가격은 다른 엽서들에 비해 비싼 편이지만 좋은 기념품이 된다. 유럽의 여러 나라에서도 이런 주제의 엽서를 파는데, 시리즈로 모아 나라별로 비교해보면 재미있다.

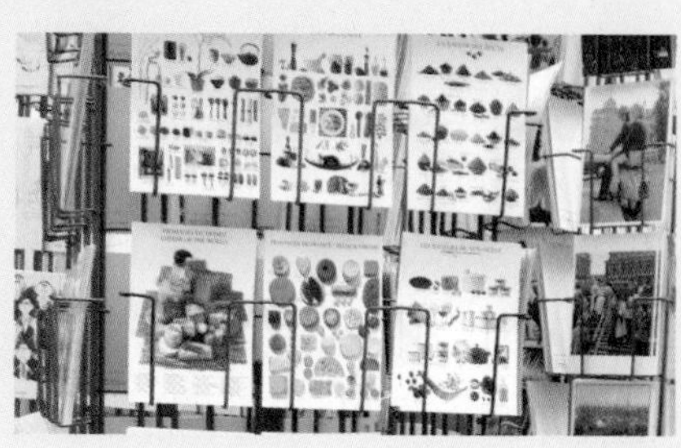

Enjoy Paris

파리를 즐기는 가장 완벽한 방법

1 파리의 랜드마크, 에펠탑에서 개선문까지

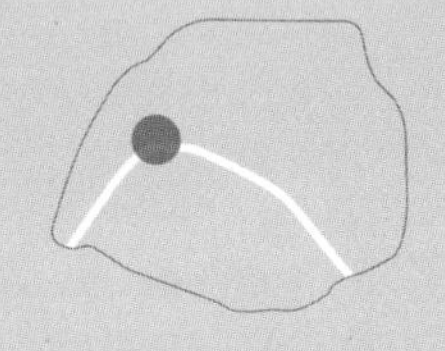

세계의 사람들에게 "프랑스 여행을 떠나게 된다면
가장 먼저 보고 싶은 곳은 어디입니까?"라는 질문을 던졌다.
이들이 손꼽은 프랑스 최고의 랜드마크는 과연 어디일까?
매년 700만 명의 여행자들이 방문하는 장소,
에펠탑과 개선문 그리고 샹젤리제를 돌아보자.

Best Route

❶ 샤요 궁에서 출발해 몽테뉴 길과 샹젤리제를 거쳐 개선문까지의 총 거리는 3.2km다. ❷ 에펠탑을 가까이에서 보고 인도교인 드빌리교를 건너 몽테뉴 길로 가는 방법도 있다. 이 루트는 4km다. 근처에 바토 무슈와 바토 파리지앵 선착장이 있으니 센 강을 유람해보는 것도 좋다. ❸ 아침 일찍부터 서두른다면 에펠탑에서 마르스 광장을 지나 앵발리드로 간 후 그곳에서 알렉상드르 3세 다리를 건너 그랑 팔레와 프티 팔레를 지나 샹젤리제를 걷는 방법도 있다. 이때의 도보 거리는 총 6km다. ❹ 시간이 없다면 샤요 궁의 Trocadéro역에서 지하철을 타고 곧바로 개선문으로 갈 수도 있다.

Map of
Tour Eiffel & Arc de Triomphe

관광명소

1. 에펠탑 Tour Eiffel
2. 샤요 궁 Palais de Chaillot
   - a 건축과 문화유산의 도시 Cité de l'Architecture et du Patrimoine
   - b 국립 해양 박물관 Musée National de la Marine
   - c 인류 박물관 Musée de l'Homme
3. 케 브랑리 박물관 Musée du Quai Branly
4. 팔레 드 도쿄 Palais de Tokyo
5. 파리 시립 근대 미술관 Musée d'Art Modern de la Ville de Paris

Quick 퀵 G20 G20 프랑프리
모노프리 베이글슈타인 PAUL 폴 우체국 까르푸

쇼핑가

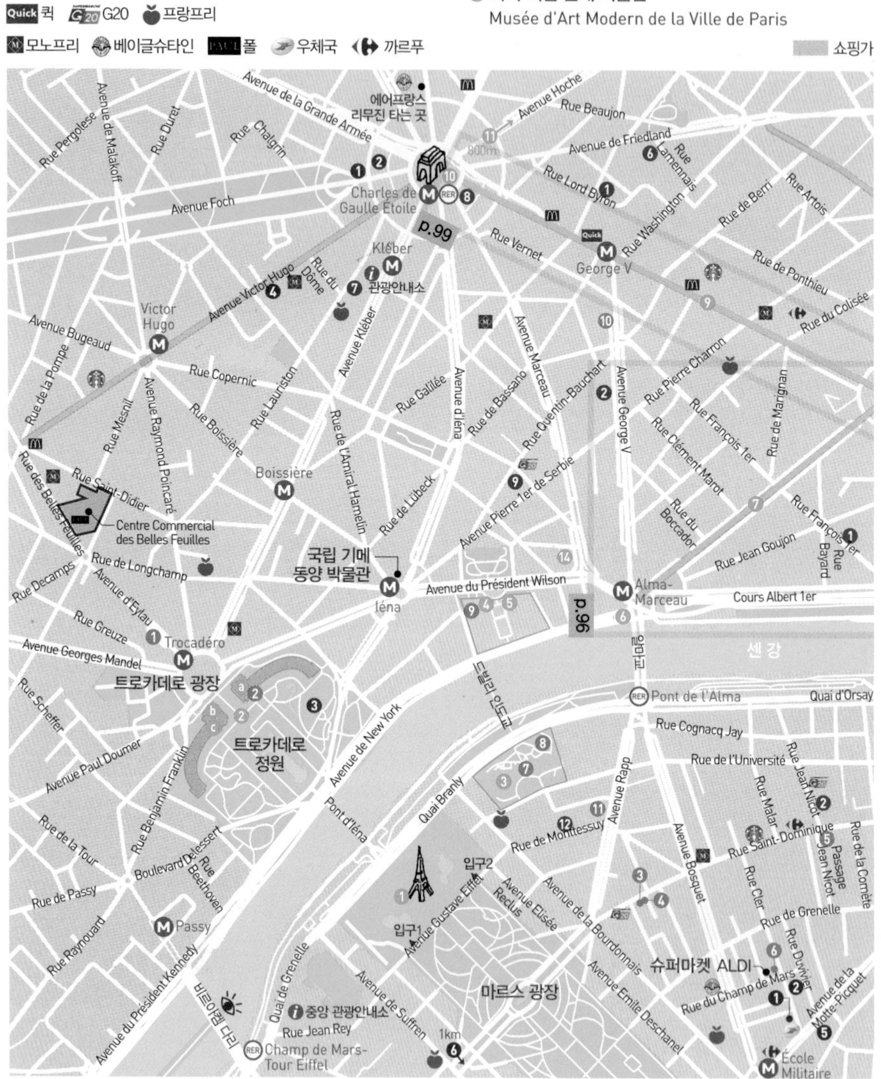

⑥ 자유의 불꽃 Flamme de la Liberté
⑦ 몽테뉴 길 Avenue Montaigne
⑧ 앵발리드 Hôtel National des Invalides
- ⓐ 군사 박물관 Musée de l'Armée
- ⓑ 앵발리드 돔 Dôme des Invalides

⑨ 샹젤리제 거리 Avenue Champs-Élysées
⑩ 개선문 Arc de Triomphe ⑪ 몽소 공원 Parc Monceau
⑫ 그랑 팔레 Grand Palais (공사 중)
- ⓐ 국립 갤러리 Galeries Nationales du Grand Palais
- ⓑ 과학 기술 박물관, 발견의 전당 Palais de la Découverte

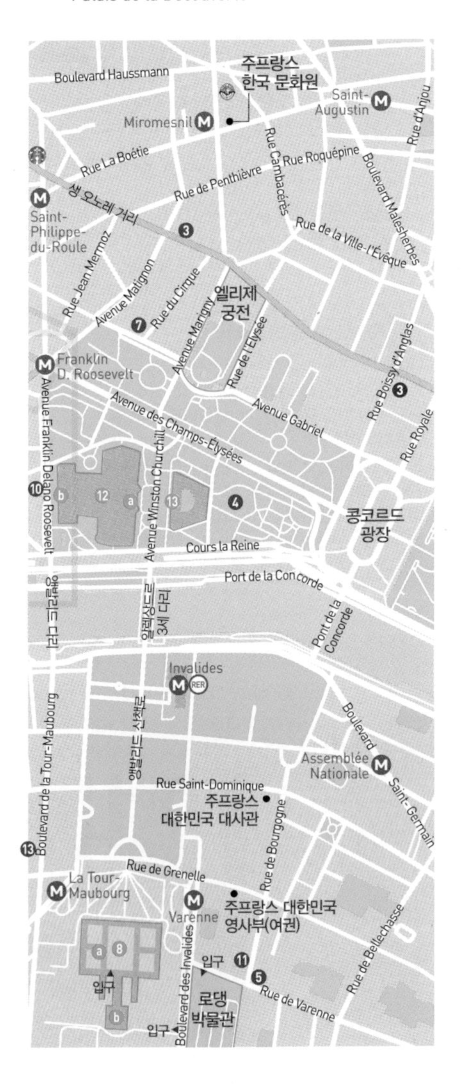

⑬ 프티 팔레 Petit Palais
- ⓐ 파리 시립 미술관 Musée des Beaux-Arts de la Ville de Paris

⑭ 이브 생 로랑 박물관 Musée Yves Saint Laurent Paris

레스토랑 · 카페 · 베이커리
❶ 슈바르츠 델리 Schwartz's Deli
❷ 지라프 레스토랑 Girafe Restaurant
❸ 레 코코트 Les Cocottes
❹ 라 비올롱 댕그르 La Violon d'Ingres
❺ 라 파리지엔느 La Parisienne
❻ 카페 두 마르쉐 Café Du Marché
❼ 카페 자끄 Café Jacques
❽ 레 옴브레 Les Ombres
❾ 밤비니 파리 Bambini Pari
❿ 미스 고 Miss Kô
⓫ 리네트 Linette

즐길거리
❶ 듀플렉스 Duplex
❷ 라끄 파리 L'Arc Paris
❸ 라쿠아리움 L'aQuarium

미슐랭 맛집
❶ 피에르 가니에르 Pierre Gagnaire ★★★
❷ 르 생크 Le Cinq ★★★
❸ 에피키르 Épicure ★★★
❹ 알레노 파리-파빌리옹 르도옝 Alléno Paris-Pavillon Ledoyen ★★★
❺ 아르페주 Arpège ★★★
❻ 르 타유방 Le Taillevent ★★
❼ 르 가브리엘 Le Gabriel ★★
❽ 라틀리에 드 조엘 로부숑-에투알 l'Atelier de Joël Robuchon-Étoile ★
❾ 십스텅스 Substance ★
❿ 라세르 Lasserre ★
⓫ 오귀스트 Auguste ★
⓬ 오 본 아퀼 Au Bon Accueil
⓭ 쉐 레 앙즈 Chez Les Anges

쇼핑
❶ 마리아주 프레르 Mariage Frères
❷ 라뒤레 Ladurée
❸ 에클레뢰르 Eclaireur
❹ 파트릭 호제 Patric Roger
❺ 장 폴 에방 Jean-Paul Hevin
❻ 에펠 약국 Pharmacy Eiffel Commerce

숙소
❶ 아드베니아트 호스텔 Auberge de Jeunesse Adveniat

에펠탑 Tour Eiffel

구스타브 에펠Gustave Eiffel이 설치한 330m(최초 312m였으나 2020년에 324m, 2022년 라디오 안테나 설치로 더 높아졌다)높이의 철탑으로 1889년 만국박람회를 기념하기 위해 만들었다. 정상까지의 계단 수는 총 1665개이나 일반인에게 개방된 곳은 2층까지로 계단 수는 674개다. 낮과 밤의 전망을 모두 관람하는 것이 포인트! 특히 해가 진 후 에펠탑이 매시 정각마다 10분간 반짝이는 밤의 조명 쇼를 놓치지 말자. 에펠탑의 지상 57m 1층 바닥을 강화유리로 바꿔 공중에 서 있는 느낌을 준다. 에펠탑 전망대를 오를 경우 꼭대기 층은 바람이 심하니 방풍 재킷을 가져가는 것이 좋다. 7월 14일 프랑스혁명 기념일에는 성대한 불꽃놀이가 열린다. 23:30 전후에 시작해 30분간 펼쳐진다. 불꽃놀이를 즐기기 좋은 장소는 아래 지도에서 ③번과 ④번이다. 당일 저녁에는 에펠탑 주변의 메트로 운행이 중단되니 가까운 곳에 숙소를 잡자.

1_에펠탑 정상에서 **파리의 일몰 보기!**
2_**바토 무슈**나 **바토 파리지앵** 타고 센 강 유람!(p.89 참고)
3_샤요 궁의 **지라프 레스토랑 테라스**에서 에펠탑을 바라보며 커피 마시기!(p.87 참고)

주소 Champ de Mars-5 Ave. Anatole France
전화 08 92 70 12 39
운영 **입장시간** 09:15~22:45 (계단 09:30~22:45, 엘리베이터 09:30~23:00)
※ 비수기/성수기/날씨/파업/수리보수에 따라 변동이 있으니 홈페이지를 통한 확인 필요.
위치 메트로 6호선 Bir-Hakeim역, 메트로 9호선 Trocadéro역, RER C선 Champs de Mars-Tour Eiffel역, 버스 82·42·86·69·30번

홈피 www.toureiffel.paris
요금 3층(정상 Sommet) **엘리베이터** 일반 €29.40, 12~24세 €14.70, 4~11세 €7.40
2층까지 계단+엘리베이터 일반 €22.40, 12~24세 €11.20, 4~11세 €5.70
2층(2ème étage) **엘리베이터** 일반 €18.80, 12~24세 €9.40, 4~11세 €4.70
계단 일반 €11.80, 12~24세 €5.90, 4~11세 €3.00

에펠탑에 올라갈 시

에펠탑은 1층(57m), 2층(116m), 3층(정상, 276m)으로 구성되어 있다. 2층까지는 계단으로 올라갈 수 있지만 674개로 꽤나 힘들다. 현장 매표소는 온라인 티켓 구매를 실패했을 때 시도해 볼만하나 줄이 길고 최소 1~2시간이 소요되며 당일 원하는 시간 입장이 불가능할 수 있다. 성수기라면 2개월 전 예약을 추천한다. (구입한 입장권은 교환, 날짜 변경, 환불이 불가하니 신중히 구매하자.) 예약 방문 시 녹색표지(Visitors with tickets)를 따라 예약 15분 전에 입구로 가면 되고 보안 검색을 거친다. 입구 1 · 2가 있는데 입구 2가 대체로 덜 혼잡하다.

more more &

에펠탑 사진이 예쁘게 나오는 베스트 뷰포인트

❶ 샤요 궁의 발코니 ❷ 샤요 궁의 지라프 레스토랑 테라스 ❸ 샹 드 마르 공원 중간
❹ 평화의 벽 – 평화의 벽에는 세계 각국어로 '평화'라는 단어가 쓰여 있는데 그중 한글도 있으니 찾아보자.
※ 현재 이 자리엔 2024년 파리 올림픽 유도와 레슬링 경기장이 설치되어 있다.

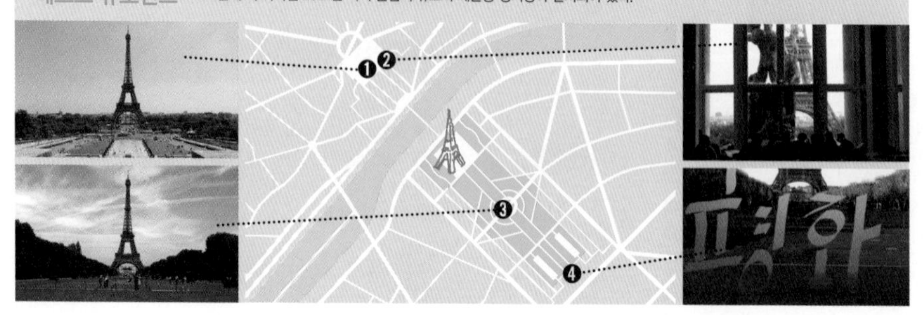

샤요 궁 Palais de Chaillot

1937년 만국박람회를 위해 건설된 네오 클래식 양식의 건물로, 최고의 에펠탑 전망을 선사해 많은 사람들이 찾는다. 대리석 광장을 중심으로 두 날개를 활짝 편 형태다. 동쪽 날개에는 건축과 문화유산의 도시Cité de l'Architecture et du Patrimoine라는 건축 박물관이 있다. 이름대로 프랑스의 건축 양식과 중세시대부터 현대까지 보존해야 할 건축과 관련된 문화유산들을 모아놓은 흥미로운 박물관이다. 서쪽 날개에는 인류 박물관Musée de l'Homme이 있는데 주요 작품들은 케 브랑리로 옮겨졌다. 또 중세시대부터 현대까지 범선의 모형, 회화와 소품 등을 소장한 국립 해양 박물관Musée National de la Marine도 있다. 세 박물관 중 가장 볼만한 곳은 건축 박물관이다. 뮤지엄패스 소지 시 무료이므로 뮤지엄패스 소지자에게 추천한다.

주소 1 Place du Trocadéro et du 11 Novembre
전화 **인류 박물관** 01 44 05 72 72
건축과 문화유산의 도시 01 58 51 52 00
국립 해양 박물관 01 53 65 69 69
운영 **인류 박물관** 11:00~19:00 **건축과 문화유산의 도시** 11:00~19:00(목요일은 ~21:00)
국립 해양 박물관 11:00~19:00(목요일은 ~22:00)
휴무 화요일, 1월 1일, 5월 1일, 12월 25일
위치 메트로 6·9호선 Trocadéro역, 버스 22·30·32·63·72·82번
홈피 **인류 박물관** www.museedelhomme.fr
건축과 문화유산의 도시 www.citedelarchitecture.fr
국립 해양 박물관 www.musee-marine.fr
요금 **인류 박물관** €10(기획전 포함 시 €13), 12세 이하 무료 건축과 문화유산의 도시 €10(기획전 포함 시 €12), 18세 미만 무료 **국립 해양 박물관** €12(기획전 포함 시 €15), 18세 미만 무료

식당 예산 기준

€10 미만 € | €10~30 미만 €€ | €30~50 미만 €€€ | €50~100 미만 €€€€ | €100 이상 €€€€€

지라프 레스토랑 Girafe Restaurant

샤요 궁 동쪽 날개에 위치한 해산물 식당으로 이곳에서 바라보는 에펠탑은 파리에서 가장 아름다운 전망 중 하나다. 특별한 파리에서의 식사를 원한다면 낮보다는 저녁 시간 방문을 추천한다. 낮의 분위기부터 일몰, 반짝이는 에펠탑을 모두 즐기며 식사를 즐길 수 있다. 드레스 코드는 세미 정장이며 홈페이지를 통한 예약이 필수다.

주소 1 Place du Trocadéro et du 11 Novembre
전화 01 40 62 70 61
운영 **점심** 월~금 12:00~14:30, 토·일 12:30~16:00 **저녁** 19:00~02:00
위치 메트로 6·9호선 Trocadéro역, 버스 22·30·32·63·72·82번
홈피 girafe-restaurant.com **요금** €€€

케 브랑리 박물관 Musée du Quai Branly

아프리카, 아시아, 오세아니아, 아메리카에서 수집한 박물관이다. 건물은 유명한 건축가 장 누벨Jean Nouvel이 설계했다. 박물관을 감싸고 있는 아름다운 정원은 질 클레망Gilles Clement이 숲을 모티브로 설계한 것이다. 박물관 옥상에는 에펠탑을 조망할 수 있는 파노라믹 테라스Panoramic Terrace가 있으며 에펠탑을 바라보며 식사할 수 있는 레 옴브레Les Ombres가 있다.

주소 37, Quai Branly
전화 01 56 61 70 00
운영 **박물관** 화~일 10:30~19:00(목 ~22:00) **정원**(무료입장) 화~일 09:15~19:30(목 ~22:15) **휴무** 월요일(학교 방학기간 제외), 5월 1일, 12월 25일
위치 RER C선 Pont de l'Alma역. 버스 42·63·80·92번, 바토 뷔스 Tour Effel역
홈피 www.quaibranly.fr
요금 일반 €12, 오디오 가이드 €5
*무료입장 매월 첫 번째 일요일

케 브랑리 박물관

아클리마타시옹 놀이공원
Jardin d'Acclimatation

1860년 개관한 프랑스에서 가장 오래된 놀이공원으로 파리시로부터 루이비통이 20년간 운영권을 얻어 재단장 후 2017년에 재개관했다. 때문에 루이비통 재단 미술관 관람객들은 무료로 입장할 수 있다. 무엇보다 디즈니랜드보다 가깝고 긴 대기 줄이 없어 어린아이 동반 여행자들에게 환영받는 놀이공원이다. 공원 내에는 파리-서울시의 자매결연 10주년을 기념으로 한 서울공원이 2002년부터 조성되어 있으니 들러보자.

© Jardin d'Acclimatation

주소 Bois de Boulogne
전화 01 40 67 90 85
운영 월·화·목·금 11:00~18:00, 수·토·일·공휴일 10:00~18:00
위치 메트로 1호선 Station Les sablons역, 버스 43·63·73·82·93·PC1번
홈피 www.jardindacclimatation.fr
요금 자유이용권 일반 €27, 가족권(일반2명+어린이2명) €81, 입장권 일반 €7, 키 80cm 미만 무료, 어트랙션 티켓 10매 €63(이용하는 어트랙션에 따라 티켓 수량이 요구된다)

로맨틱한 파리를 즐기는 센 강의 유람선

파리 센 강 주변은 1991년 유네스코 세계문화유산으로 등재됐다. 이 지역을 운행하는 유람선은 파리의 주요 문화유적을 즐기기에 더할 나위 없이 좋은 방법 중 하나다. 낮에 타는 유람선은 센 강 주변의 관광명소를 세세히 볼 수 있는 장점이 있고, 밤에 타는 유람선은 야경과 파리의 화려한 분위기를 느끼기 좋다. 둘 다 각각의 장점이 있으니 취향대로 선택하면 된다. 성수기에는 홈페이지를 통해 티켓을 예매하는 것이 편리하다. 밤에는 여름철이라도 강바람이 차니 방풍 재킷을 가져가는 것이 좋다. 대표적인 센 강의 유람선은 다음과 같다.

바토 무슈 Bateaux Mouches

바토 파리지앵보다 조금 더 긴 구간을 운행한다. 한국어 안내방송이 나오며 소요시간은 총 1시간 10분이다. 런치와 디너 크루즈인 경우 정장 차림이 요구된다.

주소 Port de la Conférence
전화 01 42 25 96 10
운영 4~9월 10:15~22:30(30~45분 간격), 10~3월 10:15~21:20(30~45분 간격)

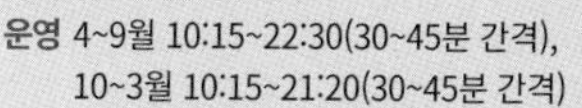

위치 메트로 9호선 Alma-Marceau역, RER C선 Pont de l'Alma역, 메트로 1호선 Franklin Roosevelt역, 버스 42·72·80번
홈피 www.bateaux-mouches.fr
요금 일반 €15, 4~12세 €6, 4세 미만 무료
런치 크루즈(12:30) 일반 €80, 13세 미만 €39
디너 크루즈(20:30)
일반 €85~155, 13세 미만 €39

바토 무슈

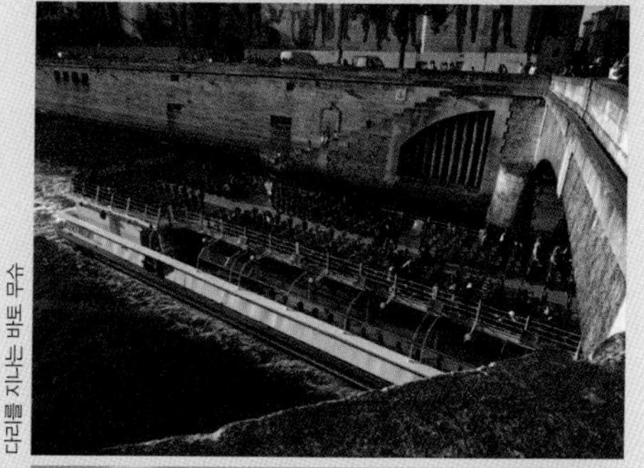
다리를 지나는 바토 무슈

바토 파리지앵 Bateaux Parisiens

에펠탑과 노트르담 근처의 선착장에서 탈 수 있다. 에펠탑에서 출발하는 유람선은 한국어 안내가 지원된다. 소요시간은 1시간이다. 바토 무슈보다 조금 더 다양하고 저렴한 가격대의 런치와 디너 크루즈가 있다. 자세한 내용은 홈페이지를 참고하자.

주소 에펠탑 근처 Port de la Bourdonnais, 노트르담 근처 Quai de Montebello
전화 01 76 64 14 45
운영 4~9월 10:00~22:00(30~45분 간격), 10~3월 10:30~21:30, 주말·공휴일 10:00~22:00(30~45분 간격)
위치 메트로 6호선 Bir-Hakeim역, 6·9선 Trocadéro역, RER C선 Champs de Mars-Tour Eiffel역, 버스 30·42·82번
홈피 www.bateauxparisiens.com
요금 일반 €16, 4~11세 €7.5, 4세 미만 무료
런치 크루즈(12:45)
일반 €69~109, 12세 미만 €34
디너 크루즈(18:15/20:30)
일반 €89~149, 13세 미만 €34~149

바토 파리지앵

미슐랭 맛집

미슐랭 캐릭터. 미슐랭으로부터 인정받은 식당 앞에는 이 스티커가 붙어 있다.

파리 여행자라면 한 번쯤 미슐랭 식당에서 격식을 갖춘 우아한 식사를 꿈꾼다. 미슐랭은 1889년 타이어 회사를 설립한 미슐랭 형제가 타이어의 판매촉진을 위해 1900년 빨간 가이드북을 만들어 나누어주면서 시작했다. 가이드북 안에는 타이어의 교환방법, 주유소, 지도, 호텔과 식당 등의 여행 정보를 수록했는데 식당 정보에 대한 영향력이 점차 커지자 현재는 미스터리 조사관을 파견해 식당을 평가하고 매년 우수한 식당에 별을 수여하고 있다. 식당의 수준을 별(★)의 개수로 평가한다. 별 하나(★)는 우수한 수준의 요리를 제공하는 식당, 별 두 개(★★)는 우수한 수준의 요리를 제공하는 식당으로 멀더라도 찾아가 볼 만한 곳, 별 세 개(★★★)는 뛰어난 요리를 제공하는 식당으로 그 맛을 보기 위해 여행을 떠날 가치가 충분한 식당으로 구분한다. 이 외에 합리적 가격으로 훌륭한 맛을 내는 식당은 빕 구르망Bib Gourmand으로 추천하고 있다.

레스토랑은 반드시 홈페이지나 전화로 예약해야 하며 레스토랑 방문 시 복장에 신경 써야 한다. 슬리퍼나 반바지 등의 캐주얼한 차림은 입장이 금지된다. 여자는 원피스, 남자는 반드시 재킷을 입어야 한다. 다음은 파리 시내의 2023년 미슐랭 가이드에서 별 세 개를 받은 9곳의 식당과 저렴하게 코스메뉴를 즐길 수 있는 식당을 소개한다.

미슐랭의 사이트에 올라와 있는 모든 식당은 약 500여 개나 된다. 좋아하는 셰프, 방문하기 좋은 지역, 좋아하는 스타일과 예산에 맞는 레스토랑을 찾아 방문해보자.

홈피 guide.michelin.com/en/fr/restaurants

> **Tip!** 코스 요리 주문 시 가격으로 점심과 저녁에 따라 편차가 있다. 여기에 샴페인이나 와인을 함께 하는 경우가 대부분으로 예산을 넉넉하게 잡아야 한다. 다양한 와인을 접하고 싶다면 와인페어링(음식에 어울리는 와인이 함께 나오는 것, 요금이 추가됨)을 하면 된다.

에피키르 Épicure ★★★

미슐랭에서는 별 세 개를, 트립어드바이저에서는 1위를 했다. 영화 〈미드나잇 인 파리〉(2011)에도 나왔다. 거장이라 불리는 Eric Frechon이 키친을 총괄하는 르 브리스톨 호텔의 메인 레스토랑으로, 대중적에게 인기가 좋다.

주소 112 Rue du Faubourg Saint-Honoré (Le Bristol Paris Hotel 내)
전화 01 53 43 43 40
운영 07:00~10:30, 화~토 12:00~13:30, 19:30~21:30
홈피 www.lebristolparis.com
요금 €440

피에르 가니에르 Pierre Gagnaire ★★★

미슐랭 가이드로부터 별 2개 이상을 받은 전 세계 요리사들을 대상으로 한 설문조사에서 최고의 셰프로 뽑힌 피에르 가니에르의 레스토랑이다. 요리계의 피카소로 불린다.

주소 6 Rue Balzac(Hôtel Balzac 내)
전화 01 58 36 12 50
운영 월~금 12:00~13:30, 19:30~21:30
홈피 www.pierre-gagnaire.com
요금 €180~415

르 생크 Le Cinq ★★★

주소 31 Ave. George V(Four Seasons Hotel 내)
전화 01 49 52 71 54
운영 화~토 19:00~22:00
홈피 www.fourseasons.com/paris
요금 €530

아르페주 Arpège ★★★

주소 84 Rue de Varenne
전화 01 47 05 09 06
운영 월~금 12:00~14:30, 19:30~22:30
홈피 www.alain-passard.com
요금 €595

알레노 파리-파빌리옹 르도옝 Alléno Paris-Pavillon Ledoyen ★★★

주소 8 Ave. Dutuit(샹젤리제 정원 내)
전화 01 53 05 10 01
운영 월~금 19:30~21:30
홈피 www.yannick-alleno.com
요금 €330~630

기 사보이 Guy savoy ★★★

주소 11 Quai de Conti
전화 01 43 80 40 61
운영 화~토 12:00~14:00, 19:00~22:30
홈피 www.guysavoy.com
요금 €680

케이 Kei ★★★

주소 5 Rue Coq Heron
전화 01 42 33 14 74
운영 화·수 19:45~20:45,
목~토 12:30~13:15, 19:45~20:45
홈피 www.restaurant-kei.fr
요금 €158~460

플레니튜드-슈발 블롱 파리 Plénitude-Cheval Blanc Paris ★★★

주소 8 Quai du Louvre
전화 01 79 35 50 11
운영 화~토 19:00~23:00
홈피 www.chevalblanc.com
요금 €195~390

르 프레 카트란 Le Pré Catelan ★★★

주소 Bois de Boulogne
전화 01 44 14 41 14
운영 수~토 12:00~12:45, 19:00~20:45
홈피 www.leprecatelan.com
요금 €220~380

르 가브리엘 Le Gabriel ★★

주소 42 Ave. Gabriel(La Réserve Hotel 내)
전화 01 58 36 60 50
운영 월~금 12:30~13:30, 19:30~21:30
홈피 www.lareserve-paris.com
요금 €98~348

르 타유방 Le Taillevent ★★

주소 15 Rue Lamennais
전화 01 44 95 15 01
운영 월 19:30~21:00,
화~금 12:30~13:30, 19:30~21:00
홈피 letaillevent.com **요금** €150~425

라틀리에 드 조엘 로부숑-에투알 l'Atelier de Joël Robuchon-Étoile ★

주소 133 Ave. des Champs-Elysées
전화 01 47 23 75 75
운영 화~목 12:00~15:00, 19:00~23:30,
금·토12:00~15:30, 19:00~24:00
홈피 atelier-robuchon-etoile.com
요금 €49~89

라세르 Lasserre ★

주소 17 Ave. Franklin D. Roosevelt
전화 01 43 59 53 43
운영 화~토 19:00~21:30
홈피 www.restaurant-lasserre.com
요금 €170~310

오 본 아퀼 Au Bon Accueil

주소 14 Rue de Monttessuy
전화 01 47 05 46 11
운영 12:00~14:00, 18:30~22:00
홈피 www.aubonaccueilparis.com
요금 €39~45

십스텅스 Substance ★

주소 18 Rue de Chaillot
전화 01 47 20 08 90
운영 월~금 12:00~14:00, 19:30~22:30
홈피 www.substance.paris
요금 €65~95

비르투스 Virtus ★

주소 29 Rue de Cotte
전화 09 80 68 08 08
운영 화~토 19:30~21:00
홈피 virtus-paris.com
요금 €70~145

오뜬 Automne ★

주소 11 Rue Richard Lenoir
전화 01 40 09 03 70
운영 화~일 12:30~13:30, 19:30~21:00
홈피 www.automne-akishige.com
요금 €60~135

자크 푸삿 Jacques Faussat ★

주소 54, rue Cardinet
전화 01 47 63 40 37
운영 월~금 12:00~13:30, 19:30~21:30
홈피 www.jacquesfaussat.com
요금 €60~110

콘트라스트 Contraste ★

주소 18 Rue d'Anjou **전화** 01 42 65 08 36
운영 월~금 12:00~13:30, 19:30~21:00
홈피 www.contraste.paris
요금 €55~150

오귀스트 Auguste ★

주소 54 Rue de Bourgogne
전화 01 45 51 61 09
운영 월~금 12:00~13:30, 19:30~21:30
홈피 www.restaurantauguste.fr
요금 €45~120

퀸수 Quinsou ★

주소 33 Rue de l'Abbé Grégoire
전화 01 42 22 66 09
운영 화~목 19:30~21:30,
금·토 12:30~14:00, 19:30~21:30
홈피 www.quinsourestaurant.fr
요금 €75~95

오베르쥬 니콜라스 프라멜 Auberge Nicolas Flamel ★

주소 51 Rue de Montmorency
전화 01 42 71 77 78
운영 월~금 12:15~13:15, 19:15~21:00
홈피 auberge.nicolas-flamel.fr
요금 €68~158

팡타크뤼엘 Pantagruel ★

주소 24 Rue du Sentier
전화 01 73 74 77 28
운영 월~금 12:15~13:30,
월·화 19:30~23:00 수~금 19:30~21:00
홈피 www.restaurant-pantagruel.com
요금 €65~130

악셍 테이블 부아즈 Accents Table Bourse ★

주소 24 Rue Feydeau
전화 01 40 39 92 88
운영 12:00~13:30, 19:00~20:00
홈피 accents-restaurant.com
요금 €65~135

그라니트 Granite ★

주소 6 Rue Bailleul
전화 01 40 13 64 06
운영 월~금 12:30~13:00, 19:30~21:00
홈피 www.granite.paris
요금 €140~190

쉐 레 앙즈 Chez Les Anges

주소 54 Boulevard de la Tour-Maubourg
전화 01 47 05 89 86
운영 월~금 12:00~14:00, 19:00~22:00
홈피 www.chezlesanges.com
요금 €39~64

© 에피퀴르

© 라세르

© 그라니트

슈바르츠 델리
Schwartz's Deli

파리의 수제버거 맛집 중 하나로 뉴욕 스타일의 풍미 넘치는 버거를 만날 수 있다. 2009년에 문을 연 이후 파리에 3개의 지점이 있는데 인기 메뉴는 두툼한 패티를 넣은 버거로 가격은 €16~20 수준이다. 수제버거가 가장 유명하지만 파스타라미Pastarami(훈제고기 샌드위치)를 대표 메뉴로 추천하고 있다.

주소 7 Ave. d'Eylau **전화** 01 47 04 73 61
운영 월~금 12:00~15:00, 19:30~23:00, 토·일 12:00~17:00, 19:00~23:00
홈피 www.schwartzsdeli.fr
요금 €€

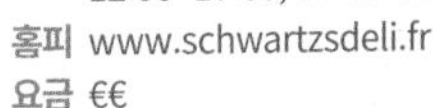

레 코코트
Les Cocottes

리츠호텔 출신 유명 셰프인 크리스티앙 콩스탕Christian Constant이 운영하는 식당이다.

한때 에펠탑 근처의 도미니크 거리에 4개의 식당을 운영했으나 지금은 파리에서 이곳만 운영하고 있다. 프랑스 냄비에 음식이 나오는 것이 특징이며 점심 메뉴 가격이 €42~49로 합리적이다.

주소 2 Ave. Bertie Albrecht
전화 01 53 89 50 53
운영 월~금 12:00~14:30, 19:00~22:00 (주말에는 바만 오픈)
위치 RER A선, 메트로 1·2·6호선 Charles de Gaulle – Étoile역
홈피 www.lescocottes-arcdetriomphe.fr
요금 €€€

라 비올롱 댕그르
La Violon d'Ingres

'앵그르의 바이올린'이라는 뜻으로, 1996년에 크리스티앙 콩스탕이 운영하던 식당이었으나 지인에게 식당을 넘겼다. 지금도 여전히 미슐랭으로부터 별 하나를 유지하고 있다. 점심 코스 요리는 €58~65, 저녁은 €160~220 정도다.

주소 135 Rue Saint-Dominique
전화 01 45 55 15 05
운영 12:00~14:00, 19:00~22:00
위치 RER C선 Pont de l'Alma역, 메트로 8호선 École Militaire역
홈피 leviolondingres.paris
요금 €€€€

카페 자끄
Café Jacque

케 브랑리 박물관 정원에 위치한 카페로 차를 마시거나 식사하기에 좋다. 주변이 정원이기 때문에 아이가 있는 가족들이 편하게 쉬기에도 그만이다. 테라스 자리가 인기다.

주소 27 Quai Branly
전화 01 47 53 68 01
운영 화~일 10:00~17:30, 토·일 10:00~18:30
휴무 월요일, 5월 1일, 12월 25일
요금 €€

라 파리지엔느 La Parisienne

에펠탑 주변 식당이 부담스럽다면 이곳을 추천한다. 크루아상, 바게트, 뱅 오 쇼콜라 등 다양한 수상 경력을 지닌 빵집으로 식사빵부터 샌드위치, 에클레어, 타르트 등의 다양한 디저트까지 맛볼 수 있다.

주소 85 Rue Saint-Dominique
전화 01 45 51 88 77
운영 월~토 06:30~20:00
위치 메트로 8호선 La Tour-Maubourg역
요금 €

카페 두 마르쉐 Café Du Marché

에펠탑과 앵발리드 중간에 위치해 있는 식사하기 좋은 브라세리다. 저렴한 가격에 푸짐한 양으로 만족스럽다. 인기 있는 메뉴는 오리 콩피Confit de Canard이나 점심 식사를 한다면 저렴한 가격에 코스를 맛볼 수 있는 오늘의 메뉴를 추천한다.

주소 38 Rue Cler
전화 01 47 05 51 27
운영 월~토 07:00~01:00, 일 07:00~24:00
홈피 menuonline.fr
요금 €€

에펠 약국 Pharmacy Eiffel Commerce

에펠탑 주변에 위치하고 있는 커다란 규모의 약국이다. 한국인 점원이 있어 소통이 용이하고 쇼핑하기도 편리하다. 규모가 크기 때문에 다른 지점보다 다양하고 많은 물건들이 있다는 장점이 있다.

주소 13 Rue du Commerce
전화 01 45 75 33 35
운영 월~일 08:00~21:00
(휴무는 홈페이지 참고)
홈피 pharmacieeiffelcommerce.com
위치 메트로 6·8·10호선 La Motte-Picquet Grenelle역, 버스 80번

팔레 드 도쿄 Palais de Tokyo

파리시의 근대 미술과 현대 미술작품을 전시하는 곳이다. 서쪽 날개의 팔레 드 도쿄Palais de Tokyo에는 현대 미술작품이 기획 전시되고, 동쪽 날개에는 파리 시립 근대 미술관Musée d'Art Modern de Paris이 자리해 있다. 파리를 방문할 때마다 기획 전시가 바뀌기 때문에 언제나 새롭다. 현대 미술을 좋아하는 사람들에게 추천한다. 건물 내부에는 이탈리안 식당, 밤비니 파리Bambini Paris가 있고 실외에는 레스토랑 포레스트Restaurant FOREST가 있다. 근대 미술관에는 야수파, 입체파, 초현실주의, 1920~30년대의 장식예술 작품을 소장하고 있다. '팔레 드 도쿄'의 이름은 1937년 만국박람회 때 일본관으로 사용된 데에서 비롯된 것이다.

팔레 드 도쿄 Palais de Tokyo
주소 13 Ave. du Président Wilson
전화 01 81 97 35 88
운영 월·수~일 12:00~22:00(목 ~24:00),
12월 24·31일 12:00~18:00
휴무 화요일, 1월 1일, 5월 1일, 12월 25일
위치 메트로 9호선 Iéna역, Alma Marceau역, RER C선 Pont de l'Alma역, 버스 32·42·63·72·80·92번
홈피 www.palaisdetokyo.com
요금 일반 €12, 18~26세 미만 €9, 18세 미만 무료

파리 시립 근대 미술관 Musée d'Art Moderne de la Ville de Paris
주소 11 Ave. du Président Wilson
전화 01 53 67 40 00
운영 화~일 10:00~18:00(목요일은 ~21:30)
휴무 월요일, 1월 1일, 5월 1일, 12월 25일
홈피 www.mam.paris.fr
요금 상설전시관 무료, 기획전시관 전시에 따라 일반 €7~15, 18~26세 €5~11, 18세 미만 무료

팔레 드 도쿄

파리 시립 근대미술관과 팔레 드 도쿄 입구

자유의 불꽃
Flamme de la Liberté

미국이 1987년 프랑스와의 우호관계를 위해 선물한 기념비다. 1887년 프랑스가 미국에 선물한 자유의 여신상 손에 들려진 횃불과 동일한 크기로 높이가 3.5m에 달한다. 바로 밑의 터널에서 1997년 8월 31일 다이애나 전 왕세자비가 교통사고로 사망했고 현재는 그녀의 추모비로 여겨지고 있다.

주소 Place de l'Alma
위치 메트로 9호선 Alma Marceau역·RER C선 Pont de l'Alma역, 버스 42·63·72·80·92번

몽테뉴 길 Avenue Montaigne

18세기 초 미망인들이 모이곤 했던 길이 오늘날 하이패션의 중심가가 될 것이라고 누가 상상이나 했을까.
이 길에는 세계 하이패션계를 이끄는 크리스찬 디올, 샤넬, 펜디, 발렌티노, 랄프 로렌 등의 브랜드들이 입점해 있다. 패션에 관심이 있는 사람이라면 파리의 전통 있는 패션 거리인 깜봉Cambon(샤넬 본점이 있음), 포부르 생 오노레Faubourg Saint Honoré 길과 비교해보면 재미있다.

위치 메트로 9호선 Alma-Marceau역 또는 메트로 1·9호선 Franklin D. Roosevelt역, 버스 42·80번
홈피 www.avenuemontaigneguide.com

Tip

플라자 아테네 호텔

몽테뉴 길을 상징하는 별 다섯 개짜리 호텔로 1913년에 문을 열었다. 영화 〈섹스 앤 더 시티〉에서 주인공 캐리가 페트로브스키와 함께 머물던 호텔로도 등장했다. 1층에는 미슐랭 별 하나를 받은 2022년 신생 레스토랑 장 앵베르 오 플라자 아테네Jean Imbert au Plaza Athénée가 있다.

몽테뉴 길의 랜드마크, 플라자 아테네 호텔

명품

1. 퍼퓸 앙리 자끄 Parfums Henry Jacques
2. 톰 브라운 Thom Browne
3. 프라다 Prada
4. 조르지오 아르마니 Giorgio Armani
5. 막스마라 Max Mara
6. 루이비통 Louis Vuitton
7. 발렌티노 Valentino
8. 크리스찬 디올 Christian Dior
9. 티파니 앤 코 Tiffany & Co.
10. 지방시 Givenchy
11. 샤넬 Chanel
12. 지미 추 Jimmy Choo
13. 베르사체 Versace
14. 살바토레 페라가모 Salvatore Ferragamo
15. 펜디 Fendi
16. 셀린느 Céline
17. 로에베 Loewe
18. 랄프 로렌 Ralph Lauren
19. 끌로에 Chloé
20. 돌체 앤 가바나 Dolce et Gabbana

레스토랑 · 디저트

1. 르 를레 드 랑트르코트 Le Relais de l'Entrecôte
2. 프레타 망제 Pret a Manger
3. 푸케 Fouquet
4. 장 앵베르 오 플라자 아테네 Jean Imbert au Plaza Athénée

숙소

1. 플라자 아테네 호텔 Hôtel Plaza Athénée

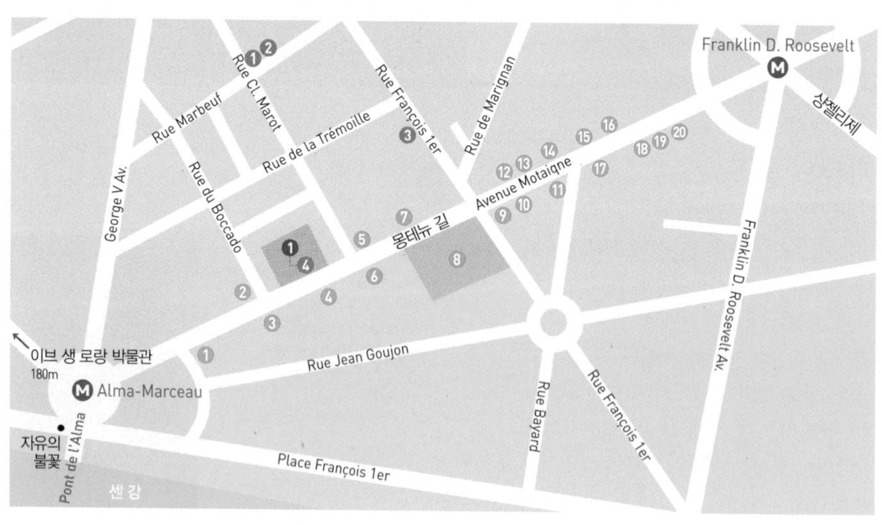

몽테뉴 길 **명품숍**

루이비통

루이비통Louis Vuitton은 1854년에 세워진 프랑스의 대표적인 명품 브랜드다. 루이비통은 설립 초기 실용적인 여행용 트렁크를 제작해 명성을 얻었다. 당시 트렁크들은 윗부분이 둥글게 디자인된 형태였는데 루이비통이 가벼운 재질로 쌓기 좋게 평평하게 획기적으로 디자인해 인기를 얻었다. 이후 모노그램 캔버스를 론칭해 세계적인 가방 회사가 됐고 우리나라에는 1984년 매장이 들어왔다. 파리는 루이비통의 최신 디자인을 만날 수 있는 곳으로 국내보다 저렴하게 가방을 구입할 수 있다. 가방을 구입할 때는 여권을 지참해야 하며 1인 1개만 구입 가능하다.

크리스찬 디올

크리스찬 디올Christian Dior은 프랑스의 대표적인 패션 디자이너인 크리스찬 디올(1905~1957)이 설립한 브랜드다. 1947년 첫 번째 컬렉션이 '뉴룩New Look'으로 불리면서 단번에 세계적인 디자이너가 됐다. 코르셋을 벗어버린 샤넬과는 반대로 속옷에 의해 지탱되는 것이 특징으로 여성미를 강조한 우아한 디자인은 상류층에게 인기가 많았다. 몽테뉴 길의 매장은 1955년에 문을 열었다.

셀린느

1945년 핸드메이드 아동용 신발 가게로 시작한 브랜드다. 이후 여성용 신발과 가방을 제작하면서 편안하고 세련된 디자인으로 루이비통과 함께 프랑스의 명품 백으로 꼽힌다. 우리나라의 유명 배우의 공항패션으로 러기지 백이 소개되며 국내에서 인기를 끌었다. 셀린느를 상징하는 로고는 개선문 광장에서 영감을 얻어 1971년에 만든 것이다.

샤넬

샤넬은 코코 샤넬(1883~1971)이 1910년 설립한 프랑스 패션 브랜드다. 코코 샤넬은 고아원과 수도원에서 어린 시절을 보낸 가수 지망생이었는데 애인의 후원으로 1909년 모자 가게를 시작해 1910년 샤넬 모드를 개업한다. 향수, 액세서리, 수트, 핸드백 등 패션 전반에 걸쳐 '샤넬 스타일' 열풍을 일으켰으며 오늘날에도 그 명성을 이어가고 있다.

이브 생 로랑 파리 박물관

Musée Yves Saint Laurent Paris

20세기 최고의 프랑스 디자이너 중 한 명인 이브 생 로랑Yves Saint Laurent의 박물관이다. 최초로 여자에게 남성 수트를 입히고, 흑인 모델을 무대에 서게 하는 등 당시에 혁신적인 사고로 사람들을 놀라게 했다. 박물관은 30년간 그의 컬렉션을 디자인하며 보낸 건물이다.

주소 5 Ave. Marceau
전화 01 44 31 64 00
운영 화~일 11:00~18:00(목 ~21:00) **휴무** 1월 1일, 5월 1일, 12월 1·25일
위치 메트로 9호선 Alma-Marceau station역, RER C선 Pont de l'Alma역, 버스 42·63·72·80·92번
홈피 museeyslparis.com
요금 일반 €10, 10~18세 €7, 10세 미만 무료

개선문 Arc de Triomphe

나폴레옹 1세가 오스테를리츠 전쟁 승리를 기념하기 위해 만들었다. 높이 50m, 폭 45m의 건축물로 안쪽에는 그와 함께 전쟁에 참가한 660명(그중 558명이 장군이다)의 이름이 새겨져 있다. 나폴레옹은 자신이 만든 개선문을 통과하며 시민들의 열렬한 환영을 받고 싶어 했지만, 아이러니하게도 개선문이 완공되기 전에 세인트 헬레나 섬에 유배당하고 말았다. 개선문 밑에 타오르는 불은 1차 세계대전 때 목숨을 잃은 무명 용사들의 무덤이다. 개선문에서 바라보는 파리 시내의 전망이 추천할 만하다.

주소 Place Charles-de-Gaulle
전화 01 55 37 73 77
운영 4~9월 10:00~23:00, 10~3월 10:00~22:30(티켓 판매 마감은 45분 전) **휴무** 1월 1일, 5월 1일, 5월 8일(오전만), 7월 14일(오전만), 11월 11일(오전만), 12월 25일
위치 메트로 1·2·6호선·RER A선 Charles-de-Gaulle-Etoile역, 버스 22·30·31·52·73·92번
홈피 paris-arc-de-triomphe.fr
요금 일반 €16, 18세 미만 무료

7월 14일 프랑스혁명 기념일에 파리에 머문다면 오전 9시부터 11시에 열리는 '혁명기념일 퍼레이드'를 놓치지 말자. 프랑스 대통령과 각국 정상, 군대 행진과 에어쇼를 볼 수 있는 좋은 기회다.

개선문 위에서 바라본 몽마르트르

무명 용사들의 무덤

개선문

샹젤리제 거리
Avenue Champs-Élysées

콩코르드 광장에서 개선문까지 2km에 걸쳐 이어지는 쇼핑 · 문화의 거리다. 샹젤리제는 '천국의 들판'이라는 뜻으로 쇼퍼들에게는 가히 '천국의 길'이라고 할 만큼 명품숍과 다양한 가격대의 패션 브랜드를 만날 수 있다. 거리를 충분히 즐기고 싶다면 편한 신발을 신고 가는 것이 좋다.

위치 메트로 1호선 Concorde역, Champs Elysées Clemenceau역, Franklin Roosevelt역, George V역, Charles de Gaulle Etoile역, 버스 73번

루이비통 매장

Tip

주의!

1. 루이비통 알바
샹젤리제를 걷는 한국인들을 대상으로 루이비통 알바를 제안하는 중국인들이 있다. 몇 십 유로에 혹해서 제안을 받아들인 경우 줄서서 기다려야 하고, 발각 시 판매 불가의 수모를 당할 수도 있으니 아예 무시하도록 하자.

2. 설문조사 · 서명
2인 1조의 사람들이 서명용지를 가지고 다니며 서명을 해달라고 요청한다. 서명을 하면 도네이션을 하라고 돈을 요구하는데 이는 이들의 주머니로 들어간다.

3. 소매치기 주의
샹젤리제는 관광객들이 많은 만큼 소매치기도 많은 곳이다. 쇼핑 시 옷을 입어본다고 잠시 가방을 내려놓을 때를 노린다. 등 뒤로 돌아간 가방, 의자에 걸어놓은 가방 등 주요 물품은 몸에서 절대 떼지 말자.

파리의 클럽

파리의 클럽문화를 즐길 수 있는 곳으로 샹젤리제의 퀸과 개선문 근처의 듀플렉스와 라끄 파리, 영화관Le Grand Rex 건물에 있는 렉스 클럽 등이 있다. 요일마다 음악과 DJ가 달라지고 금요일 저녁 열기가 가장 뜨겁다. 가장 사람이 많은 시간은 새벽 1~3시 사이. 입장료는 €10~20(음료 포함) 안팎이다. 들어갈 때 여권을 지참해야 하고, 낯선 사람이 건네는 술이나 음료수는 약물을 탔을 수 있으니 주의하자.

라끄 파리 L'Arc Paris
주소 12 Rue de Presbourg
전화 06 09 86 00 15
위치 메트로 1·2·6호선·RER A선 Charles-de-Gaulle-Etoile역, 버스 52·73번
홈피 larc-paris.com

듀플렉스 Duplex
주소 2 Bis Ave. Foch
전화 01 45 00 45 00
위치 메트로 1·2·6호선·RER A선 Charles-de-Gaulle-Etoile역, 버스 52·73번
홈피 www.leduplex.com

라쿠아리움 L'aQuarium
주소 5 Av. Albert de Mun
전화 06 13 15 78 62
위치 메트로 6·9호선 Trocadéro역, 버스 22·30·32·63·72·82번

팔레 마요 파리 Palais Maillot Paris
주소 2 Place de la Porte Maillot
전화 06 23 09 02 37
위치 메트로 1호선·RER C선 Neuilly - Porte Maillot역, 버스 73번
홈피 palaismaillot.fr

르 까보 들 라 위셰트 Le Caveau de la Huchette
(영화 '라라랜드' 재즈 클럽) Map p.112
주소 5 Rue de la Huchette
전화 01 43 26 65 05
위치 메트로4호선Saint-Michel Notre-Dame역, 버스 47·75·87번
홈피 www.caveaudelahuchette.fr

명품

① 까르띠에 Cartier
② 몽블랑 Montblanc
③ 스와로브스키 Swarovski
④ 몽클레르 Moncler
⑤ 휴고 보스 Hugo Boss
⑥ 루이비통 Louis Vuitton
⑦ 태그 호이어 TAG Heuer
⑧ 오메가 Omega
⑨ 티파니 앤 코 Tiffany & Co.
⑩ 란셀 Lancel
⑪ 구찌 Gucci

패션 · 액세서리

❶ 스와치 Swatch
❷ 자라 ZARA
❸ 나이키 NIKE
❹ 롱샴 Longchamp
❺ 리바이스 Levi's
❻ 티쏘 Tissot
❼ 제이엠 웨스통 J.M weston
❽ 쟈딕 앤 볼테르 Zadig & Voltaire
❾ 라코스테 Lacoste
❿ 아디다스 Addidas

레스토랑 · 스낵

❶ 라틀리에 드 조엘 로부숑-에투알
l'Atelier de Joel Robuchon-Etoile ★
❷ 피에르 가니에르 Pierre Gagnaire ★★★
❸ 미스 고 Miss Ko
❹ 르 타유방 Le Taillevent ★★
❺ 푸케 Fouquet's
❻ 폴 Paul(체인점)
❼ 브리오슈 도레 Brioche Dorée(체인점)
❽ 파이브 가이즈 Five Guys(체인점)
❾ 프레 망제 Pret A Manger(체인점)

디저트

① 피에르 에르메 Pierre Hermé(Publicis Drugstore 내)
② 라뒤레 Ladurée
③ 86샹-록시탕×피에르 에르메
86Champs-L'Occitane×Pierre Hermé

아기 · 어린이

① 프티 바토 Petit Bateau

가전 · 음반

❶ 애플 Apple Champs-Élysées
❷ 프낙 FNAC

화장품

❶ 이브로쉐 Yves Rocher
❷ 세포라 Sephora
❸ 겔랑 Guerlain

클럽 · 쇼

❶ 듀플렉스 Duplex
❷ 라끄 파리 L'Arc Paris
❸ 리도 2 파리 Lido 2 Paris

슈퍼마켓

❶ 모노프리 Monoprix
(운영: 월~토 09:00~22:00, 일 10:00~21:00)
❷ 한인 마트 K-Mart (운영: 10:00~20:00)

푸케 Fouquet's

샹젤리제를 대표하는 브라세리로 1899년에 문을 열었다. 레마르크의 소설, 『개선문』의 주인공인 라빅이 조앙 마두와 만나 사과 브랜디인 칼바도스를 마시는 식당으로도 등장한다. 정 · 재계 인사들이 많이 찾는 '부자들의 식당'으로 상징되어 노란 조끼 시위대가 던진 화염병에 불타기도 했다. 빨간색 차양에 금빛 푸케 글씨가 트레이드 마크이다.

주소 99 Ave. des Champs-Élysées
전화 01 40 69 60 50 **운영** 07:30~24:00
위치 메트로 1호선 George V역, 버스 73번
홈피 www.hotelsbarriere.com **요금** €€€

미스 고 Miss Kô

인테리어는 산업디자인계를 대표하는 필립 스탁Philippe Starck(1949~)이 디자인한 바 겸 레스토랑으로 공Kong(p.161)과 마찬가지로 겐조와 함께 있다. 외관에 '미스 고'라는 한글이 시선을 끈다. 내부 인테리어는 아시안 퓨전으로 곳곳에서 맞춤법이 틀린 한국어도 볼 수 있다. 음식 또한 아시안 퓨전인데 한국 메뉴도 있다. 색다른 분위기를 원한다면 추천한다.

주소 51 Ave. George V
전화 01 53 67 84 60
운영 12:00~02:00
위치 메트로 1호선 George V역
홈피 miss-ko.com
요금 €€

86샹-록시탕×피에르 에르메
86Champs-L'Occitane×Pierre Hermé

프랑스 코스메틱 브랜드인 록시탕과 디저트 계의 예술가, 피에르 에르메의 콜라보레이션 매장이다. 매장은 유명한 디자이너인 로자 곤잘레스가 인테리어를 맡았는데 1000개의 유리 풍선 조명과 화려한 타일을 보는 재미도 쏠쏠하다. 형형색색의 마카롱과 디저트를 보고 아무것도 안 사고는 나올 수 없다. 살롱 드 테에서 먹는다면 판매가격의 2배 정도를 지출해야 한다.

주소 86 Ave. des Champs-Elysées
전화 01 70 38 77 38
운영 월~목 10:30~22:00, 금 · 토 10:00~23:00, 일 10:00~22:00
살롱 드 테 월~목 10:30~22:30, 금 10:00~23:00, 토 10:00~24:00, 일 10:00~22:30
위치 메트로 1호선 George V역, 버스 73번
홈피 www.86champs.com
요금 €€

몽소 공원 Parc Monceau

오를레앙 공작Duc d'Orléans이 17세기 만든 공원으로 파리에서 아름다운 공원으로 손꼽히는 곳이다. 일반적인 공원과 달리 공원 안에 피라미드, 그리스 신전의 기둥, 탑 등이 세워져 있다. 공원 안에는 모파상의 동상이 세워져 있는데 살아생전 에펠탑을 싫어하던 그를 위해 에펠탑을 등지고 세워놓았다. 현재는 파리 시민들의 산책과 소풍, 운동 공간으로 활용되고 있다.

주소 35 Bd de Courcelles
운영 3~10월 07:00~22:00, 11~2월 07:00~20:00
위치 메트로 2호선 Monceau역, 버스 20·30·93번

몽소 공원

몽소 공원 입구

모파상의 동상

그랑 팔레와 프티 팔레
Grand Palais & Petit Palais

1900년 만국박람회를 기념으로 만든 아르누보 양식의 건물로 그랑 팔레와 프티 팔레가 마주 보고 있다. 그랑 팔레는 기획전시관과 미술관으로 사용되다 2024년 파리올림픽 태권도와 펜싱 경기장으로 사용되기 위해 리모델링 중이다. 프티 팔레에는 파리 시립 미술관이 있는데 조각과 회화, 가구 등의 작품이 전시되어 있다. 모네, 세잔, 고갱, 들라크루와, 쿠르베 등 유명 작가의 작품을 무료로 감상할 수 있어 놀랄 만큼 매력적인 미술관이다.

주소 **그랑 팔레** 3 Ave. du Général Eisenhower
프티 팔레 Ave. Winston-Churchill
전화 **프티 팔레** 01 53 43 40 00
운영 **그랑 팔레** 2025년 봄까지 공사 중.
프티 팔레 파리 시립 미술관 화~일 10:00~18:00, 금·토~20:00(기획전시관만 해당)
휴무 월요일, 1월 1일, 5월 1일, 7월 14일, 11월 1일, 12월 25일
위치 메트로 1·9·13호선 Franklin-D.-Roosevelt역, 1·13호선 Champs-Elysées-Clemenceau역, RER C선 Invalides역, 버스 42·72·73·93번
홈피 **그랑 팔레** www.grandpalais.fr
프티 팔레 www.petitpalais.paris.fr
요금 파리 시립 미술관 무료(오디오 가이드 €5)
기획전시관 €12~15, 18~26세 €10~13, 18세 미만 무료

파리 시립 미술관 내부

조르주 클래랭, 사라 베르나르의 초상

앵발리드 Hôtel National des Invalides

앵발리드는 '몸이 불편한'이란 뜻으로 루이 14세가 노인과 부상당한 군인들을 위해 지은 건물이다. 1673년에 지어져 17세기 말엔 4천여 명의 사람들이 살았다. 건물 내에는 집과 신발 등을 만드는 공장, 병동, 교회가 있었다. 앵발리드 입장권으로 총 5곳을 볼 수 있는데 중요한 곳으로는 군사 박물관과 나폴레옹 1세의 무덤이 있다. 군사 박물관Musée de l'Armée은 고대부터 19세기까지의 무기와 자료가 보관되어 있다. 앵발리드 돔Dôme des Invalides은 1706년에 지어졌는데 나폴레옹 1세Napoléon Bonaparte(1769~1821)와 그의 부인 조제프Joseph Bonaparte(1768~1844), 그리고 프랑스 전쟁 영웅들의 무덤이 있다. 군사 박물관과 나폴레옹의 무덤만 보더라도 2~3시간은 소요될 만큼 건물 자체가 크다. 관심이 있는 사람이라면 시간을 넉넉히 잡고 방문하는 것이 좋다. 5월 5일에는 나폴레옹 기념미사가 열린다.

주소 129 Rue de Grenelle
전화 01 44 42 38 77
운영 10:00~18:00(매월 첫 째주 금요일은 ~22:00)
휴무 1월 1일, 5월 1일, 12월 25일
위치 메트로 8호선 La Tour-Maubourg, RER C선 Invalides역, 13호선 Saint-François-Xavier, Invalides, Varenne역. 버스 28·63·69·82·83·92·93번. 매표소는 남쪽 입구에 있으며 10:00~17:30(매월 첫번째 금요일에는 ~20:30)에 연다. 남쪽 입구(Place Vauban)의 운영시간은 14:00~18:00이고, 북쪽 입구(129 rue Grenelle)는 10:00~18:00(매월 첫번째 금요일에는 ~22:00)에 연다.
홈피 www.musee-armee.fr
요금 일반 €15(매월 첫번째 금요일 18:00~22:00에는 10€), 오디오 가이드 €5, 18세 미만 무료

알렉상드르 3세 다리에서 바라본 앵발리드

나폴레옹의 무덤

조제프의 무덤

2 미래 도시, 라 데팡스

라 데팡스는 미테랑 정부의 주도하에 1958년부터 건설된 미래지향 신도시다. 파리에서 북서쪽으로 10km 떨어진 곳에 위치해 있다. 라 데팡스에서는 프랑스의 실험정신 넘치는 건축물들을 한자리에서 만나볼 수 있는데 그중 백미는 프랑스혁명 200주년을 기념해 만든 그랑 아르슈Grande Arche, 신개선문과 70여 개에 달하는 세계 예술가들의 작품들이다.

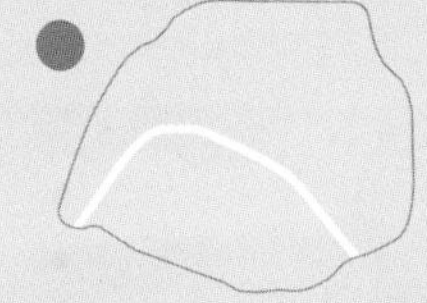

Best Route

라 데팡스를 보기에 가장 좋은 방법은 La Défense역에서 한 정거장 전인 Esplanade de La Défense역에서 내려 신개선문까지 1km 정도를 걸으며 예술가들의 작품과 빌딩들을 감상하는 것이다. 한국인의 작품도 있으니 놓치지 말자. 이곳을 돌아본 후 쇼핑을 좋아하는 사람이라면 바로 옆에 위치한 대형 쇼핑몰 'Westfield Les 4 Temps'에서 쇼핑을 즐기자. 시간이 촉박하다면 곧바로 La Défense역에 내리면 된다.

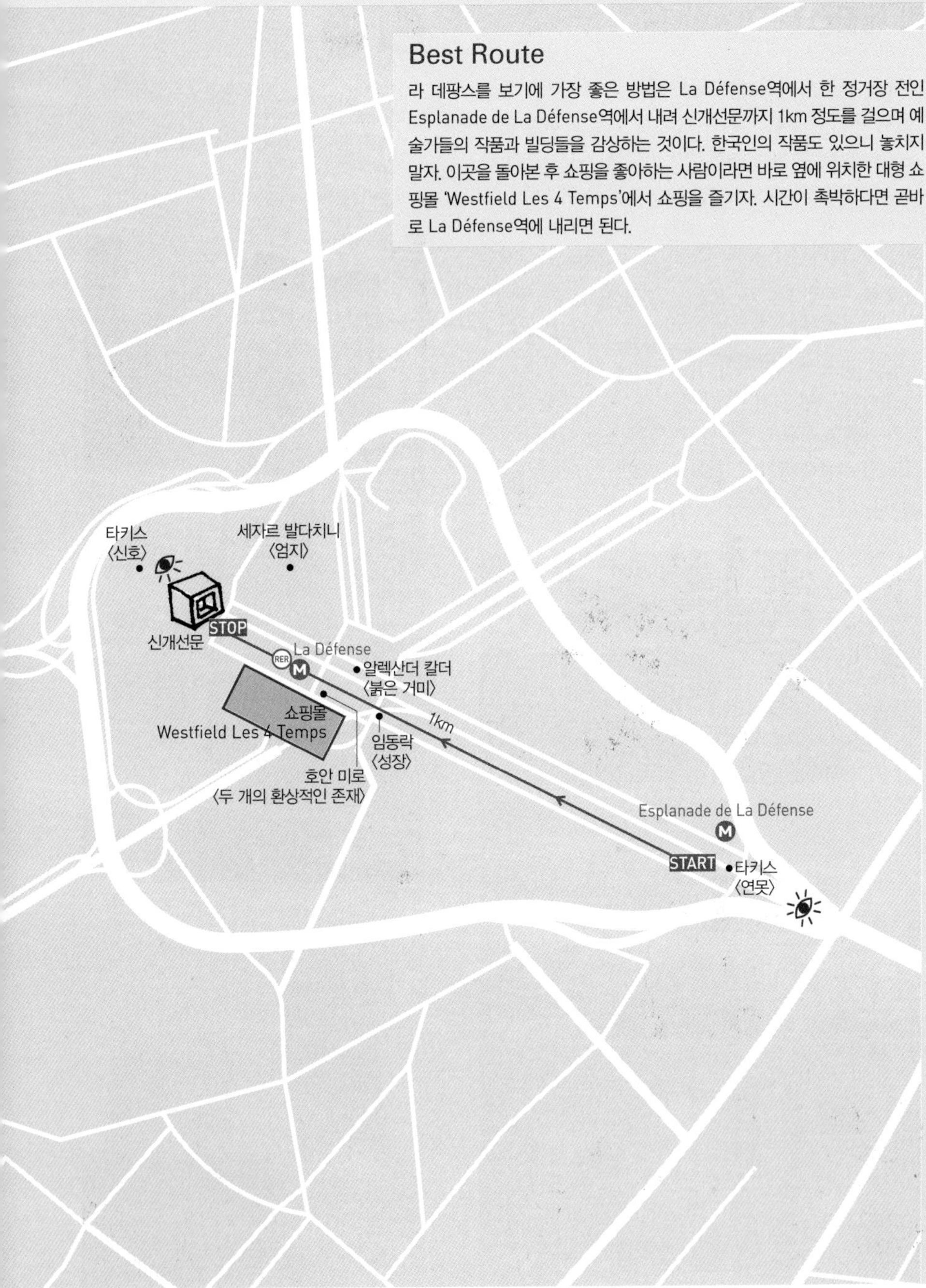

타키스
〈신호〉
세자르 발다치니
〈엄지〉
STOP
신개선문
La Défense
알렉산더 칼더
〈붉은 거미〉
쇼핑몰
Westfield Les 4 Temps
1km
임동락
〈성장〉
호안 미로
〈두 개의 환상적인 존재〉
Esplanade de La Défense
START
타키스
〈연못〉

라 데팡스 La Défense

미테랑 정부가 파리시의 포화 상태를 해소하기 위해 1958년부터 건설한 미래형 도시다. 프랑스 현대 건축을 가늠해볼 수 있는 실험적인 건축물들이 이곳에 밀집해 있다. 전체 면적은 총 14km²로 주로 비즈니스 고층 건물을 중심으로 공원, 쇼핑몰, 식당과 호텔 등이 있다. 라 데팡스의 가장 큰 특징은 지상에서 자동차를 전혀 볼 수 없다는 점. 모든 차량은 지하로만 다니게 하는 이중 구조로, 지상은 인간 중심의 보행도시로 조성되어 있다. 또 다른 중요한 볼거리는 라 데팡스 곳곳에 설치된 70여 개의 예술작품이다. 세계 유명 예술가들의 작품을 무료로 감상할 수 있는 멋진 야외 전시장이다. 우리나라 작가의 작품도 있다.

라 데팡스의 예술작품

주소 메트로 1호선·RER A선 La Défense-Grande Arche역(일반 메트로 티켓을 소지한 경우 RER A선을 이용할 수 없고 1호선을 이용해야 한다), 버스 73번

홈피 parisladefense.com

개선문에서 바라본 미래도시, 라 데팡스

〈분수〉에서 바라본 라 데팡스

레이몽 모레티의 〈괴물〉

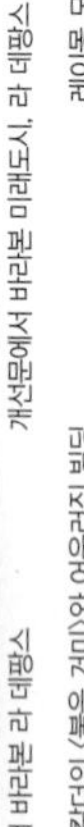

알렉산더 칼더의 〈붉은 거미〉와 어우러진 빌딩

세자르 발다치니의 〈엄지〉

신개선문 뒤쪽에서 바라본 전경

임동락의 〈성장〉

호안 미로의 〈두 개의 환상적인 존재〉

성모마리아 교회

야콥 아감의 〈분수〉

타키스의 〈신호〉와 〈연못〉

신개선문 Grande Arche

프랑스혁명 200주년을 기념해 만들어진 건축물로 1989년에 완공했다. 신개선문은 프랑스 '역사의 축Axe Historique'의 연장선상에서 미테랑 대통령의 주도하에 만들어졌다.
역사의 축은 프랑스를 대표하는 루브르 박물관에서 시작되어 일직선상에 있는 카루젤 개선문, 콩코르드 광장, 샹젤리제, 개선문, 그리고 신개선문까지 이어진다. 샹젤리제의 개선문이 전쟁과 관련된 문이었다면 신개선문은 프랑스의 미래와 인류애를 상징하는 건물로 지어졌다. 건물의 대부분이 사무실로 이용되고 있으며 최상층에 파리시와 에펠탑을 조망할 수 있는 전망대가 있다.

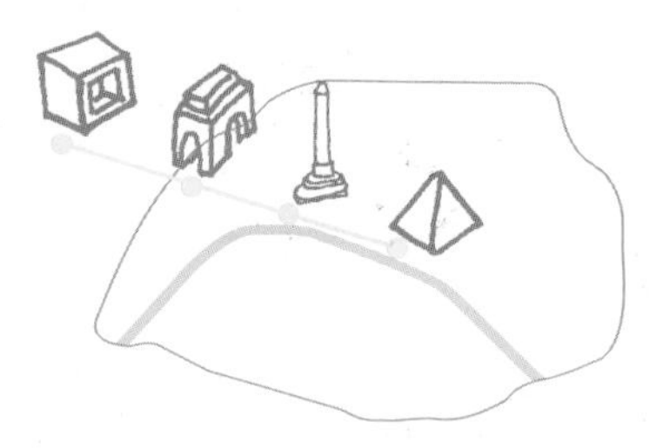

루브르 박물관에서 콩코르드 광장, 개선문, 신개선문까지 이어지는 '역사의 축'은 과거에서 미래로 이어지는 프랑스의 모습을 담고 있다.

신개선문 전망대
주소 1 Parvis de la Défense
전화 01 40 90 52 20
운영 10:00~19:00(마지막 입장 18:30)
위치 메트로 1호선·RER A선 La Défense-Grande Arche역, 버스 73번
요금 일반 €16, 65세 이상·학생 €13, 3세 미만 무료 (2023년 5월 이후 전망대 운영 중단 중)

신개선문

신개선문 전망대에서 본 개선문

신개선문 계단의 직장인들

독특한 유리 설치물

전망대로 올라가는 원형 엘리베이터

미테랑 대통령의 그랑 프로제 Grand Projets

프랑스 공화국의 제21대 대통령인 프랑수아 미테랑François Mitterrand(1916~1996년)은 재임 당시 '미래의 프랑스'를 건설하기 위해 '그랑 프로제Grand Projets'를 실시했다. 이 프로젝트는 오늘날 현대 프랑스를 상징하는 건축물인 루브르의 유리피라미드, 영국해협, 라 데팡스의 신개선문, 바스티유 오페라, 국립 도서관 등이 해당된다. 당시 '그랑 프로제'를 발표했을 때만 해도 파리 시민들의 많은 반대에 부딪혔지만 미테랑은 재임 기간 동안 이 계획들을 꿋꿋하게 실현해냈다. 그가 건설했던 건축물들은 오늘날 파리와 프랑스를 대표하고 상징하는 건물들로 아이콘화되었다. 미테랑 대통령은 과거 역사적 건축물들을 유지·보존하는 것에서 한 걸음 더 나아가 미래 프랑스 건축을 공존시킴으로써 미래를 바라본 대통령으로 평가받고 있다.

웨스트필드 레 카트르 탕
Westfield Les 4 Temps

라 데팡스 메트로 · RER역과 연결되는 4층 규모의 복합 쇼핑몰이다. 쇼핑몰 내부에는 슈퍼마켓 오샹 Auchan과 Etam, Promod, ZARA, C&A, H&M 등의 모든 중저가 패션브랜드, 스포츠용품점 Go Sport, Kusmi Tea, 도서 음반매장 FNAC, 영화관, 그리고 60여 개의 레스토랑 등이 있다. 여행자들이 몰려 있는 파리 시내의 쇼핑몰보다 한가해 쇼핑하기 편리하다.

주소 2 Place de La Défense
전화 01 47 73 54 44
운영 **슈퍼마켓 오샹** 09:00~21:30(토 08:30~) **쇼핑몰** 10:00~20:30 **휴무** 1월 1일, 12월 25일
위치 메트로 1호선·RER A선 La Défense-Grande Arche역, 버스 73번
홈피 www.les4temps.com

라 데팡스 약국 Parapharmacie du RER

약국 화장품을 많이 구매하는 한국인들을 위한 명소다. 시내의 약국보다 규모도 크고 판매하는 제품도 다양하다라는 장점이 있다. 메트로 라 데팡스 역 5번 출구 바로 옆에 있어 구입 후 시내로 돌아오기도 편리하다.

주소 Centre Commercial du RER, Tunnel de Nanterre-La Défense
전화 01 55 23 03 33
운영 월~금 08:00~19:30 **휴무** 토·일요일
위치 메트로 1호선·RER A선 La Défense역, 메트로에서 내려 버스정류장 표시를 따라 나오면 F번 Calder-Miro 출구 아래에 있다.
홈피 www.boticinal.com

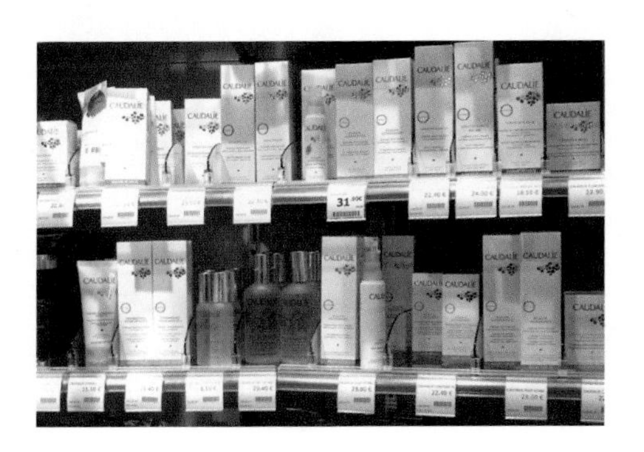

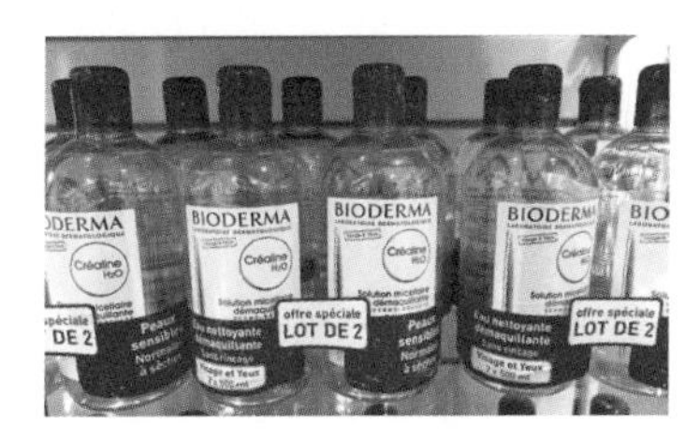

3 파리의 탄생과 프랑스의 지성, 시테 섬과 라탱 지구

시테 섬은 파리의 발상지다.
이렇게 작은 섬에서 시작된 파리가 현재의 모습으로 성장한 것을 보면
도시의 생명력은 느리지만 경이롭기 그지없다. 시테 섬에는 노트르담 대성당을
비롯한 왕궁과 성당 등 파리 초기의 중요한 건축물이 모두 남아 있다.
시테 섬 바로 아래에는 활기찬 라탱 지구가 있다.
프랑스 최초의 대학이 생긴 지역이다. 프랑스를 대표하는 지성들의 흔적이
남아 있는 카페와 식당 그리고 파리의 대학가 분위기를 느껴보자.

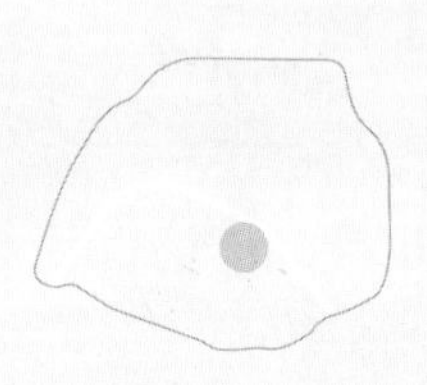

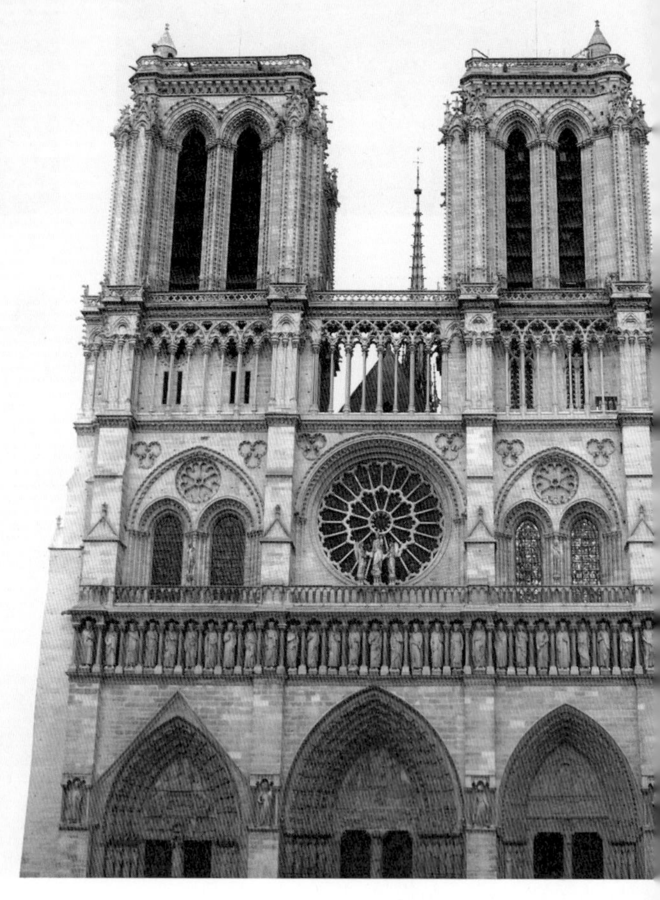

Best Route

❶ 시테 섬과 생 루이 섬을 돌아보고 생 제르맹의 활기찬 분위기를 느껴보는 루트로 총 거리는 4.2km다. 조금 많이 걷지만 아기자기한 예쁜 골목과 먹을거리, 볼거리가 많기 때문에 힘들게 느껴지지 않는다. 20세기 프랑스 문학과 예술의 생산지 역할을 톡톡히 해냈던 카페를 지나 예술의 다리가 그 종착지다.

TIP 시테 섬 바로 밑에 위치한 생 미셸 먹자 골목에는 주로 관광객을 대상으로 하는 식당이 즐비하다. 호객행위가 심하고 서비스의 질이 떨어지는 편이니 이곳보다는 좀 더 평화로운 생 제르맹의 식당들을 추천한다.

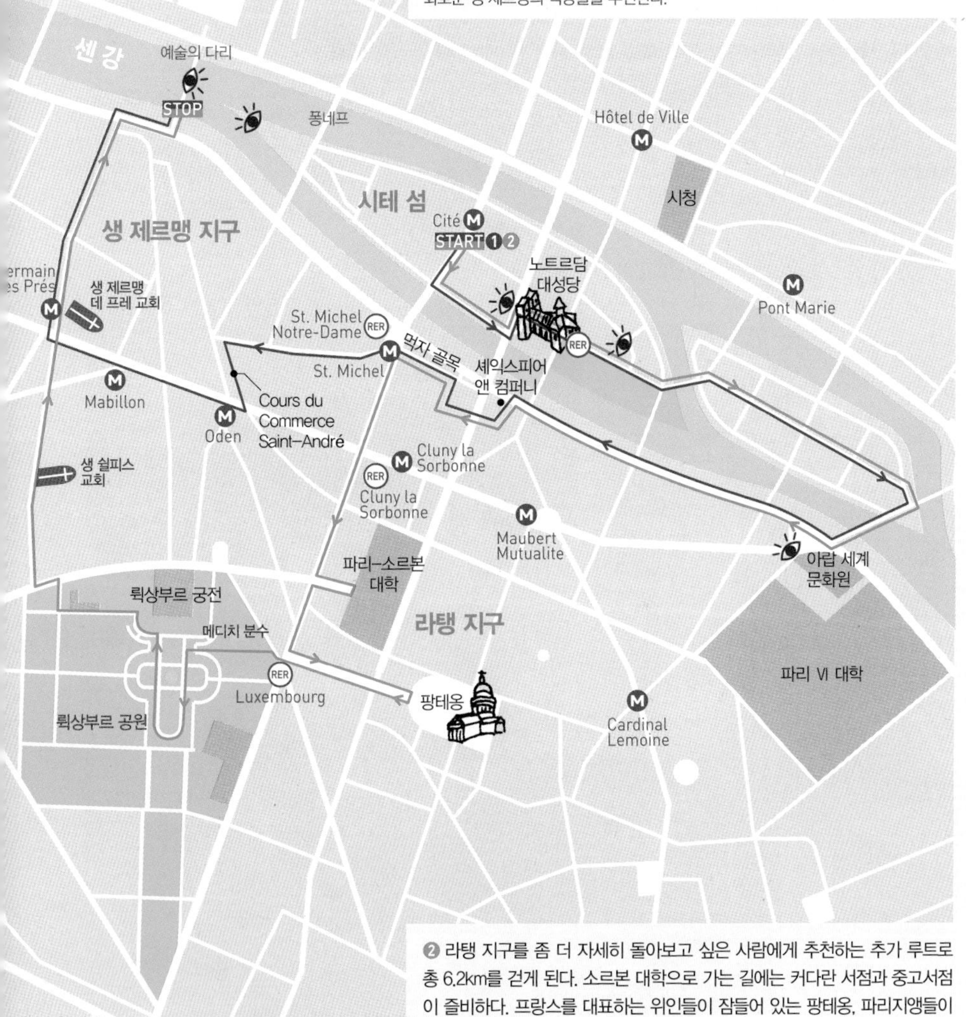

❷ 라탱 지구를 좀 더 자세히 돌아보고 싶은 사람에게 추천하는 추가 루트로 총 6.2km를 걷게 된다. 소르본 대학으로 가는 길에는 커다란 서점과 중고서점이 즐비하다. 프랑스를 대표하는 위인들이 잠들어 있는 팡테옹, 파리지앵들이 가장 사랑하는 뤽상부르 공원이 추가된다.

Map of
Île de la Cité & Le Quartier Latin

관광명소

1. 생 샤펠 Sainte-Chapelle
2. 콩시에르주리 Conciergerie
3. 노트르담 대성당 Cathédrale Notre-Dame de Paris
4. 셰익스피어 앤 컴퍼니 Shakespeare & Company
5. 생 제르맹 데 프레 교회 Église St. Germain des Prés
6. 파리-소르본 대학 Université Paris-Sorbonne
7. 뤽상부르 공원 Jardins du Luxembourg
8. 아랍 세계 문화원 L'Institut de Monde Arabe
9. 생 쉴피스 교회 Église Saint-Sulpice
10. 퐁네프 Pont Neuf
11. 예술의 다리 Pont des Arts

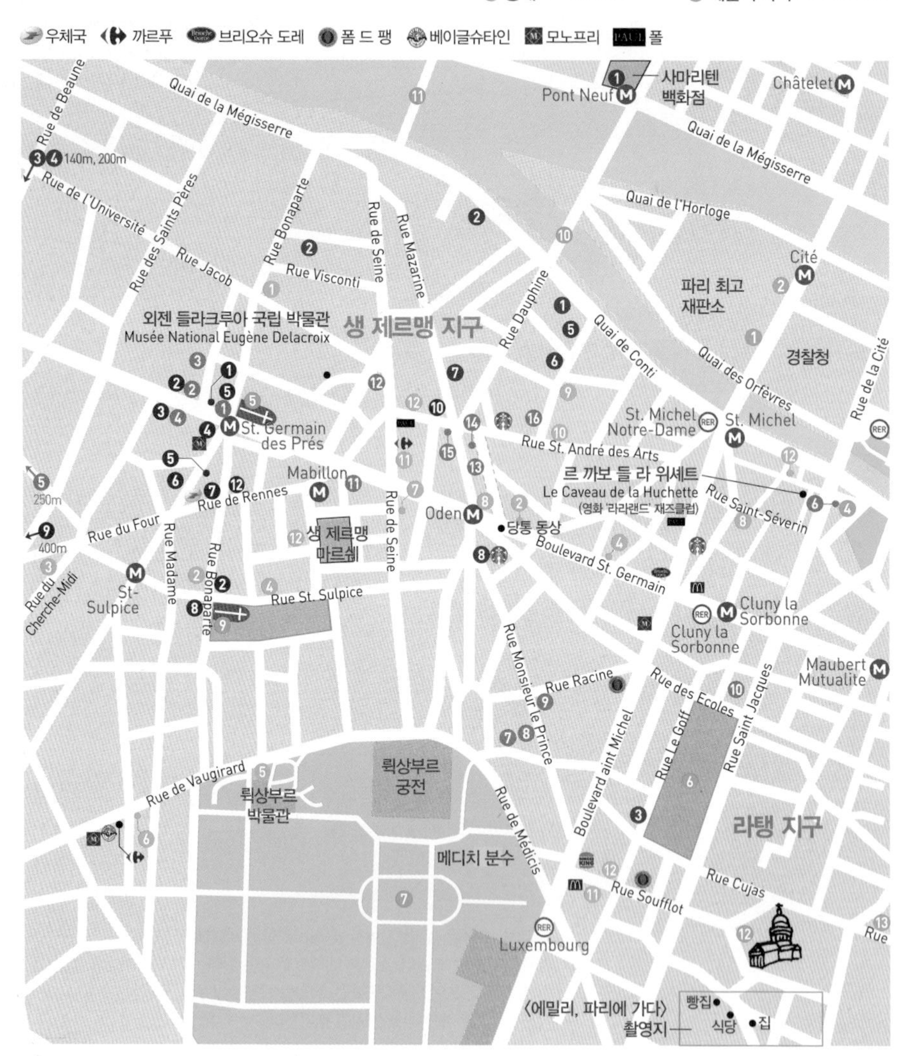

⑫ 팡테옹 Panthéon
⑬ 생 에티엔 뒤 몽 성당 Saint-Étienne-du-Mont
(영화 〈미드나잇 인 파리〉 촬영지)

레스토랑 · 카페

❶ 레 되 마고 Les Deux Magots
❷ 카페 드 플로르 Café de Flore
❸ 르 를레 드 랑트르코트 Le Relais de l'Entrecôte
❹ 브라세리 립 Brasserie Lipp
❺ 다 로사 Da Rosa
❻ 르 프티 샤틀레 Le Petit Châtelet
❼ 라 페랑데스 La Ferrandaise
❽ 오 페레 루이 Au Père Louis

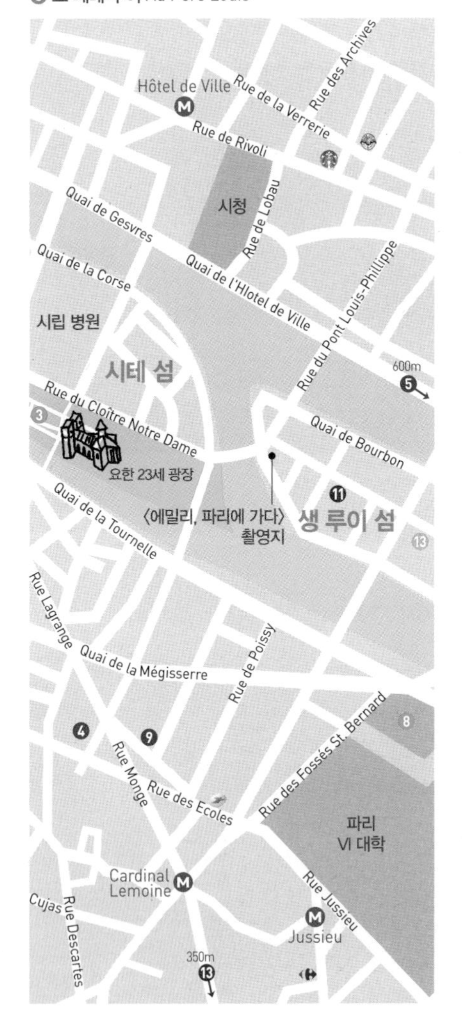

❾ 폴리도르 Polidor
❿ 르 비스트로트 뒤 페리고 Le Bistrot Du Perigord
⓫ 레옹 Léon(생 제르맹 지점)
⓬ 코시 Cosi
⓭ 르 프로코프 Le Procope
⓮ 라 자코뱅 La Jacobine
⓯ 블렌드 Blend
⓰ 호제 라 그레누일 Roger la Grenouille

미슐랭 맛집

❶ 플레니튜드-슈발 블롱 파리
Plénitude-Cheval Blanc Paris ★★★
❷ 기 사보이 Guy Savoy ★★★
❸ 라틀리에 드 조엘 로부숑 l'Atelier de Joël Robuchon ★
❹ 가야 Gaya ★
❺ 제 키친 갤러리 Ze Kitchen Galerie ★
❻ 를래 루이 13세 Relais Louis XIII ★
❼ 보타리 Boutary
❽ 르 콩투아 드 를레 Le Comptoir du Relais
❾ 쿠치나 Cucina

디저트 · 카페 · 베이커리

① 라뒤레 Ladurée
② 피에르 에르메 Pierre Hermé
③ 불랑주리 포알란 Boulangerie Poilâne
④ 파트릭 호제 Patrick Roger
⑤ 앙젤리나 Angelina
⑥ 라 파리지엔느 마담 La Parisienne Madame
⑦ 피에르 마르콜리니 Pierre Marcolini
⑧ 메종 조르주 라르니콜 Maison Georges Larnicol
⑨ 마리아주 프레르 Mariage Fréres
⑩ 말롱고 카페 Le Malongo Café
⑪ 그롬 Grom
⑫ 아모리노 Amorino
⑬ 베르티옹 Berthillon

쇼핑

❶ 루이비통 Louis Vuitton
❷ 콩투아 데 코토니에 Comptoir des Cotonniers
❸ 구찌 Gucci
❹ 엠프리오 아르마니 Emporio Armani
❺ 몽블랑 Mont Blanc
❻ 롤렉스 Rolex
❼ 폼 다피 Pom d'Api
❽ 쟈딕 앤 볼테르 Zadig & Voltaire
❾ 르 봉 마르셰 Le Bon Marché(백화점)
❿ 타쉔 Taschen
⓫ 필론 Pylones
⓬ 시티파르마 Citypharma
⓭ 몽주 약국 Pharmacie-Monge

숙소

❶ 시타딘 Citadines(생 제르맹 지점/아파텔)
❷ 로텔 L'Hôtel
❸ 호텔 클루니 소르본 Hotel Cluny Sorbonne
❹ BVJ(생제르맹)
❺ 더 피플 파리(마레) The people Paris

생 샤펠 Sainte-Chapelle

세계에서 가장 아름다운 스테인드글라스를 보고 싶다면 이곳으로 가자. 1248년에 만들어진 고딕 양식의 성당으로 규모는 크지 않지만 스테인드글라스만은 그 어떤 성당보다 섬세하고 아름답다. 스테인드글라스를 통해 비춰지는 영롱하고 아름다운 이미지는 천국의 예루살렘을 표현한 것이다. 햇살이 좋은 날 가는 것이 포인트!

주소 4 Bd du Palais
전화 01 53 40 60 80
운영 **4~9월** 09:00~19:00(마지막 입장 18:30) **10~3월** 09:00~17:00(마지막 입장 16:30) **휴무** 1월 1일, 5월 1일, 12월 25일
위치 메트로 4호선 Cité역, 버스 21·24·27·38·58·81·85·96번
홈피 sainte-chapelle.fr/en
요금 일반 €13, 18세 미만 무료, 오디오 가이드 €3
생 샤펠·콩시에르주리 겸용 티켓 일반 €20
*무료입장 1·2·3·11·12월 첫번째 일요일

세계에서 가장 아름다운 스테인드글라스

퐁네프 Pont Neuf

'새로운 다리'라는 뜻의 퐁네프는 재미있게도 파리에서 가장 오래된 다리다. 1578년에 만들기 시작해 1607년 앙리 4세 때 완성되었다. 지난 2007년에 400주년을 맞았다. 영화 〈퐁네프의 연인들〉(1992)을 통해 센 강을 대표하는 다리가 되었지만, 실제 영화는 시당국에서 촬영 허가를 내어주지 않아 근처에 세트로 만든 다리에서 찍었다고 한다. 다리는 시테 섬을 걸쳐 센 강의 남과 북을 잇는다. 예술의 다리에서 전체 모습을 조망할 수 있다.

위치 메트로 7호선 Pont Neuf역, 버스 21·38·58·67·69·70·72·74·85번

예술의 다리에서 바라본 퐁네프

콩시에르주리 Conciergerie

파리 최초의 왕궁으로, 프랑스혁명 때부터 감옥으로 사용된 곳이다. 홀은 각종 전시회나 기념회 장소로 이용되고, 감옥으로 사용했던 공간 일부는 마네킹을 이용해 당시 모습을 생생히 묘사해놓았다. 마리 앙투아네트의 감옥과 그녀가 사용하던 물건들도 전시되어 있다. 감옥을 거쳐 단두대의 이슬로 사라진 2780명의 이름이 쓰인 방은 엄숙한 분위기가 감돈다. 생 샤펠 · 콩시에르주리 겸용티켓을 이용하면 저렴하게 볼 수 있다.

주소 2 Bd du Palais
전화 01 53 40 60 80
운영 09:30~18:00(마지막 입장 17:30) **1월 1일** ~17:00, **12월 24일** ~17:00 **휴무** 5월 1일, 12월 25일
위치 메트로 4호선 Cité역, 버스 21·24· 27·38·58·81·85·96번
홈피 www.paris-conciergerie.fr
요금 일반 €13, 18세 미만 무료
생 샤펠·콩시에르주리 통합티켓 일반 €20
*무료입장 1·2·3·11·12월 첫번째 일요일

방 안에는 감옥에 갇혔던 2780명의 이름과 직업이 적혀 있다.

마리 앙투아네트의 감옥
5월의 정원

예술의 다리 Pont des Arts

1984년 비교적 최근에 만들어진 인도교다. '예술의 다리'라는 낭만적인 이름처럼 낮에는 예술가들이 그림을 그리고 악기를 연주한다. 밤이면 아름다운 파리를 배경 삼아 크고 작은 파티를 즐기는 파리지앵을 만날 수 있다. 잊지 못할 파리의 밤을 보내고 싶다면 와인 한 병과 함께 예술의 다리로 가자.

위치 메트로 7호선 Pont Neuf역, 버스 27·69·72·87번

노트르담 대성당
Cathédrale Notre-Dame de Paris

중세시대 파리를 대표하는 성당으로 1345년에 완공되었다. 프랑스혁명을 거치며 성상들이 파괴되고 성당 내부는 창고로 사용되면서 폐허가 되었다. 19세기 초 막대한 복원비용 문제로 철거 위기에 놓이기도 했는데 1831년 빅토르 위고의 소설 『파리의 노트르담』이 대중의 인기를 얻으면서 복원사업에 힘을 싣게 되었다. 잔다르크의 시성식과 나폴레옹의 대관식이 이곳에서 열렸다. 놓치지 말아야 할 노트르담의 하이라이트는 다음과 같다. 성당 입구에 3세기 파리의 첫 번째 주교인 생 드니Saint-Denis가 자신의 잘린 목을 들고 있는 부조, 성당 내부 북쪽과 남쪽의 '장미의 창'이라 불리는 거대한 스테인드글라스, 성당 뒤쪽의 화려한 플라잉 버트레스Flying Buttress(건물을 지탱하는 역할을 하는 벽 날개), 그리고 13톤에 달하는 남쪽 타워의 엠마누엘Emmanuel 종이다. 파리 테러 이후 기내 반입 사이즈를 초과하는 큰 짐은 반입 금지된다.

노트르담 대성당 Cathédrale Notre-Dame de Paris
주소 6 Parvis Notre-Dame - Pl. Jean-Paul II
전화 01 42 34 56 10
운영 2024년 12월 오픈 예정 **일요일 미사** 화재 복구로 인해 생 제르맹 록세루아 교회에서 18:30에 열린다.
위치 메트로 4호선 Cité, Saint-Michel역, RER B·C Saint-Michel-Notre-Dame역, 버스 21·27·38·47·58·70·75·87·96번
홈피 www.notredamedeparis.fr
요금 무료

종탑Les Tours
387개의 계단을 올라가야 하지만 대성당의 첨탑과 주변의 멋진 전망을 볼 수 있다.
주소 Rue du Cloître Notre-Dame(입구는 노트르담 성당을 바라보고 왼쪽에 있다. 줄이 길게 서 있어 찾기 쉽다)
운영 2024년 12월 오픈 예정
홈피 notre-dame-de-paris.monuments-nationaux.fr/en
요금 미정

Tip
2019년 4월 15일 대성당 화재로 현재 관람이 불가능하다. 2024년 12월 재개관을 목표로 공사 중이다. 기념품 숍의 물품은 온라인으로 구입이 가능하다.
홈피 www.shopnotredamedeparis.fr

자신의 머리를 들고 있는 파리의 첫 번째 수호성인, 생 드니

노트르담 대성당

셰익스피어 앤 컴퍼니
Shakespeare & Company

미국인 조지 휘트먼George Whitman(1913~2011)이 1951년에 오픈한 영문고서점이다. 영화 〈비포 선셋〉 첫 장면에서 제시의 출간회가 열린 서점으로 나오면서 유명세를 치렀다. 겉모습도 독특하지만 내부 곳곳에 있는 "나의 나라는 세계요, 나의 종교는 인류애다" 등의 문구는 이곳의 정체성을 잘 보여준다. 서점에는 예술가, 지식인 등을 대상으로 특별한 텀블위드Tumbleweeds라는 전통이 있는데 가게 일을 도우며 하루 책 한 권을 읽고 자서전을 쓰면 쉼터를 제공해 준다. 서점 내부에서는 사진촬영이 불가하며 바로 옆에 카페도 운영하고 있다.

주소 37 Rue de la Bûcherie
전화 01 43 25 40 93
운영 **서점** 월~토 10:00~20:00, 일 12:00~19:00
카페 월~금 09:30~19:00, 토·일 09:30~20:00
위치 메트로 4호선 Saint-Michel역, RER B·C Saint-Michel-Notre-Dame역, 버스 47·87번
홈피 www.shakespeareandcompany.com

한가로이 낮잠을 즐기는 고양이

노트르담을 좀 더 자세히

❶ 종탑에서 바라보는 파리 시내
종탑에서 바라보는 에펠탑과 파리 시내의 모습은 아름답다. 표를 사기 위해 긴 줄을 서고 387개의 원형계단을 힘들게 올라야 하지만 그만한 가치가 있는 곳이다. 뮤지컬 〈노트르담 드 파리〉나 빅토르 위고의 소설을 좋아한다면 놓쳐서는 안 될 곳이다. 성당을 지키는 기괴한 모습의 가고일Gargoyle을 가까이에서 볼 수 있다.

❷ 정면의 노트르담 대성당보다는 화려한 반대쪽에 주목하자.
노트르담 대성당은 서쪽 정면보다 반대편인 동쪽이 더 아름답다. 노트르담의 화려한 플라잉 버트레스를 가장 잘 볼 수 있는 곳은 요한 23세 광장이다.

❸ 푸앵 제로 Point Zero
프랑스의 거리를 측정하는 기준점으로, 이곳을 밟으면 파리로 돌아온다는 속설이 있다. 노트르담 대성당 앞 광장에 있다.

생 제르맹 데 프레 성당
Église St. Germain des Prés

관광명소

543년에 설립된 파리에서 가장 오래된 교회다. 1821~1854년 프랑스 혁명 기간 기둥에 새겨진 메로빙거 왕조의 동상을 이유로 심각하게 훼손되었다가 1854년에 복원되었다. 이곳에 데카르트가 잠들어 있다.

주소 3 Place St-Germain des-Prés
전화 01 55 42 81 33
운영 월·일 09:30~20:00, 화~금 07:30~20:00, 토 08:30~20:00
위치 메트로 4호선 St-Germain-des-Prés역, 버스 39·63·86·95번
홈피 www.eglise-saintgermaindespres.fr
요금 무료

데카르트가 잠든 곳

생 쉴피스 교회
Église Saint-Sulpice

542년부터 수도원이 있었던 곳으로 현재의 교회는 1745년에 완성했다. 파리에서 가장 큰 교회 중 하나로 프랑스의 17세기 고전 양식을 잘 보여준다. 내부에는 아리스티드 카바유 콜Aristide Cavaillé-Coll이 1862년에 만든 오르간이 있다. 매월 첫째 주 일요일 12:15, 교회의 가이드 투어(영어)가 열린다. 댄 브라운의 소설과 영화 〈다빈치 코드〉에 등장했다.

주소 Place Saint-Sulpice
전화 01 46 33 21 78
운영 08:00~19:45
위치 메트로 4·10호선 Odéon역, 4호선 Mabillon, Saint-Germain-des-Prés, Saint-Sulpice역, 버스 58·63·70·86·87·89·95번
홈피 www.paroissesaintsulpice.paris
요금 무료

로텔
L'Hôtel

17세기 여왕 마고의 사랑의 파빌리온이 있던 자리에 1828년 지어진 호텔이다. 19세기 말, 오스카 와일드가 레지던스로 이용하다 죽음을 맞이한 장소이기도 하다. 여러 번 이름이 바뀌는 동안에 살바도르 달리, 그레이스 공주, 프랭크 시나트라, 짐 모리슨, 엘리자베스 테일러 등의 손님들이 이 호텔을 찾았다.

주소 13 Rue des Beaux-Arts
전화 01 44 41 99 00
위치 메트로 4호선 St-Germain-des-Prés역, 버스 39·95번
홈피 www.l-hotel.com

오스카 와일드 얼굴

파리-소르본 대학
Université Paris-Sorbonne

주소 1 Rue Victor Cousin
전화 01 40 46 22 11
위치 메트로 10호선 Cluny-La Sorbonne역, 버스 21·27·38·63·75·86번
홈피 lettres.sorbonne-universite.fr

소르본은 1257년에 로베르 드 소르본Robert de Sorbon에 의해 설립된 대학이다. 당시의 이름은 콜레주 드 소르본느Collège de Sorbonne로 신학생의 교육을 담당했다. 프랑스에서 현존하는 가장 오래된 대학으로, 파리 여행을 하는 대학생이라면 꼭 한번은 찾게 되는 곳이다. 안타깝게도 학생이나 교직원이 아니면 들어가볼 수 없는데 '유럽 문화유산의 날Journées Européennes du Patrimoine'(9월 셋째 주 주말)에만 일반인들에게 개방하니 기억해 두자.

Tip

프랑스에서 가장 오래된 대학은 1215년에 설립된 파리 대학 Université de Paris으로 1968년에 해체되었다.

파리-소르본 대학

팡테옹

팡테옹 내부

팡테옹 Panthéon

오늘날 프랑스를 있게 한 위인들을 모신 신전이다. 건물 정면에는 황금색으로 'Aux Grands Hommes La Patrie Reconnaissante'라는 글귀가 쓰여 있는데 이는 '조국이 위대한 사람들에게 감사를 표하다'라는 뜻이다. 프랑스혁명에 지대한 영향을 끼친 볼테르, 루소, 프랑스의 실천하는 지성을 대표하는 에밀 졸라, 위대한 문학가인 빅토르 위고 등 약 80여 명이 잠들어 있다.

주소 Place du Panthéon
전화 01 44 32 18 00
운영 **4~9월** 10:00~18:30 **10~3월** 10:00~18:00(마지막 입장은 폐관 45분 전)
휴무 1월 1일, 5월 1일, 12월 25일
위치 메트로 10호선 Cluny-La Sorbonne역, RER B선 Luxembourg역, 버스 21·27·38·72·89번
홈피 www.paris-pantheon.fr
요금 일반 €13, 18세 미만 무료
파노라마 전망대 €3.5, 오디오 가이드 €3
생 드니 성당·팡테옹 통합티켓 일반 €19
*무료입장 1~3·11·12월 첫번째 일요일

뤽상부르 공원 Jardins du Luxembourg

뤽상부르 공원은 1612년 앙리 4세의 왕비인 마리 데 메디치Marie de Medicis가 만든 궁전이다. 마리 데 메디치는 자신의 고향인 이탈리아 피렌체의 느낌을 살려 르네상스 양식의 궁전을 지었다. 지금은 프랑스 상원의회 의사당과 뤽상부르 박물관Musée du Luxembourg으로 사용되고 있다. 궁전에 딸린 아름다운 정원은 어린아이부터 노인까지 파리지앵이 가장 사랑하는 정원으로, 이곳을 다녀간 여행자들에게도 깊은 인상을 남기고 있다. 꼭 방문해볼 것!

주소 Rue de Médicis - Rue de Vaugirard
전화 01 42 64 33 99
운영 일출과 일몰시간에 맞춰 운영
위치 메트로 4·10호선 Odéon역, RER B선 Luxembourg역, 버스 21·27·38·58·82·83·84·89번
홈피 jardin.senat.frt

아랍 세계 문화원
l'Institut de Monde Arabe

프랑스가 아랍권과의 화합과 이해의 장을 마련하기 위해(프랑스는 과거 아프리카 지역의 아랍권을 식민지배했다) 아랍 20개국과 공동출자로 만든 문화원이다. 1987년 파리에 만들어진 또 하나의 세계적인 건축물로 프랑스 건축의 거장 장 누벨Jean Nouvel(1945~)과 질베르 레젠느Gilbert Lezenes, 피에르 소리아Pierre Soria, 건축스튜디오Architecture Studio의 공동작품이다. 강철과 유리를 주재료로 빛의 양에 따라 조절되는 27,000개의 조리개로 현대적인 아랍의 건축을 재해석했다. 도서관, 박물관, 서점, 카페, 레스토랑, 영화관, 공연장 등의 복합문화시설이다. 9층에는 다 미마-지리마브Dar Mima-Zyriab 레스토랑과 0층에는 카페 리테레르Café Littéraire가 있다. 날씨가 좋다면 9층의 테라스에 올라가보자(무료). 이곳에서 바라보는 노트르담의 전망이 멋지며 아랍의 차와 디저트 등을 맛볼 수 있다.

주소 1 Rue des Fossés-Saint-Bernard
전화 01 40 51 38 38
운영 **박물관** 화~금 10:00~18:00, 토·일·공휴일 10:00~19:00 **파노라믹 테라스** 화~일 10:00~18:00 **도서관** 화~일 13:00~19:00(7·8월 화~토 13:00~18:00) **카페** 화~금 10:00~19:00, 토·일 10:00~20:00 **레스토랑** 화~일 점심 12:00~15:00, 티룸 15:00~18:00, 저녁 19:00~02:00 **휴무** 월요일, 5월 1일
위치 메트로 7호선 Jussieu역 1번 출구, 메트로 10호선 Cardinal Lemoine역 2번 출구, 버스 24·63·67·86·87·89번
홈피 www.imarabe.org
요금 무료 **아랍 예술 박물관(7층)** 일반 €8, 18세 미만 무료

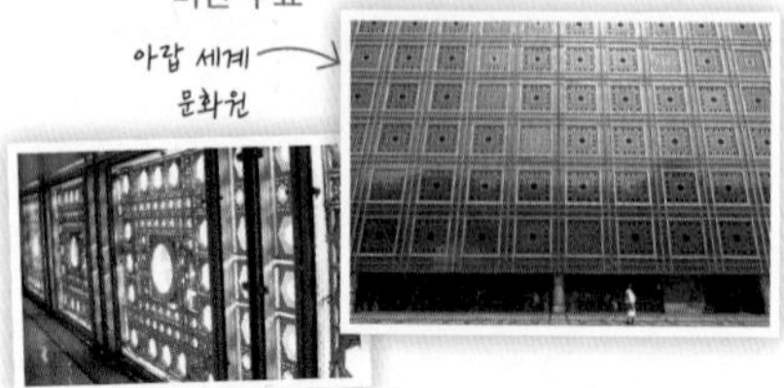

르 프로코프 Le Procope

프랑스 최초의 카페로 1686년 문을 열었다. 오래된 역사만큼이나 프랑스 역사를 그대로 간직한 곳이다. 볼테르, 루소, 발자크, 빅토르 위고 등의 문학가, 예술가, 정치가, 철학자들이 이곳을 찾았고, 프랑스혁명 당시에는 마라, 당통, 로베스피에르 등 혁명가들의 본거지가 되기도 했다. 식당 자체가 박물관 같은 분위기로 역사적 인물들의 이름을 딴 방이 있는 것도 독특하다. 코코뱅Coq au Vin(와인에 조린 닭)이 인기. 전채+본식 또는 본식+후식은 €25~35 정도 한다. 정문에서 2층 계단으로 올라가면 나폴레옹이 쓰던 모자도 전시되어 있으니 놓치지 말자.

주소 13 Rue de l'Ancienne Comédie
전화 01 40 46 79 00
운영 12:00~24:00
위치 메트로 4·10호선 Odéon역, 버스 58·63·70·86·87·96번
홈피 www.procope.com
요금 €€

라 자코뱅

안쪽 외관이 더 멋스럽다.

라 자코뱅 La Jacobine

프랑스 가정식을 맛볼 수 있는 식당이면서 동시에 디저트와 차를 즐기기에도 좋은 장소다. 한국어를 하는 직원이 있어 더 친근하다. 음식 맛이 뛰어난 것은 아니지만 비프스튜와 오리고기, 양파수프가 인기 메뉴다.

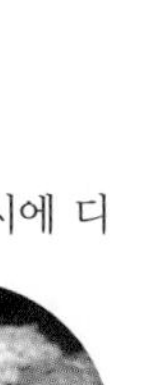

라 자코뱅의 오리요리

주소 59-61 Rue Saint-André des Arts
전화 01 46 34 15 95
운영 화~일 12:00~22:30
위치 메트로 4·10호선 Odéon역, 버스 63·86·87·96번
요금 €€

폴리도르 Polidor

1845년에 문을 연 식당으로 파리에서 가장 오래된 식당 중 한 곳으로 영화 '미드나잇 인 파리'에 등장한다. 우리네 대학가의 전통 있는 저렴한 밥집으로 생각하면 된다. 내부 인테리어는 1920~1930년대 사용하던 그대로다. 랭보, 헤밍웨이, 앙드레 지드 등이 이 식당을 즐겨 찾았다. 오웬 윌슨 주연의 〈미드나잇 인 파리〉(2011년)에서 주인공 길이 헤밍웨이를 만났던 곳으로 나온다. 이곳의 추천 메뉴는 뵈프 부르기뇽Bœuf Bourguignon(부르고뉴 스타일의 고기스튜)이나 블랑케트 드 보Blanquette de Veau à l'ancienne(화이트와인 소스를 얹은 송아지고기 요리), 그리고 타르트 타탕Tarte Tatin(사과 타르트)이다.

주소 41 Rue Monsieur Le Prince
전화 01 43 26 95 34
운영 12:00~15:00, 19:00~24:00
위치 메트로 4·10호선 Odéon역, 버스 21·27·38·58·63·86번
홈피 www.polidor.com
요금 €€

레 되 마고 Les Deux Magots

1884년에 문을 연 카페다. 1914년 현재 주인의 선조가 가게를 산 이후 당시의 인테리어를 오늘날까지 그대로 유지하고 있다. 카페 내부의 벽기둥에는 중국 도자기 인형이 장식되어 있는데 두 개(Deux)의 인형(Magot) 때문에 '레 되 마고Les Deux Magots'라는 이름이 붙여졌다. 앙드레 말로, 오스카 와일드, 피카소 등 그 시대의 유명한 문학가와 예술가, 정치인들의 단골 카페로 명성이 높았던 곳이다. 오늘날에는 거의 관광객들이 독점하다시피 하지만 파리시에서 문화유산으로 지정해 보호할 만큼 20세기 프랑스 문학과 예술에 많은 기여를 했던 카페다.

주소 6 Place St. Germain des Prés
전화 01 45 48 55 25
운영 07:30~01:00
위치 메트로 4호선 St-Germain-des-Prés역, 버스 39·63·87·95번
홈피 www.lesdeuxmagots.fr
요금 €€

카페 드 플로르 Café de Flore

레 되 마고를 언급할 때면 항상 친구처럼 따라오는 곳이다. 카페 드 플로르는 레 되 마고와 불과 한 블록 떨어진 곳에 위치한 카페로 레 되 마고가 문을 열고 3년 뒤에 생겼다. 이 카페가 문을 열자 레 되 마고의 단골들이 이곳으로 옮겨왔다. 실제로 레 되 마고의 단골이었던 사르트르와 보부아르는 새 난방장치를 따라 이곳의 단골이 되었고, 밥 먹는 시간을 제외하곤 카페 드 플로르에서 거의 살았다고 한다. 레 되 마고와 함께 20세기 프랑스 문학과 예술에 많은 기여를 했던 카페다.

주소 172 Bd St. Germain
전화 01 45 48 56 26
운영 07:30~01:30
위치 메트로 4호선 St-Germain-des-Prés역, 버스 39·63·87·95번
홈피 www.cafedeflore.fr
요금 €€

브라세리 립 Brasserie Lipp

카페 레 되 마고와 카페 드 플로르와 마찬가지로 유서 깊은 장소다. 프러시안 전쟁을 피해 알자스-로렌 지방에서 이주한 부부가 1880년에 문을 열었다. 주요 메뉴는 알자스-로렌 지방의 음식으로 소시지와 사워크라우트, 맥주 등을 선보였다. 1920년대부터 유명 배우와 작가, 정치가들(프랑스의 역대 대통령들도!)이 이곳을 찾았다. 1층의 내부 인테리어는 오랜 역사 그대로이니 되도록이면 1층에 앉도록 하자. 반바지와 슬리퍼 차림은 입장이 거부될 수 있다.

주소 151 Bd Saint-Germain
전화 01 45 48 53 91
운영 09:00~00:45
위치 메트로 4호선 St-Germain-des-Prés역
홈피 www.brasserielipp.fr
요금 €€€

코시 Cosi

샌드위치 전문점으로 매일 구워내는 신선한 포카치아로 샌드위치를 만들어준다. 속 재료에 따라 가격이 다양한데 샌드위치는 €7.5~11, 음료나 디저트를 포함한 메뉴는 €11~15이다. 가성비 좋은 맛집으로는 이만한 곳이 없다.

주소 54 Rue de Seine
전화 01 46 33 35 36
운영 12:00~23:00
위치 메트로 10호선 Mabillon역
요금 €

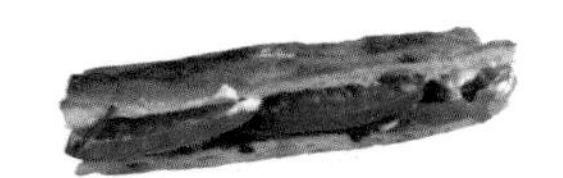

센강의 부키니스트 Bouquiniste

센강을 따라 녹색칠이 된 초록색 매대가 간간히 있는 모습을 볼 수 있는데 이는 16세기부터 중고책을 팔던 노점상, 부키니스트Bouquiniste다. 부키니스트란 프랑스어로 헌책을 이르는 부캥Bouquin에서 왔다. 한 때는 센강이 흐르는 3km구간 240개의 부키니스트가 있었지만 지금은 기념품 판매로 명맥을 유지하고 있다.

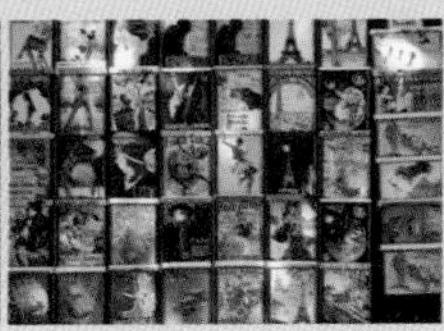

르 를레 드 랑트르코트
Le Relais de l'Entrecôte

립 스테이크만을 전문으로 하는 체인점으로, 겨자 소스를 얹은 스테이크 맛집이다. Only one 메뉴! 따뜻하게 먹을 수 있도록 스테이크는 반씩 가져다주니 양이 적다고 의아해하지 말자. 후식도 훌륭하다. 예약은 받지 않고 직접 방문만 가능하다. 다른 지점으로는 샹젤리제와 몽파르나스에 있다.

주소 20 Rue Saint-Benoît
전화 01 45 49 16 00
운영 월~금 12:00~14:30, 18:45~23:00
토·일·공휴일 12:00~15:00, 18:45~23:00
위치 메트로 4호선 St-Germain-des-Prés역, 버스 39·63·87·95번
홈피 www.relaisentrecote.fr
요금 €€

말롱고 카페 Le Malongo Café

1952년에 설립된 커피 회사로 1934년부터 니스에서 커피 로스팅을 해왔다. 커피 마니아라면 혹할 만한 공정무역과 친환경 방식으로 재배한 생두, 다양한 레벨로 볶은 콩, 드립 기구, 커피머신 등의 커피와 관련된 모든 물품들을 판매한다. 카페를 겸하고 있어 커피를 즐기기에도 좋다.

주소 50 Rue Saint André des Arts
전화 01 43 26 47 10
운영 월~토 08:00~19:00, 일 08:30~19:00
위치 메트로 4호선 Saint-Michel역
홈피 www.malongo.com
요금 €

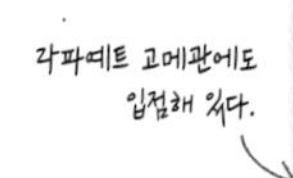

메종 조르주 라르니콜
Maison Georges Larnicol

영국 출신의 제과 장인의 디저트 체인점으로 생 제르맹이 본점이다. 마카롱, 초콜릿과 관련된 모든 디저트, 쿠키, 머랭, 캐러멜 등을 비교적 저렴한 가격에 만날 수 있다. 마레와 몽마르트르 지점도 있다.

주소 132 Bd St. Germain
전화 01 43 26 39 38
운영 월·일 09:30~21:00, 화~목 09:30~22:00,
금 09:30~23:30, 토 09:30~24:00
위치 메트로 4·10호선 Odéon역
홈피 larnicol.com
요금 €

다 로사 Da Rosa

스페인 음식 전문점으로 하몽, 올리브오일, 발사믹과 같은 식료품도 함께 판다. 하몽, 연어샐러드, 타파스, 파스타 등 두루두루 맛있다. 브런치도 가능하며 12~15시까지 €30으로 운영된다.

주소 37 Rue de Grenelle
전화 01 40 51 00 09
운영 월~토 11:00~23:00
위치 메트로 12호선 Rue du Bac역, 버스 63·68·83·84·94번
홈피 www.darosa.fr
요금 €€

호제 라 그레누일 Roger La Grenouille

1930년에 문을 연 개구리 요리 전문점이다. 프랑스 요리 하면 떠오르는 달팽이 요리를 전식으로 먹고, 본식으로 개구리 뒷다리 요리를 먹어 보기 좋은 곳. 프로방스 식, 노르망디 식 등 각 지역색을 겸한 요리를 맛볼 수 있다. 피카소, 생텍쥐페리, 교황 요한 23세와 엘리자베스 영국 여왕도 이곳에 다녀갔다.

주소 28 Rue des Grands Augustins
전화 01 56 24 24 34
운영 **점심** 화~토 12:00~14:30 **저녁** 월~수 19:00~01:00 목~토 19:00~02:00 **휴무** 일요일
위치 메트로 4호선 Saint-Michel역, RER B·C Saint-Michel Notre-Dame역
홈피 www.roger-la-grenouille.com
요금 €€

르 프티 샤틀레 Le Petit Châtelet

셰익스피어 앤 컴퍼니 바로 오른쪽에 위치한 레스토랑으로 귀여운 외관만큼이나 맛도 있어 인기다. 달팽이 수프와 스테이크, 크렘 브륄레, 티라미수의 평이 좋다.

주소 39 Rue de la Bûcherie
전화 01 46 33 53 40
운영 12:00~14:30, 19:00~22:50
위치 메트로 4호선 Saint-Michel역, RER B·C선 Saint-Michel Notre-Dame역
요금 €€

베르티옹 Berthillon

디저트

1954년에 문을 연, 파리에서 가장 유명한 아이스크림 & 셔벗 전문점이다. 천연재료만을 사용해 만든다. 가게에서는 아이스크림뿐만 아니라 아이스크림을 이용한 음료나 훌륭한 디저트, 샌드위치 등도 판다. 문을 닫는 날에 방문했다면 주변에 베르티옹 아이스크림을 가져와 파는 가게들이 여러 곳이 있으니 그곳에서 맛보면 된다.

주소 29-31Rue de Saint Louis en L'ile
전화 01 43 54 31 61
운영 수~일 10:00~20:00 **휴무** 월·화
위치 메트로 7호선 Pont Marie역, 버스 67번
홈피 berthillon.fr
요금 €

그롬 Grom

2003년 이탈리아 토리노에서 오픈한 아이스크림 가게다(이탈리아에는 100년 전통의 아이스크림 가게들이 꽤 많이 있다). 베르티옹의 전통 있는 파리 아이스크림 맛에 도전하는 아이스크림의 본토 이탈리아의 맛이라고 할 수 있다. 두 가게의 아이스크림 맛을 비교해보는 것도 좋다.

주소 81 Rue de Seine
전화 01 40 46 92 60
운영 월~목 12:00~23:30, 금 12:00~00:30, 토 11:00~00:30, 일 11:00~23:30
위치 메트로 4·10호선 Odéon역, 또는 메트로 10호선 Mabillon역, 버스 63·70·86·87·96번
홈피 www.grom.it
요금 €

폼 다피 Pom D'Api

프랑스 신발 브랜드로 아이 신발 쇼핑으로 인기 있다. 파리에는 갤러리 라파예트와 프렝탕 백화점을 비롯해 4개의 매장이 있다. 소개하는 곳은 생 제르맹의 매장이다.

주소 28 Rue du Four
전화 01 45 48 39 31
운영 월 11:00~13:00, 14:00~19:00,
화~토 10:00~19:00 **휴무** 일요일
위치 메트로 4호선 Saint-Germain-des-Prés역,
버스 70·96번
홈피 www.pomdapi.fr

마리아주 프레르 Mariage Fréres

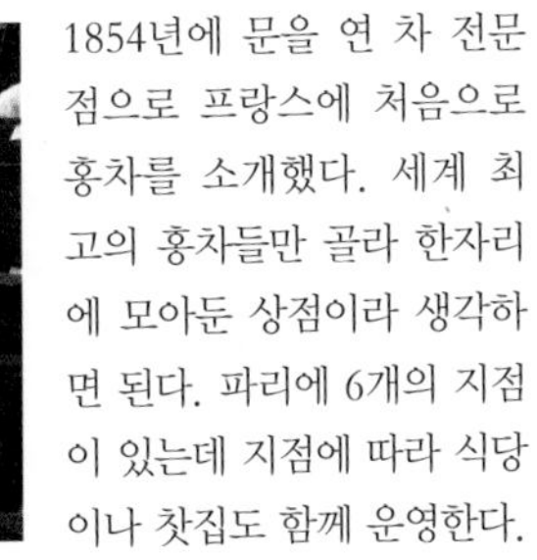

1854년에 문을 연 차 전문점으로 프랑스에 처음으로 홍차를 소개했다. 세계 최고의 홍차들만 골라 한자리에 모아둔 상점이라 생각하면 된다. 파리에 6개의 지점이 있는데 지점에 따라 식당이나 찻집도 함께 운영한다.

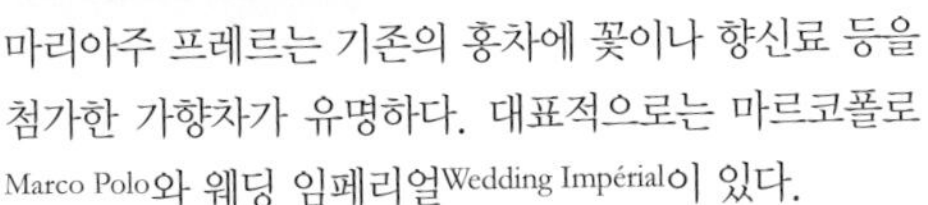

마리아주 프레르는 기존의 홍차에 꽃이나 향신료 등을 첨가한 가향차가 유명하다. 대표적으로는 마르코폴로Marco Polo와 웨딩 임페리얼Wedding Impérial이 있다.

주소 **Rive Gauche 지점** 13 Rue des Grands-Augustins
전화 01 40 51 82 50
운영 **상점** 월~토 10:30~19:30
살롱 드 테 Salons de Thé 리노베이션 중
위치 메트로 4호선 Saint-Michel역, RER B·C선 Saint-Michel Notre-Dame역, 4·10호선 Odéon역, 버스 21·27·47·58·70·87번
홈피 www.mariagefreres.com
요금 €€

필론 Pylones

아이디어 넘치는 액세서리와 인테리어 생활소품을 파는 곳이다. 아기자기하고 예쁜 기념품도 살 수 있고, 보는 재미도 쏠쏠하다. 우리나라에도 들어왔지만 가격은 파리가 조금 더 저렴하고 종류가 다양하다.

주소 57 Rue St Louis en l'ile
전화 01 46 34 05 02
운영 11:00~19:00
위치 메트로 7호선
Pont Marie역
홈피 www.pylones.com

라뒤레 Ladurée

디저트

1862년부터 프랑스 마카롱 최고의 명성을 이어가는 곳이다. 파리 시내의 10여 개 지점 중 하나로 생 제르맹 지점은 1947년에 생겼다. 이 가게에서 함께 운영하는 살롱에 샤갈이나 모딜리아니 같은 예술가들이 수없이 드나들었다고 한다. 지금은 관광객들로 북적인다. 파리 시내에 샹젤리제 등 여러 지점이 있으며 공항과 리옹기차역, 백화점에 입점해 쉽게 만날 수 있다.

Bonaparte 지점
주소 21 Rue Bonaparte
전화 01 44 07 64 87
운영 09:30~19:00
위치 메트로 4호선 Saint-Germain-des-Prés역, 버스 39·63·87·95번
홈피 www.laduree.fr
요금 €

피에르 에르메 Pierre Hermé

제과업계의 '피카소'라고 불리는 디저트계의 예술가 피에르 에르메의 파리 첫 매장으로, 2001년에 생겼다. 단연 마카롱이 베스트셀러! 세계적으로 가장 유명한 히트상품은 이스파한Ispahan이다. 천국의 부드러움과 달콤함을 경험할 수 있다. 파리에만 20개가 넘는 매장이 있다.

주소 72 Rue Bonaparte
전화 01 45 12 24 02
운영 10:00~19:00
위치 메트로 4호선 Saint-Sulpice역, 버스 63·70·84·86·87·96번
홈피 www.pierreherme.com
요금 €

파트릭 호제 Patrick Roger

'초콜릿 조각가'라는 수식어를 가진 세계적인 쇼콜라티에 파트릭 호제의 가게다. 생 제르맹 본점을 포함해 파리에 총 7개의 매장이 있으며, 본점과 마들렌, 마레 지점만 일요일에 문을 연다.

주소 108 Bd St. Germain
전화 01 43 29 38 42
운영 11:00~19:00
위치 메트로 4·10호선 Odéon역, 버스 63·86·87·96번
홈피 www.patrickroger.com
요금 €

불랑주리 포알란 Boulangerie Poilâne

차나 디저트를 즐길 수 있는 곳은 아니지만 1932년에 문을 연, 프랑스에서 가장 유명한 빵집이다. 가게의 제빵사인 리오넬 포알란Lionel Poilâne이 죽었을 때는 당시 프랑스 총리가 성명을 발표했을 정도! 순수하게 소금, 물, 밀가루, 천연효모만을 사용해 전통방식 그대로 빵을 만든다. 품질 좋은 밀을 돌로 갈고 손으로 반죽한 뒤 장작불을 이용해 빵을 만들어 전통의 빵 맛을 느낄 수 있다. 한 개에 2kg 정도의 무게가 나가는데 가격은 약 €12.8. 무게를 달아 샌드위치용 조각으로 살 수도 있으니 프랑스 최고의 발효 빵 맛을 보고 싶은 사람이라면 시도해보자.

생 제르맹 본점
주소 8 Rue du Cherche-Midi **전화** 01 45 48 42 59
운영 월~토 07:15~20:00 **휴무** 일요일
위치 메트로 10·12호선 Sèvres-Babylone역, 메트로 4호선 Saint-Sulpice역, 버스 63·70·84·86번
홈피 www.poilane.com
요금 €

에펠탑 지점
주소 49 Bd de Grenelle **전화** 01 45 79 11 49
운영 화~일 07:15~20:00 **휴무** 월요일
위치 메트로 6호선 Dupleix역, 버스 42·80번

마레 지점
주소 38 Rue Debelleyme**전화** 01 44 61 83 39
운영 일·화 08:00~13:30, 14:30~18:00, 수~토 07:15~20:00 **휴무** 월요일
위치 메트로 8호선 Filles du Calraire역

타쉔 Taschen

1980년도에 독일에서 만들어진 출판사로 건축, 사진, 디자인, 패션, 광고, 영화 등의 예술서를 발행한다. 세계에 12개의 직영점이 있으며 저렴한 가격의 핸디한 책부터 고가의 수준 높은 예술서까지 다양하게 구비하고 있다. 한국인들에게 인기가 많은 앙리 브레송, 윌리 로니스, 로베르 두아노 등을 비롯해 국내에서 구하기 어려운 사진집들을 구할 수 있다.

주소 2 Rue de Buci
전화 01 40 51 79 22
운영 11:00~20:00
위치 메트로 4·10호선 Odéon역, 버스 58·70번
홈피 www.taschen.com

윌리 로니스의 사진집

약국 Pharma

파리 시내에서 약국화장품이 저렴한 약국 두 곳을 소개한다. 생 제르맹 지역에 있는 시티 파르마와 한국인들에게 유명한 몽주 약국이다. 한국인들에게 인기가 많은 아벤느, 비쉬, 꼬달리, 유리아주, 라 로슈 포제, 바이오더마 등의 약국화장품을 한국보다 훨씬 저렴한 가격에 구입할 수 있다. €100 초과 시 면세혜택이 있다(여권 필수). 사람이 많아 계산하는 데 오래 걸리니 미리 살 품목을 정리해서 오전 시간에 맞춰 가는 것이 좋다.

시티 파르마 City-Pharma
주소 26 Rue Four
전화 01 46 33 06 09
운영 월~금 08:30~21:00, 토 09:00~21:00, 일 12:00~20:00
위치 메트로 4호선 Saint-Germaindes-Prés역, 버스 70·96번
홈피 www.pharmacie-paris-citypharma.fr

몽주 약국 Pharmacie Monge
주소 1 Place Monge
전화 01 43 31 39 44
운영 월~토 08:00~20:00, 일(일요일 오픈일은 홈페이지 참고)
위치 메트로 8호선 Place Monge역 앞 몽주 광장, 버스 47번
홈피 pharmaciemonge.pharminfo.fr

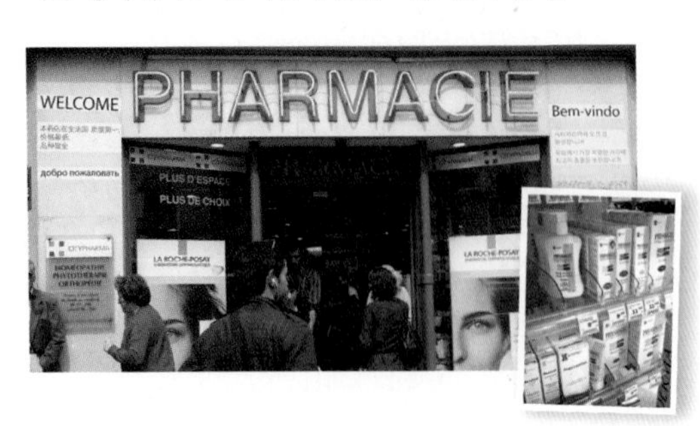

미슐랭 맛집

가야 Gaya ★

요리계의 피카소, 피에르 가니에르가 운영하는 비스트로로 해산물 요리를 선보인다. 식재료에 고추나 참깨 등을 사용해 아시아 풍이 가미됐다.

주소 6 Rue du Saint-Simon
전화 01 45 44 73 73
운영 화~토 12:00~14:30, 19:00~23:00, 휴무 월·일
위치 메트로 12호선 Rue du Bac역
홈피 www.restaurantgaya.com
요금 €44~145

르 콩투아 드 를레 Le Comptoir du Relais

프랑스 남서부 지방 요리를 유명 셰프인 이브 캉드보르드Yves Camdeborde가 소개한다. 평일 저녁에 맛볼 수 있는 코스 요리 '메뉴 데귀스타시옹'이 있다. 이곳의 유명한 요리는 돼지고기를 재료로 한 Pied de Porc Désossé Pané(뼈를 발라낸 돼지 족발을 빵가루에 묻혀 구운 요리)와 코숑 드 레Chchon de Lait(젖을 먹고 자란 새끼돼지), 오리고기 등이 있다.

주소 9 Carr de l'Odéon
전화 01 44 27 07 97
운영 12:00~23:00
위치 메트로 4·10호선 Odéon역, 버스 58·63·86·87·96번
홈피 www.hotel-paris-relais-saint-germain.com
요금 €36~

콩투아의 심볼, 귀여운 돼지

라틀리에 드 조엘 로부숑 L'Atelier de Joël Robuchon ★

15살에 호텔 견습 요리사에서 시작해 28살에 파리 콩코르드-라파예트 호텔 주방장이 된 전설의 셰프인 조엘 로로부숑이 운영하는 레스토랑이다. 개선문 근처에도 지점이 있으며 별 하나를 받았다.

주소 Hôtel du Pont Royal, 5 Rue de Montalembert
전화 01 42 22 56 56
운영 11:30~15:30, 18:30~24:00
위치 메트로 12호선 Rue du Bac역
홈피 www.atelier-robuchon-saint-germain.com
요금 €159

제 키친 갤러리 Ze Kitchen Galerie ★

타마린, 코코넛 등 아시아의 식재료를 이용한 현대 프랑스 요리를 맛볼 수 있다. 두 가지 코스요리를 €41에 저렴하게 경험할 수 있어 추천한다. 2008년에 미슐랭에서 별 하나를 받은 뒤 계속해서 유지하고 있다.

주소 4 Rue Des Grands Augustins
전화 01 44 32 00 32
운영 월~금 12:15~13:45, 19:15~21:30 휴무 토·일
위치 메트로 4호선 Saint-Germaindes-Prés역, 버스 27·87번
홈피 zekitchengalerie.fr
요금 €41~120

보타리 Boutary

1888년에 설립된 회사로 고급 식자재인 캐비아를 생산해 호텔과 유명 인사들에게 납품해 왔다. 식당도 함께 운영하고 있는데 여러 지역의 최고급 캐비아를 이용한 요리를 경험할 수 있다.

주소 25 Rue Mazarine
전화 01 43 43 69 10
운영 수~금 12:15~14:00, 화~토 19:00~21:00 휴무 월요일
위치 메트로 4·10호선 Odéon역, 버스 58·70번
홈피 www.boutary-restaurant.com
요금 €99~148

4 예술가들의 아지트, 몽마르트르

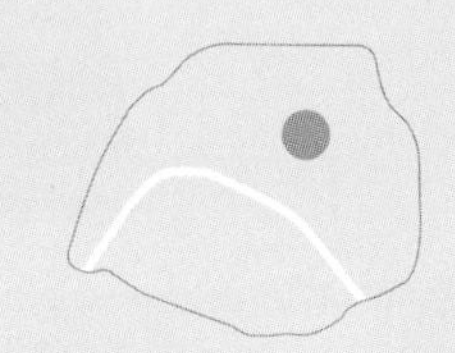

19세기 유럽 예술을 이야기할 때 빼놓을 수 없는 곳이 바로 몽마르트르다. 인상파 화가들의 활동도, 큐비즘의 탄생도 모두 이곳에서 이루어졌다. 당시 몽마르트르는 예술가들의 성역과 같았다. 유럽 전역에서 모여든 가난한 예술가들은 싸구려 압생트에 취해 예술을 논하고 그림을 그렸다. 대표적인 예술가로는 반 고흐, 피카소, 모딜리아니, 달리, 모네, 르누아르 등이 있다. 몽마르트르라는 지명은 '순교자의 언덕'이라는 뜻으로 AD 250년 이곳에서 목이 잘려 순교한 생 드니Saint Denis를 기리며 붙여진 이름이다.

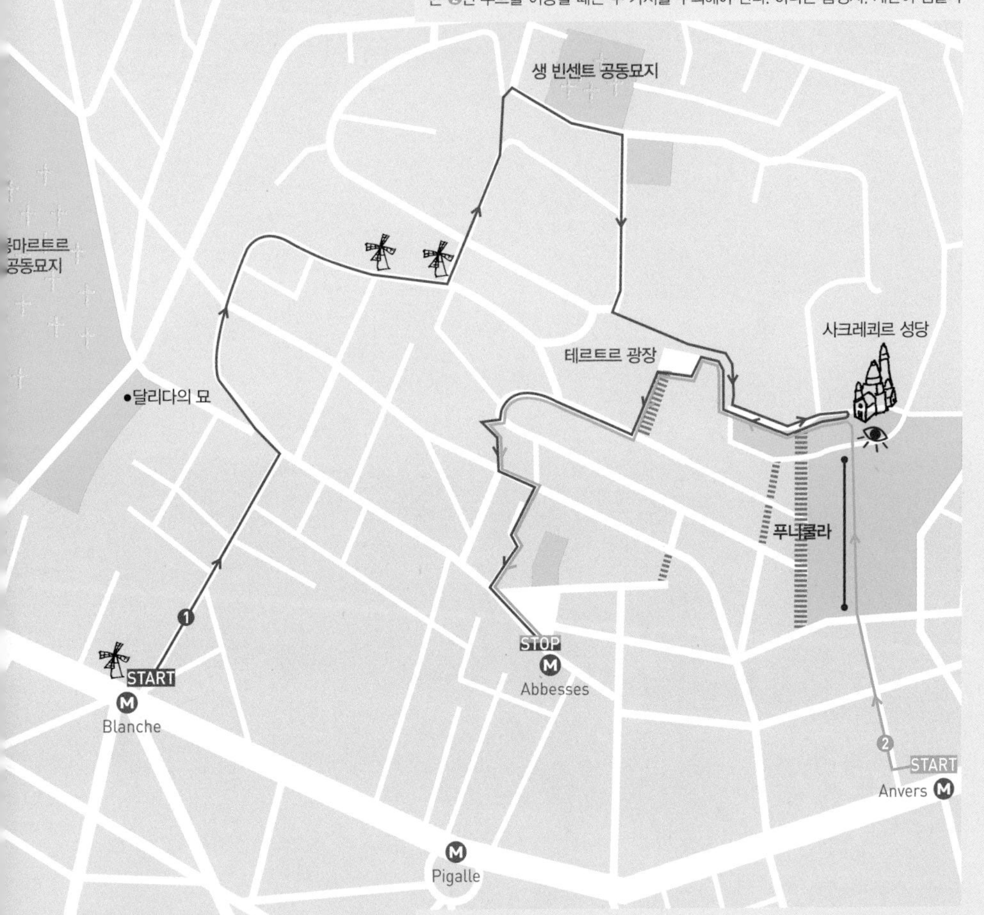

Best Route

❶ 몽마르트르에서 활동한 19세기 예술가들의 흔적을 돌아보는 2.8km 루트다. 거리는 얼마 되지 않지만 언덕을 오르락내리락해야 하기 때문에 쉽지 않다. 그나마 이 루트가 경사가 완만한 편이다. 천천히 여유 있게 돌아보자.

❷ 시간이 없는 여행자라면 Anvers역에서 사크레쾨르 성당과 테르트르 광장을 둘러보는 2km 루트를 추천. 푸니쿨라를 이용해 쉽게 언덕으로 오를 수 있다.

TIP 위의 ❶번 루트와 달리 Anvers역에서 나와 사크레쾨르 성당 쪽으로 곧바로 가는 ❷번 루트를 이용할 때는 두 가지를 주의해야 한다. 하나는 급경사! 계단이 힘들다면 푸니쿨라를 이용하면 된다(메트로 티켓 사용 가능). 다른 한 가지는 바로 흑인들이다. 손목에 순식간에 '행운의 끈'을 묶고 돈을 요구한다. 말을 걸어오면 반응을 보이지 말고 무시하는 방법밖에 없다. 몽마르트르는 우범지역 중 한 곳이니 소매치기나 강도에 주의해야 한다.

Map of
Montmartre

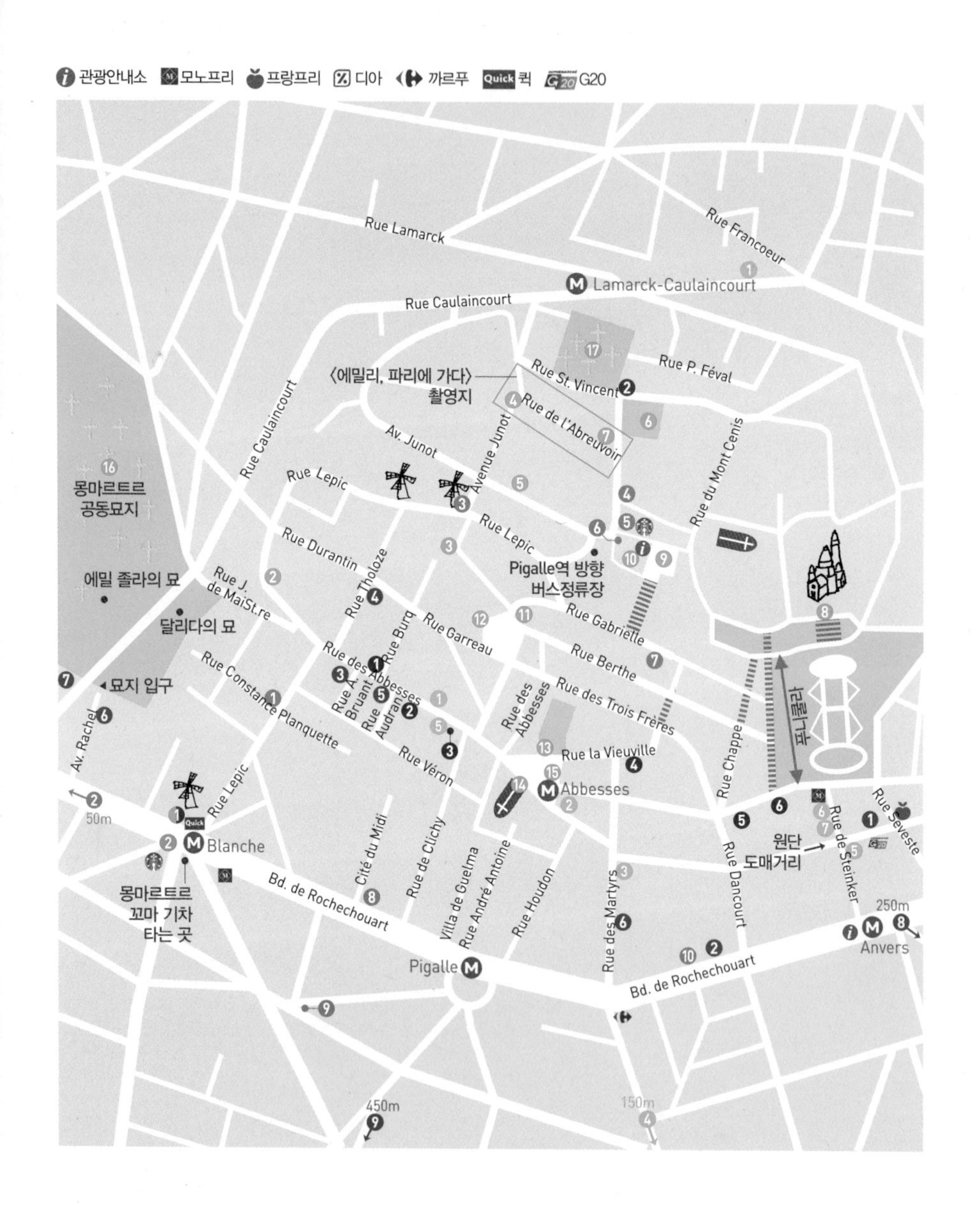

관광명소

1. 물랭 루주 Moulin Rouge
2. 반 고흐의 집 Maison Van Gogh
3. 달리다의 집 Maison Dalida
4. 달리다 동상 Dalida
5. 벽을 뚫는 남자 Le Passe Muraille
6. 몽마르트르 포도농장 Le Clos Montmartre
7. 메종 호제 Maison Rose
8. 사크레쾨르 성당 Basilique de Sacré-Coeur
9. 테르트르 광장 Place du Tertre
10. 에스파스 달리 Espace Dalí
11. 피카소의 집 Maison Picasso
12. 세탁선 Le Bateau Lavoir
13. 사랑해 벽 Le Mur des Je t'aime
14. 성 야고보 몽마르트르 성당 Église Saint-Jean-de-Montmartre
15. 아베스역 Abbesses
16. 몽마르트르 공동묘지 Cimetière de Montartre
17. 생 빈센트 공동묘지 Cimetière Saint-Vincent

레스토랑 · 카페

1. 레 되 물랭 Les Deux Moulins
2. 플런치 Flunch
3. 르 물랭 드 라 갈레트 Le Moulin de la Galette
4. 라 본 프랑케트 La Bonne Franquette
5. 르 콩술라 Le Consulat
6. 르 폴보 Le Poulbot
7. 라 타베르네 드 몽마르트르 La Taverne de Montmartre
8. ACA(멕시코 음식)
9. 핑크마마 Pink Mama
10. 킨타로 Kintaro

디저트 · 베이커리

1. 그르니에 아 팽 Grenier à Pain
2. 오 르뱅 당탕 Au Levain d'Antan
3. 팽 팽 Pain Pain
4. 아르누 델몽텔 Arnaud Delmontel
5. 아모리노 Amorino
6. 린트 Lindt
7. 메종 조르주 라르니꼴 Maison Georges Larnicol

즐길거리

1. 물랭 루주 Moulin Rouge
2. 라팽 아질 Lapin Agile

쇼핑

1. 프티 바토 Petit Bateau
2. 콩투아 데 코토니에 Comptoir des Cotonniers
3. 산드로 Sandro
4. 베자 Veja
5. 필론 Pylones
6. 프라고나드 Fragonard

숙소

1. 르 빌라주 호스텔 Le Village Hostel
2. 호텔 이비스 Hotel Ibis(Sacré Coeur점)
3. 플러그-인 호스텔 Plug-Inn Hostel
4. 베스트 웨스턴 플러스 호텔 리테레르 마르셀 아이메 Best Western Plus Hôtel Littéraire Marcel Aymé
5. 호텔 오드랑 파리 Hotel Audran Paris
6. 시타딘 몽마르트 파리 Citadines Montmartre
7. 호텔 이비스 Hotel Ibis(Montmartre점)
8. 빈티지 호스텔 가르 드 노르 Vintage Hostel Gare du Nord
9. BVJ 오페라-몽마르트르 BVJ Opéra Montmartre

기타

- **몽마르트르 꼬마 기차**Les Petits Trains de Montmartre **타는 곳**

몽마르트르 언덕의 주요 관광지를 45분간 영어로 안내해주는 꼬마 기차다. 블랑슈 광장Place Blanche에서 출발해 테르트르 광장이 종착지다. 요금은 일반 €7, 2~12세 미만 €4.5다.

운영 1월 토·일 10:00~17:00, 월~일 10:00~18:00, 3~9월 10:00~18:00, 10~12월 10:00~17:00(30분 간격)

몽마르트르는 파리에서 가장 높은 언덕이다.

제롬 메나제의 그라피티

몽마르트르의 명물, 푸니쿨라

물랭 루주 Moulin Rouge

1889년에 개장한 카바레로 '빨간 방앗간'이라는 뜻이다. 이곳에서 캉캉춤을 처음 선보였다. 화가 로트레크의 그림과 이완 맥그리거와 니콜 키드먼 주연의 영화 〈물랑루즈〉(2001년)로 잘 알려진 곳이다. 이곳의 진면목은 낮보다 밤이다. 화려한 빨간 풍차의 네온사인을 볼 수 있다. 공연은 19:00, 21:00, 23:00에 있고, 요일마다 가격이 다양하다. 식사나 샴페인을 포함해 €90~445 정도 한다.

주소 82 Bd de Clichy
전화 01 53 09 82 82
운영 19:00, 21:00, 23:00 3회 공연
위치 메트로 2호선 Blanche역, 버스 30·54·74번
홈피 www.moulinrouge.fr
요금 €90~445

레 뒤 물랭 Les Deux Moulins

영화 〈아멜리에〉(2001년)에서 주인공인 아멜리에가 일하던 카페다. 몽마르트르에 오는 관광객들이 꼭 한번씩 들르는 곳이다. 음식 맛은 그저 그렇다. 음료 추천.

주소 15 Rue Lepic
전화 01 42 54 90 50
운영 월~금 07:00~02:00 토·일 09:00~02:00
위치 메트로 2호선 Blanche역,
버스 30·40·54번
요금 €€

크렘 브륄레

반 고흐의 집 Maison Van Gogh

빈센트 반 고흐가 1886년부터 1888년까지 동생 테오와 함께 살았던 집이다. 54번지 건물 4층, 왼쪽에서 세 번째 집이다. 현재 주민이 살고 있어 내부를 볼 수는 없다.

주소 54 Rue Lepic
위치 메트로 2호선 Blanche역, 버스 40·80·95번

르누아르의 <물랭 드 라 갈레트>(오르세 미술관)

반 고흐의 집

르 물랭 드 라 갈레트

르 물랭 드 라 갈레트
Le Moulin de la Galette

르누아르의 〈물랭 드 라 갈레트의 무도회Bal du Moulin de la Galette, Montmartre〉(1876, 오르세 미술관)로 잘 알려진 장소다. 몽마르트르에는 총 13개의 풍차가 있었는데 현재 두 개의 풍차만이 남아 있다. 하나는 1622년에 만들어진 블뤼트 팡 풍차le Moulin Blute-Fin이고, 다른 하나가 1717년에 만든 라데트 풍차le Moulin Radet다. 니콜라스 샤를Nicolas-Charles이 1812년 풍차를 사들여 향수에 필요한 씨앗을 빻는 용도로 사용하다 1834년부터 라데트를 일요일과 공휴일에 무도회장으로 사용했다. 19세기 말 야외 무도회장은 파리지앵의 많은 사랑을 받았다. 이곳을 그린 화가로는 르누아르, 반 고흐, 위트릴로, 로트레크, 피카소 등이 있다. 1980년부터 이탈리아 레스토랑으로 운영되고 있다. 전채+본식 또는 본식+디저트 메뉴는 €33, 전채+본식+디저트 메뉴는 €42가 있다.

주소 83 Rue Lepic
전화 01 46 06 84 77
운영 08:00~02:00
위치 메트로 12호선 Abbesses역, 버스 40번
홈피 www.moulindelagaletteparis.com
요금 €€€

〈물랭 드 라 갈레트의 무도회〉

벽을 뚫는 남자 Le Passe Muraille

'벽을 뚫는 남자'는 마르셀 에메Marcel-Aymé(1902~1967)의 소설 주인공, 듀티울이다. 이 남자는 우체국 공무원으로 어느 날 자신에게 벽을 통과하는 능력이 있다는 사실을 발견한다. 그리고 의사로부터 사랑을 하게 되면 벽을 통과할 수 없다는 이상한 이야기를 듣게 되는데, 그 내용을 형상화했다. 우리나라에서도 연극과 뮤지컬로 꾸준히 공연한다.
마르셀 에메 광장 한쪽에 벽을 통과해 나오는 남자의 동상이 세워져 있다. 자칫 놓치기 쉬우므로 지도를 보고 찾아가도록 하자.

주소 Place Marcel Aymé
위치 메트로 12호선 Lamarck-Caulaincourt역, 버스 40번
홈피 atlasobscura.com

달리다의 집

달리다의 집과 동상 Maison Dalida

달리다Dalida는 샹송 가수 겸 영화배우다. 이탈리아 부모 사이에서 태어나 이집트에서 자라다가, 21살에 미스 이집트로 뽑힌 후 영화배우가 되기 위해 프랑스로 넘어가 유명해졌다. 우리나라에는 알랭 드롱과 함께 부른 '파롤레 파롤레Paroles Paroles'와 '베사메무초Besame Mucho'가 잘 알려져 있다. 1987년 수면제를 먹고 자살했다. 몽마르트르에는 1962년에서 1987년까지 달리다가 살았던 집과 동상이 있다. 넷플릭스 드라마 〈에밀리, 파리에 가다〉에 등장해 더 유명해졌다. 달리다 동상 주변, 메종 호제, 이 두 장소 사이의 아브뢰브아l'Abreuvoir 거리에서 촬영됐다.

달리다의 집
주소 11 bis Rue d'Orchampt
위치 버스 40번

달리다의 동상
주소 Place Dalida
위치 메트로 12호선 Lamarck-Caulaincourt역, 버스 40번

생 빈센트 공동묘지
Cimetière Saint-Vincent

1831년에 조성된 몽마르트르의 작은 공동묘지다. 이곳에 묻힌 대표적인 인물로는 몽마르트르에서 태어나 사망한 모리스 위트릴로Maurice Utrillo(1883~1955)와 외젠 부댕Eugène Boudin(1824~1898), 『벽을 뚫는 남자』를 쓴 마르셀 에메가 있다.

주소 6 Rue Lucien Gaulard
전화 01 46 06 29 78
운영 **11월 6일~3월 15일** 월~금 08:00~ 17:30, 토 08:30~17:30, 일·공휴일 09:00~17:30 **3월 16일~11월 5일** 월~금 08:00~18:00, 토 08:30~18:00, 일·공휴일 09:00~18:00
위치 메트로 12호선 Lamarck-Caulaincourt역, 버스 40·80번
홈피 www.paris.fr/lieux/cimetiere-de-saint-vincent-4484
요금 무료

생 빈센트 공동묘지

라팽 아질

생 빈센트 공동묘지 정문

앙드레 질의 토끼 그림

라팽 아질 Lapin Agile

20세기 초 피카소, 모딜리아니 등이 단골로 드나들었던 카바레로 지금도 샹송 공연을 볼 수 있다. 건물에 걸려 있는 토끼 그림은 1875년 화가 앙드레 질André Gill이 그렸다. 냄비에서 튀어나오는 토끼 그림을 사람들이 라팽 아질Lapin Agile('날쌘 토끼'라는 뜻)이라 부르면서 자연스레 가게 이름이 되었다.

주소 22 Rue des Saules
전화 01 46 06 85 87
운영 화·목~토 21:00~01:00
위치 메트로 12호선 Abbesses역, Lamarck-Caulaincourt역, 버스 40번
홈피 au-lapin-agile.com
요금 음료 포함 일반 €35, 26세 미만 학생 €25

몽마르트르 포도농장
Le Clos Montmartre

1932년에 생긴, 지금은 파리 시내의 유일한 포도농장이다. 생산되는 포도의 양은 1톤으로 매년 포도 수확 축제가 열린다. 축제는 몽마르트르 일대에서 5일간 열리는데 콘서트, 가장행렬, 와인 시음, 퍼포먼스 등의 다양한 행사가 열린다. 2024년은 10월 9~13일에 열린다.

주소 18 Rue des Saules
위치 메트로 12호선 Lamarck-Caulaincourt역, 버스 40번
홈피 www.fetedesvendangesdemontmartre.com

파리 시내의 유일한 몽마르트르 포도농장

메종 호제 Maison Rose

'에밀리 파리에 가다'에서 에밀리가 친구와 함께 샴페인과 디저트를 즐긴 식당이다. 메종 호제는 '장미의 집'이라는 뜻으로 모리스 위트릴로Maurice Utrillo(1883~1955)의 그림으로 유명해졌다. 위트릴로는 몽마르트르에서 모델 겸 화가로 유명한 수잔 발라동Suzanne Valadon(1865~1938)의 혼외자로 태어났다. 몽마르트르에서 태어나 자라고, 몽마르트르를 그리고, 한평생을 몽마르트르에서 살다가 생을 마감해 '몽마르트르의 화가'로 불린다. 14세 때부터 알코올 중독에 걸려 정신병원에 다니며 치료를 위해 그림을 그렸다. 그의 무덤은 생빈센트 공동묘지에 있다.

주소 2 Rue de l'Abreuvoir
전화 01 42 64 49 62
운영 점심 12:00~14:30, 티타임 15:00~17:30,
저녁 18:00~21:45, 토·일브런치 11:30~14:30
위치 메트로 12호선 Lamarck-Caulaincourt역, 버스 40번
홈피 lamaisonrose-montmartre.com
요금 €€

메종 호제와 위트릴로가 그린 메종 호제

사크레쾨르 성당
Sacré-Coeur

파리시에서 가장 높은 곳에 세워진 로마-비잔틴 양식의 성당이다. 사크레쾨르 성당은 프랑스가 1871년 프랑스-프로이센 전쟁에서 패배하고 수많은 사상자를 남기자 국민들의 헌금을 모아 지은 성당이다. 1919년에 완공했다. 파리에서 가장 높은 지대에 자리하고 있어 성당 앞에서 보는 파리시의 모습이 한눈에 들어온다. 좀 더 트인 경관을 보고 싶다면 성당 돔으로 올라가면 되는데(계단 300개) 유료다. 성당 앞 양쪽에는 생루이Saint Louis와 잔 다르크Jeanne d'Arc의 기마상이 있다.

주소 35 Rue du Chevalier-de-la-Barre
전화 01 53 41 89 00
운영 **성당** 06:30~22:30(마지막 입장 22:15) **돔** 10:00~17:30(마지막 입장 17:00) 일요일 미사 07:00, 11:00, 18:00, 22:00
위치 메트로 2호선 Anvers역 또는 메트로 12호선 Abbesses역, 버스 40번
홈피 www.sacre-coeur-montmartre.com
요금 **성당** 무료 **돔** 16세 이상 €8, 4~15세 €5

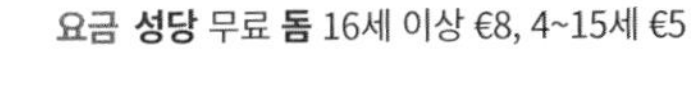

사크레쾨르 성당에서 바라보는 전경

테르트르 광장

테르트르 광장 Place du Tertre

몽마르트르의 활기를 가장 잘 느낄 수 있는 곳으로 1635년에 만들어졌다. 언제나 수많은 관광객들로 북적인다. 작은 광장에 오밀조밀 자리한 화가들은 그림을 그리면서 동시에 판매한다. 관광객들의 초상화나 크로키를 그리는 화가도 많은데 초상화는 성수기 · 비수기에 따라 €50~100 정도 한다. 길에서 흥정을 걸어오는 뜨내기 화가보다 자리가 있는 화가들에게 그림을 그리는 것이 좋다. 그렇지 않으면 바가지를 쓰거나 어설픈 그림 실력에 실망한다.

주소 Place du Tertre
위치 메트로 2호선 Anvers역 또는 메트로 12호선 Abbesses역, 버스 40번

에스파스 달리 Espace Dalí

살바도르 달리Salvador Dalí(1904~1989)의 미술관이다. 스페인에서 파리로 온 달리는 몽마르트르에서 살며 첫 번째 개인전을 준비했다. 당시 친구의 집에 머물렀는데 그의 아내와 사랑에 빠져 개인전 직전 도피 행각을 벌였다. 그 친구는 초현실주의 그룹의 선구자였던 폴 엘뤼아르Paul Éluard였고, 부인의 이름은 갈라Gala였다. 10살 연상이며 한 아이의 엄마이기도 했던 갈라는 죽을 때까지 행복하게 살았고, 달리의 영원한 뮤즈가 됐다. 미술관은 테르트르 광장 끝에서 언덕을 내려가는 계단 오른쪽 길에 자리하고 있다.

주소 11 Rue Poulbot
전화 01 42 64 40 10
운영 10:00~18:00(7·8월은 ~20:00)
위치 메트로 12호선 Abbesses역, 버스 40번
홈피 daliparis.com
요금 일반 €14, 8~25세 €10, 8세 미만 무료, 오디오 가이드 €3

피카소가 1900년에 살았던 집

피카소의 집 Masion Picasso

피카소가 1900년에 살았던 집이다. 문 앞에 피카소가 살았다는 팻말이 붙어 있다. 아파트는 현재 주민이 살고 있기 때문에 안으로 들어갈 수는 없다.

주소 49 Rue Gabrielle
위치 메트로 12호선 Abbesses역, 버스 40번

세탁선 Le Bateau Lavoir

바토 라부아르는 1890년부터 1900년대 초까지 마티스, 피카소 등의 화가들이 세 들어 살던 집이다. 저렴한 집세에도 돈을 구하지 못해 집주인을 피해 다녔다고 한다. 피카소는 이곳에서 〈아비뇽의 처녀들Les Demoiselles d'Avignon〉을 그려 큐비즘Cubisme의 시작을 알렸다. 안으로 들어가 볼 수는 없고 유리창을 통해 이곳에 살았던 예술가들의 흔적을 볼 수 있다.

주소 13 Place Emile Goudeou
위치 메트로 12호선 Abbesses역, 버스 40번

세탁선이 있는 에밀-구두 광장

바토 라부아르

성 야고보 몽마르트르 성당

성 야고보 몽마르트르 성당
Église Saint-Jean-de-Montmartre

1894년에 짓기 시작해 1904년에 완공된 아르누보 양식의 독특한 성당이다. 건축은 프랑스의 유명한 건축가인 아나톨 드 보도Anatole de Baudot가 맡고 실내 디자인은 피에르 로슈Pierre Roche가 했다.

주소 19 Rue des Abbesses
전화 01 46 06 43 96
위치 메트로 12호선 Abbesses역, 버스 40번
홈피 www.saintjeandemontmartre.com

사랑해 벽 Le Mur Des Je t'aime

몽마르트르에서 가장 낭만적인 장소를 말하자면 이곳을 꼽을 수 있다. 250개 세계 각국의 언어로 무려 350번이나 쓴 '사랑해'를 볼 수 있다. 물론 한국어도 있다. 작가는 몽마르트르에서 사랑과 평화의 의미를 되새기기 위해 작품을 설치했다고 한다.

주소 Square des Jehan Rictus
위치 메트로 12호선 Abbesses역, 버스 40번
홈피 www.lesjetaime.com

아베스역 Abbesses

엑토르 기마르Hector Guimard가 1912년에 만든 아르누보 양식의 아름다운 메트로다. 기마르가 만든 메트로 입구는 아베스역과 시청역Hôtel de Ville, 포르트 두핀Porte Dauphine역(메트로 2호선 종점)으로 파리에 세 곳이 남아 있다.

위치 메트로 12호선 Abbesses역, 버스 40번

ENOZ

몽마르트르 공동묘지
Cimetière de Montmartre

18세기 말에 조성된 공동묘지로 에밀 졸라의 가족묘(에밀 졸라는 이곳에 있다가 팡테옹으로 옮겨졌다), 드가, 하이네 등의 묘를 볼 수 있다. 규모가 크기 때문에 묘지 입구의 사무실에서 무료 지도를 받아 돌아다니는 것이 좋다. 또는 오른쪽 QR을 통해 PDF 지도를 다운받을 수 있다.

주소 20 Ave. Rachel
전화 01 53 42 36 30
운영 **11월 6일~3월 15일** 월~금 08:00~17:30, 토 08:30~17:30, 일·공휴일 09:00~17:30 **3월 16일~11월 5일** 월~금 08:00~18:00, 토 08:30~18:00, 일·공휴일 09:00~18:00
위치 메트로 2호선 Blanche역 또는 메트로 2·13호선 Place de Clichy역, 버스 30·54·74·80·95번
홈피 www.paris.fr/lieux/cimetiere-de-montmartre-5061
요금 무료

몽마르트르 공동묘지

드가의 묘

에밀 졸라의 묘

파리의 3대 공동묘지

파리에는 19개의 크고 작은 공동묘지가 있다. 이 중에 파리를 대표하는 3대 공동묘지로 페르 라셰즈, 몽마르트르, 그리고 몽파르나스 공동묘지가 있다. 각 묘지에는 유명한 철학자, 문학가, 음악가, 화가 등이 잠들어 있는데 여름 성수기 시즌에는 이들을 찾는 여행자들로 공동묘지가 북적인다. 복잡한 공동묘지에서 유명인들의 묘지를 찾기란 굉장히 힘들다. 묘지 정문에서 무료로 배포하는 묘지 지도를 받아 움직이거나 아래 QR을 통해 지도를 다운받자.

페르 라셰즈 공동묘지

1804년에 조성한 공동묘지로 세계에서 가장 크다. 이곳의 인기 묘지(?)로는 오스카 와일드, 에디트 피아프, 쇼팽, 모딜리아니, 알퐁스 도데, 이사도라 덩컨, 마리아 칼라스, 짐 모리슨 등이 있다.

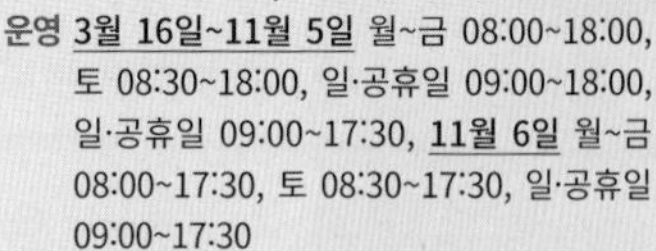

주소 16 Rue du Repos
운영 3월 16일~11월 5일 월~금 08:00~18:00, 토 08:30~18:00, 일·공휴일 09:00~18:00, 일·공휴일 09:00~17:30, 11월 6일 월~금 08:00~17:30, 토 08:30~17:30, 일·공휴일 09:00~17:30
위치 메트로 2·3호선 Père Lachaise역, 버스 61·69·71번
홈피 pere-lachaise.com

에디트 피아프의 묘

오스카 와일드의 묘

짐 모리슨의 묘

몽파르나스 공동묘지

1824년에 조성된 공동묘지로 이곳에는 사르트르와 보부아르, 드레퓌스, 모파상 등이 잠들어 있다.

주소 3 Bd Edgar Quinet
운영 3월 16일~11월 5일 월~금 08:00~18:00, 토 08:30~18:00, 일·공휴일 09:00~18:00, 일·공휴일 09:00~17:30, 11월 6일 월~금 08:00~17:30, 토 08:30~17:30, 일·공휴일 09:00~17:30
위치 메트로 6호선 Edgar Quinet역, 버스 68번
홈피 www.paris.fr/lieux/cimetiere-du-montparnasse-4082

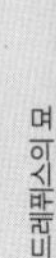

몽파르나스 공동묘지

드레퓌스의 묘

라 타베른 데 몽마르트르
La Taverne de Montmartre

선술집 분위기가 물씬 풍기는 몽마르트르의 식당이다. 프랑스에서 즐겨먹는 겨울 음식인 라클렛Raclette(불판에 야채와 고기, 감자 등을 구워 녹인 치즈와 함께 먹는 음식)과 감자와 치즈가 듬뿍 들어간 타티플레Tartiflette 메뉴를 많이 먹는다. 점심 코스 메뉴도 €20~30선으로 저렴하고 양이 많은 편이다.

주소 25 Rue Gabrielle
전화 07 64 44 47 39
운영 월·화 12:00~14:00, 18:00~22:30,
수 11:00~15:00, 18:00~20:00,
목~일 12:00~14:00, 18:00~22:00
위치 버스 40번
요금 €€

몽마르트르는 바게트의 명가

몽마르트르는 '파리시 최고의 바게트Grand Prix de la Baguette de la Ville de Paris' 대회에서 최우수상 가게가 가장 많이 나온 지역이다. 2000년부터 현재까지 몽마르트르가 있는 18구에 최우수상 수상 빵집만 6곳이 나왔다. 최우수 빵집이라고 가격이 비싼 것이 아니다. €1가 조금 넘는, 그야말로 서민들의 보통 빵집이다. 몽마르트르에 숙소를 정했다면 아침 일찍 일어나 파리지앵처럼 세수도 안 한 부스스한 차림으로 바게트와 크루아상을 사보는 것도 좋은 추억으로 남을 것이다.

그르니에 아 팽 Grenier à Pain
(2015 · 2010년 최우수상)

몽마르트르 본점
주소 38 Rue des Abbesses
전화 01 46 06 41 81
운영 월·목~일 07:00~20:00
위치 메트로 1·2호선 Abbesses역

Caulaincourt 지점
주소 127 Rue Caulaincourt
전화 01 42 62 30 98
운영 월~수, 금~일 07:30~20:00
위치 버스 40·80번

팽 팽 Pain Pain
(2012년 우수상)

주소 88 Rue des Martyrs
전화 01 42 23 62 81
운영 화~일 07:30~19:30
위치 메트로 1·2호선 Abbesses역
홈피 www.pain-pain.fr

오 르뱅 당탕 Au Levain d'Antan
(2011년 최우수상)

주소 6 Rue des Abbesses
전화 01 42 64 97 83
운영 월 07:00~20:30,
화~금 07:00~20:00
위치 메트로 12호선 Abbesses역

아르누 델몽텔
Arnaud Delmontel (2007년 최우수상)

몽마르트르 본점
주소 39 Rue des Martyrs
전화 01 48 78 29 33
운영 07:00~20:30
위치 메트로 12호선 Saint-Georges역, 2·12호선 Pigalle역
홈피 arnaud-delmontel.com

Damrémont 지점
주소 57 rue Damrémont
전화 01 42 64 59 63
운영 화~일 07:00~20:00
위치 메트로 Lamarck - Caulaincourt역, 버스 95번

라 본 프랑케트 La Bonne Franquette

몽마르트르에서 가장 오래되고 높은 길에 자리한 유서 깊은 식당이다. 건물 자체는 400년 이상 되었고 식당은 1890년에 오픈했다. 반 고흐, 피카소, 드가, 세잔, 로트레크, 르누아르, 모네, 졸라 등의 예술가들이 자주 찾았다. 과거의 이름은 'Aux Billards en Bois'다.

주소 18 Rue Saint Rustique
전화 01 42 52 02 42
운영 12:00~14:30, 19:00~22:00
위치 버스 40번
홈피 www.labonnefranquette.com
요금 €€

르 콩술라 Le Consulat

라 본 프랑케트와 함께 예술가들이 즐겨 찾은 식당이다. 1909년에 생겼다. 피카소, 로트레크, 반 고흐 등이 식당을 찾았다. 작지만 항상 사람들로 붐비는 곳이다.

주소 18 Rue Norvins
전화 01 46 06 50 63
운영 월~금 12:00~19:00, 토·일 12:00~22:30
위치 버스 40번
요금 €€

르 풀보 Le Poulbot

풀보 거리의 작은 레스토랑으로 프랑스 가정식을 판다. 비싸지 않은 메뉴와 맛으로 한국인에게 인기 있는 곳. 협소하기 때문에 미리 예약하고 가는 것이 좋다. 전채+본식+디저트 메뉴는 €32. 추천할 만한 본식 메뉴는 오리 콩피Confit de Canard다.

주소 3 Rue Poulbot
전화 01 42 23 32 07
운영 12:00~14:30, 18:30~22:30
위치 버스 40번
요금 €€
홈피 lepoulbot.com

5 현대적인 파리, 시청에서 레알까지

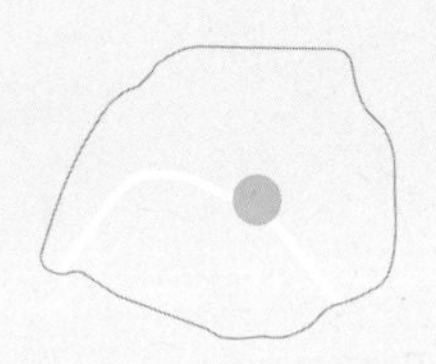

오텔 드 빌Hôtel de Ville은 호텔로 생각하기 쉽지만 시청이란 뜻이다. 시청 앞 광장은 여름이면 모래사장이 펼쳐지고, 겨울에는 스케이트장이 열리는 낭만적인 곳이다. 아름다운 파리 시청과 프랑스의 대표적인 현대 건축물 퐁피두 센터, 그리고 복합쇼핑몰 웨스트필드 포럼 데 알을 돌아보도록 하자.

Best Route

시청에서 레알까지의 도보 거리는 겨우 1km! 이 루트에서 주요 건축물만 볼 것이라면 다른 장의 루트와 함께 묶어보면 좋다. 그러나 퐁피두 광장에서 거리 공연을 구경하거나, 여느 파리지앵들처럼 바닥에 앉아 일광욕을 즐기고, 또 내부로 들어가 전시실과 서점, 현대 미술관을 꼼꼼히 돌아본 후 레알에서 쇼핑 시간을 갖는다면 하루가 너끈히 가버린다. 짧지만 동시에 긴 루트가 되는 것이다.

TIP 웨스트필드 포럼 데 알의 영업이 끝난 이후에는 우범지대로 돌변하니 밤에는 사람이 많은 큰길로 다니는 것이 안전하다.

Map of
Hôtel de Ville & Les Halles

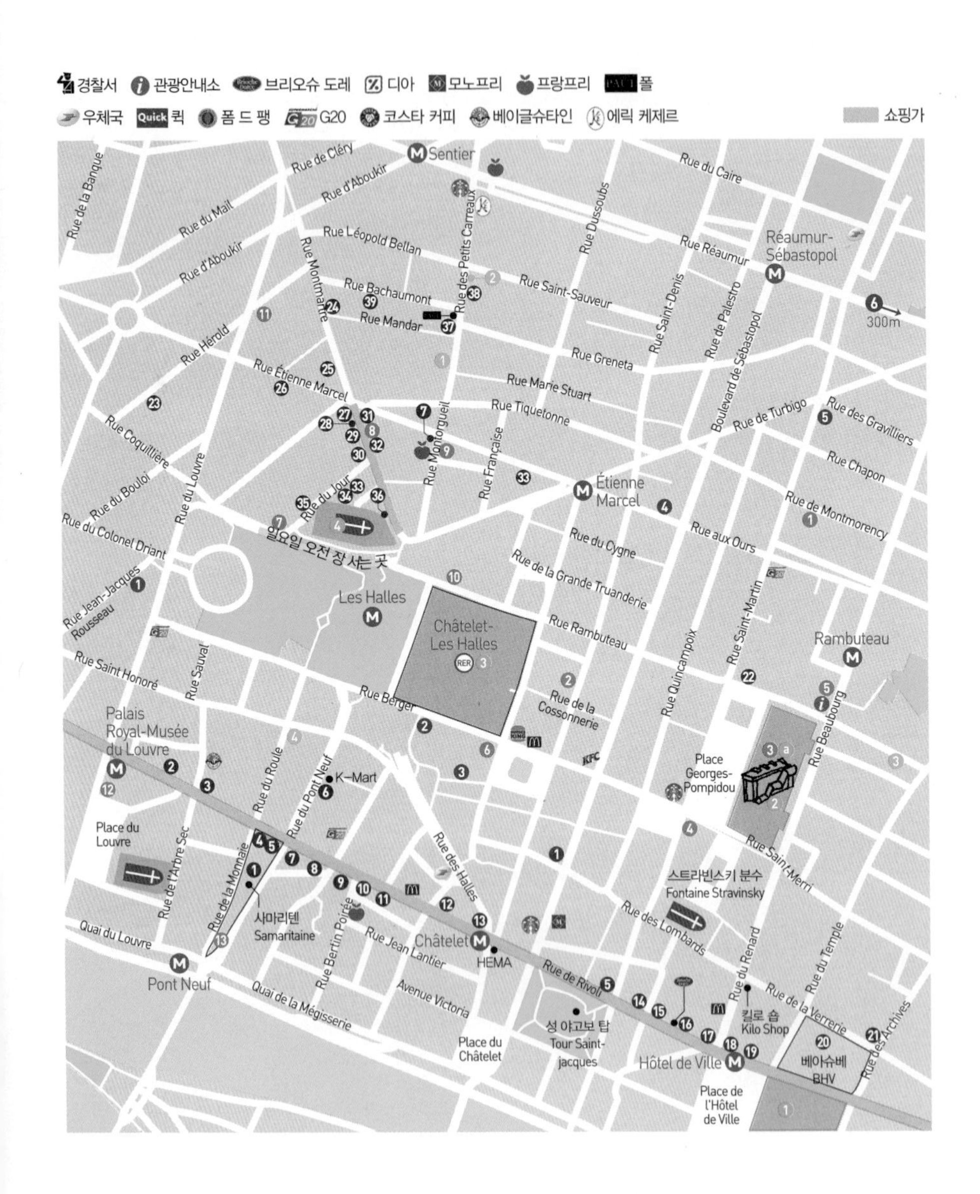

관광명소

① 시청 Hôtel de Ville
② 퐁피두 센터 Centre Georges Pompidou
ⓐ 국립 현대 미술관 Musee National d'Art Moderne
③ 웨스트필드 포럼 데 알 Westfield Forum des Halles
④ 성 유스타스 성당 Église Saint-Eustache

레스토랑 · 카페

① 니콜라스 플라멜의 집 Auberge Nicolas Flamel
② 로스 브라더스 Los Brothers
③ 레스토랑 조르주 Restaurant Georges
④ 카페 보부르 Café Beaubourg
⑤ 플런치 Flunch
⑥ 파이브 가이즈 Five Guys
⑦ 오 피에 드 코숑 Au Pied de Cochon
⑧ 콩투아 데 라 가스트로노미 Comptoir de la Gastronomie
⑨ 레스카르고 몽토르고이 L'Escargot Montorgueil
⑩ 레온 드 브뤼셀 Léon de Bruxelles
⑪ 블렌드 햄버거 구르메 Blend Hamburger Gourmet
⑫ 르 퓌무아 Le Fumoir
⑬ 공 Kong

디저트 · 베이커리

① 스토레 Stohrer
② 그롬 GROM
③ 베흐코 Berko
④ 불랑주리 장-노엘 줄리앙 Boulangerie Jean-Noël Julien

쇼핑

❶ 사마리텐 Samaritaine(백화점)
❷ 어반 아웃피터즈 Urban Outfitters
❸ 이케아 데코레이션 IKEA Decoration
❹ 세포라 Sephora
❺ 자라 ZARA
❻ 필론 Pylones
❼ 유니클로 Uniqlo
❽ 콩투아 데 코토니에 Comptoir des Cotonnier
❾ 버쉬카 Bershka
❿ 나프나프 Naf Naf
⓫ 레이반 Ray-Ban
⓬ 프로모드 Promod
⓭ 이브 로쉐 Yves Rocher
⓮ 록시땅 L'Occitane
⓯ 망고 Mango
⓰ 에탐 Etam Lingerie
⓱ 러쉬 LUSH
⓲ 제옥스 GEOX
⓳ 더 바디 샵 The Body Shop
⓴ 베아슈베 BHV(Bazar de l'Hotel de Ville점)
㉑ 뱅 앤 올룹슨 Bang & Olufsen
㉒ 르로아 멜랑 Leroy Merlin
㉓ 레클레뢰르 L'Eclaireur(Hérold 지점)
㉔ 코스 COS
㉕ 앤 아더 스토리즈 & Other Stories
㉖ 보컨셉 BoConcept
㉗ 디젤 Diesel
㉘ 마쥬 Maje
㉙ 모라 Mora
㉚ 쟈딕 앤 볼테르 Zadig & Voltaire
㉛ 티오시 TOC
㉜ 프티 바토 Petit Bateau
㉝ 바쉬 Ba & Sh
㉞ 아그네스 비 Agnès b.
㉟ 라 드로그리 La Droguerie
㊱ 르꼬끄 스포르티프 Le Coq Sportif
㊲ 니콜라스 Nicolas(와인전문점)
㊳ 마리아주 프레르 Mariage Frères
㊴ 루즈 Rouje

숙소

❶ 유스호스텔 BVJ(Louvre 지점)
❷ 노보텔 Novotel(Les Halles점)
❸ 아파트호텔 시타딘 Citadines Prestige(Les Halles점)
❹ 아파트먼트 두 마레 Apartments du Marais
❺ 파리 플로르 민박 Paris Flore Homestay(한인숙소)
❻ 파리 제이민박 Paris Marais Picasso Guesthouse(한인숙소)

즐길거리

❶ 뒤크 데 롬바르 Duc des Lombards(재즈바)

생 퇴스타슈 성당

시청 Hôtel de Ville

로베르 두아노Robert Doisneau의 〈시청 앞에서의 키스Baiser de l'Hôtel de Ville〉 배경으로 나온 파리 시청이다. 현재의 시청은 기존에 전소된 건물을 1882년 네오 르네상스 스타일로 다시 건축한 것이다. 여름의 '파리 플라주Paris plages' 축제 기간에는 시청 앞 광장에 모래사장이 깔리고, 겨울에는 스케이트장이 열린다. 건물에 중앙 관광 안내소가 있다.

주소 Place de l'Hôtel de Ville
전화 01 42 76 40 40
운영 10:00~19:00 **휴무** 토·일
위치 메트로 1·11호선 Hôtel de Ville역, 버스 67·72·75·76·96번
홈피 www.paris.fr

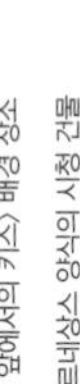

〈시청 앞에서의 키스〉 배경 장소

겨울에는 스케이트장이 열린다.

네오 르네상스 양식의 시청 건물

more more &

파리 플라주 Paris plages

파리시는 매년 7월부터 한 달 반 동안 파리 플라주Paris plages라는 도심 속 휴양지를 만든다. 시청 앞 광장과 센 강변 곳곳에 모래가 깔리고 선탠용 의자가 놓인다. 미니 수영장, 볼링장, 암벽등반, 댄스홀 등 다양한 레포츠 장소도 만들어진다. 또, 밤이면 다양한 음악과 함께 길거리 파티가 열리기도 한다. 이 기간 동안 파리에 머문다면 센 강 주변을 거닐어보자.

※ 2024년은 파리 올림픽 행사 관계로 열리지 않는다.

퐁피두 센터 Centre Georges Pompidou

퐁피두 전 대통령은 파리시에 현대 프랑스 문화를 담당할 수 있는 건축물을 짓고자 했다. 퐁피두 센터는 퐁피두 대통령의 그런 소망이 담긴 건물이다. 1977년 퐁피두 센터가 완공될 당시, 에펠탑의 논란만큼은 아니더라도 커다란 반향을 일으켰다. 일반적으로 보이지 않게 처리하는 부분을 외부로 과감히 드러낸, 실험적인 건축디자인 때문이다. 노란색은 전기, 빨간색은 엘리베이터, 파란색은 공기, 녹색은 물과 관련된 것으로 이탈리아 건축가 렌조 피아노Renzo Piano와 영국 건축가인 리차드 로저스Richard Rogers가 설계했다. 건물 안에는 도서관, 국립 현대 미술관, 상설전시관, 영화관, 서점, 카페가 있다. 들어갈 때는 간단한 짐 검사를 한다.

주소 Place Georges Pompidou
전화 01 44 78 12 33
운영 11:00~21:00(12월 24·31일은 19:00까지)
휴무 화요일, 5월 1일
위치 메트로 11호선 Rambuteau역, 메트로 1·11호선 Hôtel de Ville역, 버스 29·38·47·75번
홈피 www.centrepompidou.fr
요금 무료, 각종 기획전시실 유료

레스토랑 조르주 Restaurant Georges

퐁피두 센터 6층에 위치한 식당으로 에펠탑이 보이는 풍경, 현대 건축가들이 꾸민 독특한 인테리어로 유명하다. 식당의 전망은 낮보다 밤이 더 아름답고, 식사는 맛 대비 가격대가 높다. 식사보다는 와인이나 음료를 추천한다. 레스토랑은 퐁피두 센터 정문으로 들어가지 말고 입구 근처의 에스컬레이터를 타고 올라가면 된다.

주소 6F Place Georges Pompidou
전화 01 44 78 47 99
운영 월·수~일 12:00~02:00
위치 메트로 11호선 Rambuteau역, 버스 29·38·47·75번
홈피 restaurantgeorgesparis.com
요금 €€€

실내

실외

퐁피두 센터와 주변 풍경

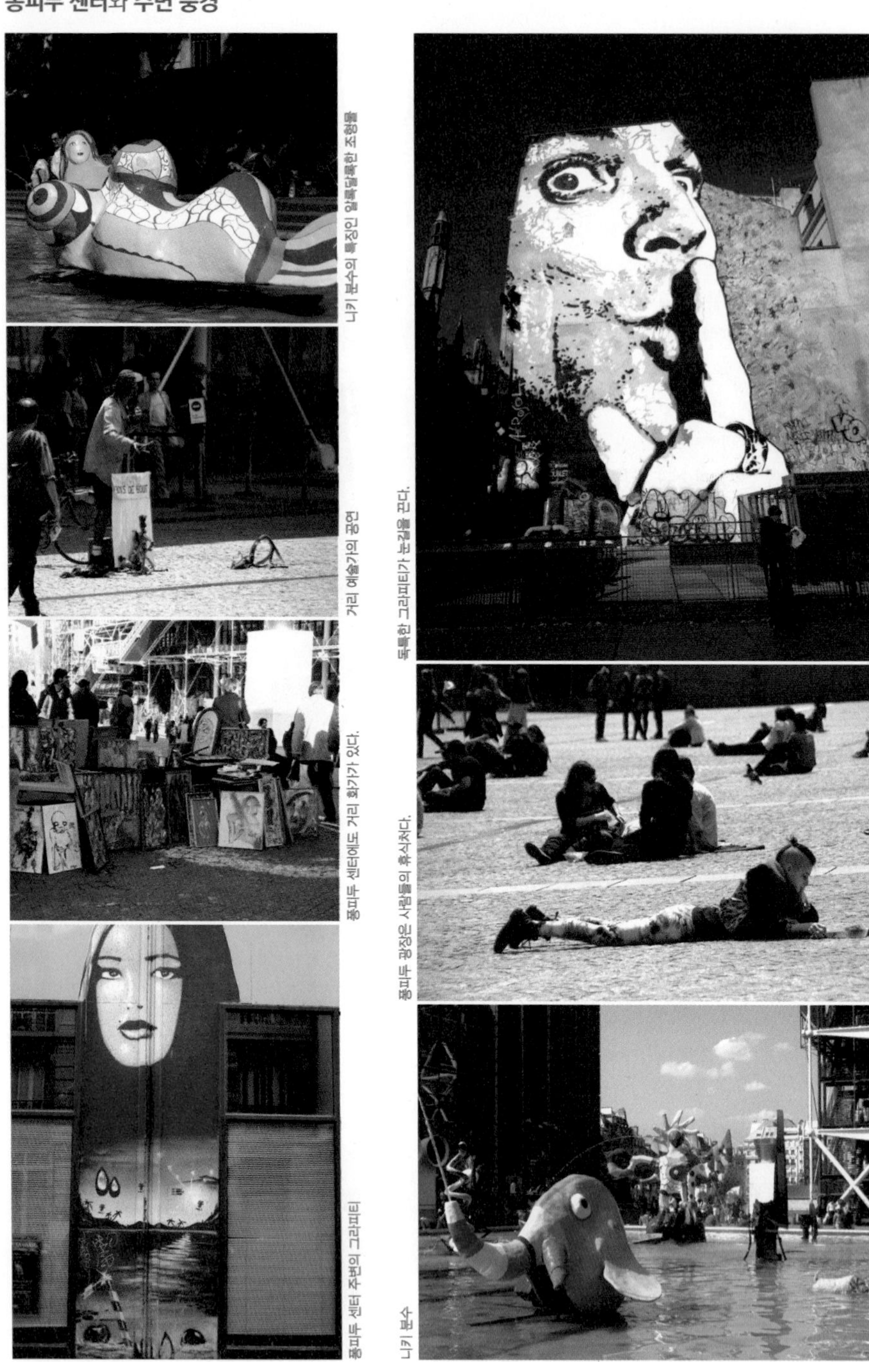

니키 분수의 특징인 알록달록한 조형물

거리 예술가의 공연

퐁피두 센터에도 거리 화가가 있다.

퐁피두 센터 주변의 그라피티

독특한 그라피티가 눈길을 끈다.

퐁피두 광장은 사람들의 휴식처다.

니키 분수

국립 현대 미술관

Musée National d'Art Moderne

20세기 현대 미술을 감상하고 싶다면 이곳으로 가면 된다. 퐁피두 센터 내에 있고, 다른 미술관보다 늦은 시간까지 운영하기 때문에 저녁 일정으로 잡으면 좋다. 다양한 기획전시가 열리며 상설전시관까지 함께 묶어 저렴하게 관람이 가능하다. 큐비즘, 포비즘, 추상주의, 초현실주의 작품이 전시되어 있다. 주요 작가로는 칸딘스키, 마티스, 피카소, 몬드리안 등이 있다. 미술관에서 바라보는 에펠탑의 전망도 최고다.

주소 Place Georges Pompidou
전화 01 44 78 12 33
운영 월·수~일 11:00~21:00(목요일 ~23:00), 12월 24·31일 ~19:00 **휴무** 화요일, 5월 1일
위치 메트로 11호선 Rambuteau역, 메트로 1·11호선 Hôtel de Ville역, 버스 29·38·47·75번
홈피 www.centrepompidou.fr
요금 일반 €15~18, 18~25세 €12~15, 18세 미만 무료
*무료입장 매월 첫째 주 일요일

마티스 〈폴리네시아, 바다〉

웨스트필드 포럼 데 알

Westfield Forum des Halles

레알Les Halles은 12세기 말부터 파리의 중앙 재래시장이었던 곳이다. 우리나라의 남대문 시장을 생각하면 된다. 현대적인 쇼핑몰이 들어선 것은 1970년대 세계에서 가장 넓은 지하철Châtelet-Les-Halles역이 완공된 이후다. 영화관, 식당과 카페, 120여 개의 각종 의류 브랜드와 스포츠용품 등을 총망라한 쇼핑의 천국이다. 비 오는 날 실내 쇼핑을 즐기기엔 최적의 장소다.

주소 101 Porte Berger
전화 01 44 76 96 56
운영 10:00~20:30
위치 RER A·B·D Châtelet-Les Halles역, 메트로 4호선 Les Halles역, 메트로 1·4·7·11·14호선 Châtelet역, 버스 38·47·67·74·85번
홈피 www.westfield.com/france/forumdeshalles

콩투아 데 라 가스트로노미
Comptoir de la Gastronomie

쇼핑

1894년부터 운영해온 고급 식료품 전문점으로 캐비아, 푸아그라, 트리플, 올리브, 꿀, 와인 등을 판다. 동시에 레스토랑을 운영하는데 최상급 재료로 음식을 만들기 때문에 레스토랑의 인기도 대단하다. 식사와 동시에 쇼핑도 겸할 수 있는 곳으로 추천한다.

주소 34 Rue Montmartre
전화 01 42 33 31 32
운영 월 09:00~19:00, 화~토 09:00~20:00
레스토랑 화~토 12:00~22:30
위치 RER A·B·D Châtelet-Les Halles역, 메트로 4호선 Les Halles역, 메트로 1·4·7·11·14호선 Châtelet역, 버스 29번
홈피 comptoirdelagastronomie.com
요금 €€€

카페 보부르 Café Beaubourg

퐁피두 센터 바로 옆에 위치한 카페로 전망이 좋다. 프랑스를 대표하는 건축가 중 하나인 크리스티앙 드 포잠박Christian de Portzamparc이 실내디자인을 맡아 1987년에 문을 열었다. 재미난 디자인의 테라스 의자와 실내 인테리어는 현대 건축물 퐁피두와도 잘 어울린다. 퐁피두 센터가 잘 보이는 2층 좌석도 있다.

주소 43 Rue St-Merri
전화 01 48 87 63 96
운영 08:00~01:00
위치 메트로 11호선 Rambuteau역, 버스 29·38·75번
홈피 cafebeaubourg.com
요금 €€

카페 보부르의 입술모양 의자

오 피에 드 코숑
Au Pied de Cochon

프랑스식 족발 요리가 궁금하다면 이곳을 방문하면 된다. 1947년부터 같은 자리에서 족발 요리를 만들어왔다. 대표 메뉴는 양파수프Soupe à l'oignon Gratinée와 돼지족발과 감자튀김Le Fameux Pied de Cochon Grillé, Sauce Béarnaise, Pommes Frites이다.

주소 6 Rue Coquillière
전화 01 40 13 77 00
운영 08:00~11:00, 11:30~05:00
위치 메트로 4호선 Les Halles역
홈피 www.pieddecochon.com
요금 €€

레스카르고 몽토르고이
L'Escargot Montorgueil

1832년부터 운영해온 달팽이 요리 전문점이다. 간판부터 실내 인테리어와 식기까지 모두 달팽이 그림이 그려져 있다. 달팽이 요리는 전채 메뉴로 6개, 12개 등으로 선택하고 본식을 주문하면 된다.

주소 38 Rue Montorgueil
전화 01 42 36 83 51
운영 12:00~24:00
위치 메트로 4호선 Les Halles역
홈피 escargotmontorgueil.com
요금 €€€

스토레 Stohrer

파리에서 가장 오래된 빵집이다. 1730년에 문을 열어 파리 시민들과 엘리자베스 여왕까지 반하게 만든 디저트 제과점이다. 스토레의 대표 디저트는 바바Baba로 럼주를 넣어 만든 커스터드 케이크Baba au Rhum와 초콜릿 에클레어Éclairs au Chocolat인데, 에클레어를 추천한다.

주소 51 Rue Montorgueil
전화 01 42 33 38 20
운영 08:00~20:30(일요일 ~20:00)
위치 메트로 4호선 Les Halles역, Étienne Marcel역
홈피 www.stohrer.fr
요금 €

바바(Baba), 우리 입맛에는 그리 맞지 않다.

로스 브라더스 Los Brothers

양이 많고 저렴해 많은 사람들이 찾는 케밥 전문점이다. 간단하게 한 끼를 해결하고 싶거나, 저렴하게 배불리 한 끼를 맛있게 먹기에 좋은 곳이다. 포장도 가능하다.
케밥, 펠라펠, 햄버거, 랩 등 선택의 폭도 넓고 사진으로 음식을 고를 수 있어 편리하다.

주소 73 Rue Saint-Denis
전화 01 53 40 85 56
운영 월~목 11:30~01:30, 금 11:30~24:00,
토 12:30~14:00, 11:30~24:00,
일 11:30~06:30
요금 €

니콜라스 플라멜의 집
Auberge Nicolas Flamel

연금술사 니콜라스 플라멜이 1407년에 세운 집으로, 파리에서 가장 오래된 집이다. 독실한 가톨릭 신자였던 니콜라스 플라멜은 이 집을 지어 가난하거나 집 없는 사람들에게 쉼터를 제공했다. 현재는 식당으로 운영되는데 전식+본식+후식이 제공되는 점심메뉴Menu Déjeuner가 €78로 음식도 훌륭하다. 미슐랭에서 별 하나를 받았다.

주소 51 Rue de Montmorency
전화 01 42 71 77 78
운영 월~금 12:15~13:30, 19:15~21:00
휴무 토·일
위치 메트로 11호선 Rambuteau역 또는 Arts et Métiers역, 버스 29·38·75번
홈피 auberge.nicolas-flamel.fr
요금 €€

파리에서 가장 오래된 집

음식도 굉장히 맛있다.

more more &

니콜라스 플라멜 니콜라스 플라멜Nicolas Flamel(1330~1418)은 『해리포터와 마법사의 돌』 편에 마법사로 등장하기도 했던 실존 인물이다. 낯선 사람에게 받은 『유대인 아브라함의 책』을 오랫동안 해독했는데, 이 책을 기반으로 평생 동안 연금술을 연구했다. 그의 기록에 의하면 1382년 4월 25일에 수은을 이용해 금을 만들었다. 연금술서를 여러 권 저술했으며 독실한 가톨릭 신자로 헌신하면서 살았다. 14개의 병원과 3개의 예배당, 7개의 성당과 집을 지었다. 그의 묘비는 클뤼니 미술관(중세 박물관)Musée de Cluny에 전시되어 있다.

불랑주리 장 노엘 줄리앙
Boulangerie Jean-Noël Julien

'파리시 최고의 바게트' 대회가 처음 열린 1995년 최우수상을 수상한 빵집이다. 이후에도 1997 · 2002 · 2003년 10위 안에 랭크됐다. 이 외에 다른 경연대회에서 크루아상과 초콜릿 빵 부분에서도 수상했다. 파리 9구에 한 개 지점(1 Rue de Provence, 월~금 06:45~20:00, 토 07:00~20:00) 이 더 있다.

주소 75 Rue Saint Honoré
전화 01 42 36 24 83
운영 월~토 07:00~20:00 **휴무** 일요일
위치 RER A·B·D Châtelet-Les Halles역, 메트로 4호선 Les Halles역
요금 €

공 Kong

미국 드라마 〈섹스 앤 더 시티Sex and the City〉의 마지막 에피소드에 등장했던 장소다. 0층부터 4층은 겐조에서 사용하고 있고, 5층은 칵테일 바, 6층이 레스토랑이다. 천장과 사방이 유리로 되어 있어 멋진 전망을 자랑한다. 인테리어는 산업디자인계를 대표하는 필립 스탁Philippe Starck(1949~)이 맡았다. 투명 의자에 일본 화장을 한 여성들의 얼굴이 넣어져 있는데 일본 풍이다. 'Kong'은 '공간(公刊)'의 公에서 가져온 것이다. 식사보다 시테 섬의 전망을 바라보며 마시는 음료를 추천한다.

주소 1 Rue du Pont Neuf
전화 01 40 39 09 00
운영 **레스토랑** 월~목 12:00~18:00, 19:00~23:45, 금·토 12:00~18:00, 19:00~01:00, 일 브런치 12:00~17:00 **칵테일 바** 18:00~02:00
위치 메트로 7호선 Pont Neuf역
홈피 www.kong.fr
요금 €€€

바쉬 스톡 Ba & Sh Stock

한국인들에게 인기 있는 프랑스 브랜드 바쉬의 창고매장이다. 바쉬는 심플하면서 여성스러움을 강조한 브랜드다. 바쉬라는 이름은 창업자인 바바라Barbara와 샤론Sharon의 앞 글자를 따서 만든 것이다. 스톡 매장이라고 해서 크지 않고 시즌이 지난 제품을 세일한다.

주소 10 Rue du Jour
전화 01 40 26 42 20
운영 월~토 10:30~19:30
위치 RER A·B·D선 Châtelet-Les Halles역, 메트로 4호선 Les Halles역
홈피 ba-sh.com

앤 아더 스토리즈 & Other Stories

스웨덴의 SPA 브랜드로 스파용품 외에도 디퓨저, 코스메틱, 핸드 솝과 로션, 옷과 액세서리까지 다양한 제품을 판매한다. 특히 가방과 옷, 코스메틱이 인기가 많다. 파리에 2개의 매장이 있다.

주소 35 Rue Montmartre
전화 01 76 74 72 80
운영 월~토 10:00~20:00
위치 RER A·B·D선 Châtelet-Les Halles역, 메트로 4호선 Les Halles역, 메트로 1·4·7·11·14호선 Châtelet역
홈피 www.stories.com

© 김은호

& other Stories

© 김은호

벤시몽 Bensimon Addicted to Love

마레 지구의 벤시몽 매장보다는 작지만 북적이지 않아 느긋하게 매장을 둘러보기 좋다.
매장이 있는 주변이 쇼핑 아웃렛 거리다.

주소 20 Rue des Pyramides
전화 01 40 20 09 62
운영 월~토 11:00~19:00, 일 13:00~19:00
위치 메트로 5호선 Jacques Bonsergent역
홈피 www.bensimon.com

라 드로그리 La Droguerie

국내 뜨개질 마니아라면 꼭 방문해야 하는 상점이다. 라 드로그리La Droguerie는 '잡화점'이라는 뜻으로 1975년부터 운영하고 있다. 다양한 색상과 소재의 뜨개실, 단추, 리본 등 뜨개질 관련 제품을 판다. 그램당으로 팔기도 하기 때문에 원하는 만큼 살 수 있다. 일본에도 매장을 론칭했다.

주소 9-11 Rue du Jour
전화 01 45 08 93 27
운영 월~토 10:00~19:00 **휴무** 일요일
홈피 www.ladroguerie.com

보컨셉 BoConcept

덴마크의 인테리어 브랜드로 북유럽 스타일의 실용성을 추구한다. 고급스럽되 구매자의 취향에 최적화한 제품을 만드는 것이 특징이다. 60여 개국에 250개 매장을 가지고 있으며 우리나라에도 2015년에 론칭했다. 파리에는 5개의 매장이 있는데 Étienne Marcel역 점이 가장 접근하기 편하다. 북유럽 스타일의 가구를 둘러보고 싶다면 추천한다.

주소 43 bis Rue Étienne Marcel
전화 01 76 21 85 80
운영 월~토 10:00~19:30, 일 11:00~19:00
위치 메트로 4호선 Étienne Marcel역·Les Halles역
홈피 www.boconcept.com

모라 Mora

1814년부터 4대째 운영하고 있는 주방용품 전문점이다. 조리도구와 베이킹에 관심이 많은 사람이라면 이곳만큼 흥미로운 장소도 없다.

주소 13 Rue Montmartre
전화 01 45 08 19 24
운영 월~금 09:45~18:30, 토 10:00~18:30
휴무 일요일
위치 RER A·B·D선 Châtelet-Les Halles역, 메트로 4호선 Les Halles역, 메트로 1·4·7·11·14호선 Châtelet역 또는 메트로 4호선 Étienne Marcel역, 버스 29번
홈피 www.mora.fr

티오시 TOC

모라와 함께 유명한 주방용품 전문점이었던 라 보비다 La Bovida를 티오시가 인수해 운영하고 있다. 3층 건물에 3,000여 개 이상의 주방제품을 만나볼 수 있다. 요리를 좋아하거나 프랑스 주방기구에 관심이 있다면 방문해보자.

주소 36 Rue Montmartre
전화 01 42 36 09 99
운영 월~금 09:30~19:00, 토 10:00~19:00
휴무 일요일
위치 메트로 4호선 Les Halles역, Étienne Marcel역, RER A·B·D선 Châtelet-Les Halles역
홈피 www.toc.fr

베아슈베 BHV (Bazar de l'Hotel de Ville)

프랑스의 DIY 용품들을 한자리에서 만날 수 있는 백화점이다. 1층은 다른 백화점처럼 의류와 잡화 매장으로 꾸며져 있고 지하에 셀프 인테리어를 위한 DIY용품이 총망라되어 있다. 위층으로 올라가면 커튼, 패브릭, 가구, 소품 등 인테리어용품과 생활 · 주방용품, 화구, 어린이용품까지 다양하게 구비되어 있다. 국내에서는 볼 수 없는 프랑스 감성 가득한 특색 있는 제품들을 구입할 수 있어 추천하고픈 백화점이다. 추천할 만한 기념품은 숫자 타일, 프랑스 길 표지, 열쇠고리, 문고리 등 작은 소품으로 국내에서 구하기 힘들고 집안 분위기를 프랑스풍으로 꾸밀 수 있어 좋다. 셀프 인테리어를 즐기는 사람이라면 베아슈베에서 시간 가는 줄 모를 것이다.

주소 52 Rue de Rivoli
전화 09 77 40 14 00
운영 월~토 10:00~20:00, 일 11:00~19:00
위치 메트로 1호선 Hôtel de Ville역, 메트로 1·11호선 Hotel de Ville역, 버스 67·75·76·96번
홈피 www.bhv.fr

프랑스 길 이름이 담긴 열쇠고리

BHV 정문. 파리 시청 근처다.

르로아 멜랑 Leroy Merlin

집 짓기, 정원 꾸미기, 인테리어 등 집과 관련된 모든 DIY용품을 판매하는 체인점이다. 퐁피두 센터 바로 옆에 있으니 관심이 있다면 이곳도 방문해보자.

주소 139 Ave. Daumesnil
전화 01 44 87 58 58
운영 월~토 09:00~20:00, 일 10:00~20:00
위치 메트로 8호선 Montgallet역
홈피 www.leroymerlin.fr

6 프랑스 고대부터 현대까지, 루브르 박물관 주변

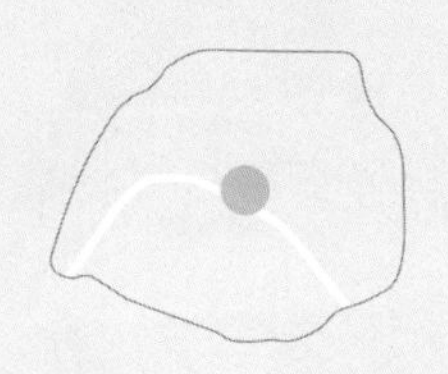

파리는 세계 최고 수준의 미술작품을 소장한 도시다.
파리의 대표적인 미술관은 총 세 곳으로 시기별로 구분되어 있다.
고대에서 19세기까지의 작품은 루브르 박물관에서, 19세기에서
20세기 초의 작품은 오르세 미술관에서, 현대 미술은 퐁피두 센터의
국립 현대 미술관을 통해 만날 수 있다. 이들 미술관 · 박물관을
관람한 뒤에는 뮤지컬 〈오페라의 유령〉의 배경이 된
오페라와 그 주변을 돌아보자.

Best Route

오르세 미술관과 루브르 박물관에서 오페라까지의 거리는 멀지 않지만 미술작품을 몇 시간 동안 감상했다면 이야기가 달라진다. 지친 몸과 머리를 식혀줄 시원한 아이스커피나 달콤한 핫 초콜릿 한 잔으로 잠시 쉬어가는 것은 어떨까? 그 이후엔 오페라를 둘러보고 즐거운 쇼핑 시간을 갖는 루트다. 오페라까지는 다양한 루트가 존재한다. ❶ 체력이 바닥이라면 가장 빠른 1.3km를 택한다. ❷ 추천 루트는 루브르에서 튈르리 정원을 돌아보고 초콜릿과 전통 있는 식료품점이 모여 있는 마들렌 사원을 거쳐 오페라로 향하는 루트(2km)와 ❸ 오르세 미술관에서 튈르리 정원을 거쳐 마들렌 사원, 오페라로 가는 루트(2.5km)다. ❹ 튈르리 정원에서 방돔 광장을 거쳐 오페라로 가는 2km 거리의 루트도 있다.

TIP 루브르 박물관과 오페라 사이는 한국과 일본 음식점이 밀집해 있다. 일식은 주로 우동 전문 식당이 많고 한식은 다채롭다. 한식이 그립다면 박물관 관람 후 저녁 식사를 추천한다.

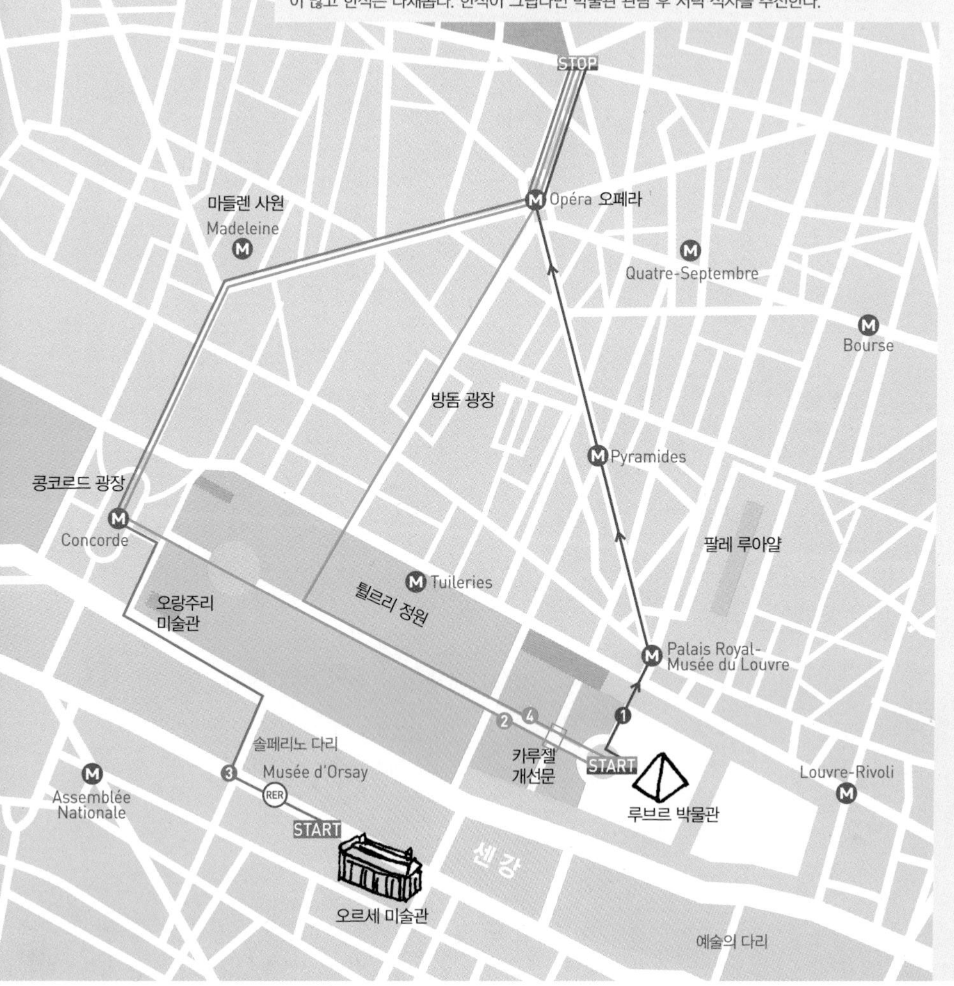

Map of
Around Musée du Louvre

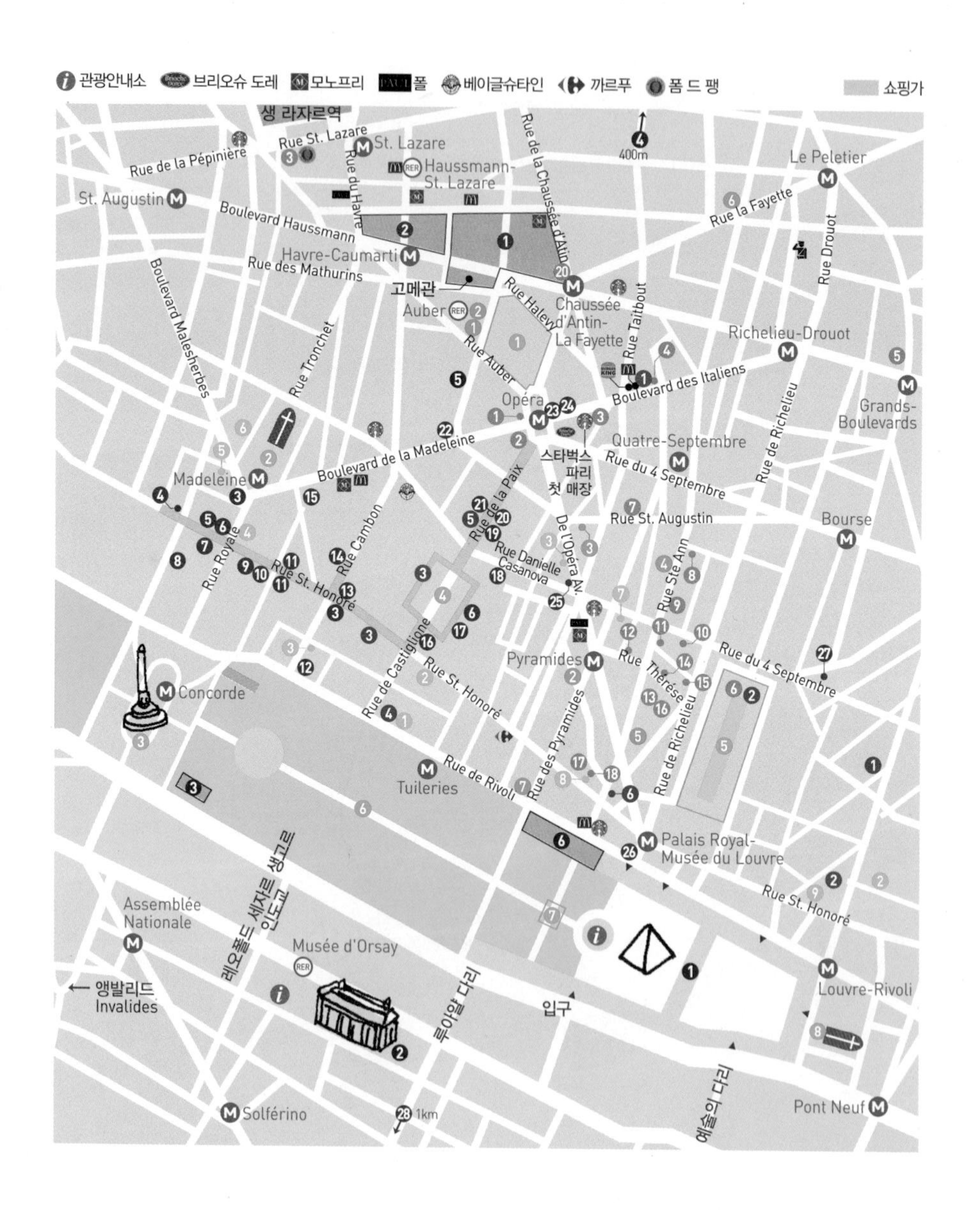

미술관 · 박물관

❶ 루브르 박물관 Musée du Louvre
❷ 오르세 미술관 Musée d'Orsay
❸ 오랑주리 미술관 Musée de l'Orangerie
❹ 구스타브 모로 국립 박물관 Musée National Gustave Moreau
❺ 프라고나르 향수 박물관 Musée de la Parfumerie Fragonard
❻ 파리 장식 미술관 Musée des Arts Décoratifs

관광명소

① 오페라 Palais Garnier Opéra
② 마들렌 사원 Église de la Madeleine
③ 콩코르드 광장 Place de la Concorde
④ 방돔 광장 Place Vendôme
⑤ 팔레 루아얄 Palais Royal
⑥ 튈르리 정원 Jardin des Tuileries
⑦ 생 제르맹 록세루아 교회 Église-Saint-Germain-l'Auxerrois
⑧ 카루젤 개선문 l'Arc de Triomphe du Carrousel
⑨ 생 제르맹 록세루아 교회 Église-Saint-Germain-l'Auxerrois

레스토랑 · 카페

① 카페 데 라 페 Café de la Paix
② 파이브 가이즈 Five Guys
③ 이포포타무스 Hippopotamus
④ 레옹 드 브뤼셀 Leon de Bruxelles
⑤ 샤르티에 Chartier
⑥ 르 그랑 베푸르 Le Grand Véfour
⑦ 긴타로 Kintaro
⑧ 항아리 Hangari(한식당)
⑨ 귀빈 Guibine(한식당)
⑩ 도깨비 Dokkebi(한식당)
⑪ 히구마 Higuma
⑫ 온 더 밥 On the Bab(한식당)
⑬ 태동관 Chikoja(중식당)
⑭ 잔치 JanTchi(한식당)
⑮ 쿠니토라야 Kunitoraya
⑯ 포14 Pho 14
⑰ 사누키야 Sanukiya
⑱ 태동관 Restaurant Chikoja(한 · 중식당)
⑲ 비스트로 미 Bistrot Mee(한식당)
⑳ 토르투가 Tortuga

미슐랭 맛집

❶ 케이 Kei ★★★
❷ 팔레 로얄 레스토랑 Palais Royal Restaurant ★★
❸ 수르 메주 파르 티에리 막스 Sur Mesure par Thierry Marx ★★
❹ 르 모리스 알랭 뒤카스 Le Meurice Alain Ducasse ★★
❺ 피르 장 프랑수아 루케트 Pur'-Jean-François Rouquette ★
❻ 젠 Zen

디저트 · 베이커리

① 앙젤리나 Angelina
② 장 폴 에방 Jean-Paul Hevin
③ 피에르 에르메 Pierre Hermé
④ 라뒤레 La Durée(본점)
⑤ 파트릭 호제 Patrick Roger
⑥ 포숑 Fauchon(본점)
⑦ 더 앨리 The Alley(버블티)
⑧ 카페 베를레 Café Verlet
⑨ 타르틴 앤 코 루브르 Tartine & Co Louvre

쇼핑

❶ 갤러리 라파예트 Galeries Lafayette
❷ 프렝탕 Printemps
❸ 크리스찬 디올 Christian Dior
❹ 에르메스 Hermès
❺ 프라다 Prada
❻ 구찌 Gucci
❼ 몽클레르 Moncler
❽ 레클레뢰르 L'Eclaireur
❾ 앤 아더 스토리즈 & Other Stories
❿ 발렌티노 Valentino
⓫ 롱샴 Longchamp
⓬ 쟈딕 앤 볼테르 Zadig & Voltaire
⓭ 버버리 Burberry
⓮ 샤넬 Chanel
⓯ 이케아 시티 IKEA City
⓰ 루이비통 Louis Vuitton
⓱ 쇼메 Chaumet
⓲ 니나스 Nina's
⓳ 티파니 앤 코 Tiffany & Co.
⓴ 롤렉스 OLEX
㉑ 까르띠에 Cartier
㉒ 몽블랑 Montblanc
㉓ 란셀 Lancel
㉔ 망고 Mango
㉕ 쿠스미 티 Kusmi Tea
㉖ 벤룩스 Benlux
㉗ 다만 프레르 Dammann Frères
㉘ 르봉 마르셰 Le Bon Marché

숙소

❶ 런던 호텔 London Hotel
❷ 유스호스텔 BVJ(Louvre점)
❸ 리츠 호텔 Hôtel Ritz

기타

① 루아시 공항버스 타는 곳 Roissy Bus
② 빅 버스 투어 타는 곳 Big Bus Tour
③ 에이스마트 Ace Mart(아시아 마트)
④ 에이스마트 Ace Mart(아시아 마트)
⑤ 케이마트 K-Mart(아시아 마트)
⑥ 대한항공 Korean Air
⑦ 파리 시티 비전 Paris city Vision(여행사)

루브르 박물관

Musée du Louvre

밤의 유리 피라미드

세계 최대 규모의 박물관으로 49만여 점 이상의 작품을 소장하고 있다. 이집트와 오리엔트 등의 고대에서 19세기까지의 회화와 조각 작품이 전시되어 있다. 하이라이트로는 레오나르도 다빈치의 〈모나리자〉와 밀로의 〈비너스〉, 〈니케상〉 등의 그리스 로마 조각상, 회화로는 루벤스, 뒤러, 베르메르, 렘브란트, 앵그르 등의 작품이 있다.

루브르 박물관은 12세기 말 요새에서 궁으로 탈바꿈한 뒤 여러 번의 증축과정을 거쳐 나폴레옹 3세 때 오늘날의 모습을 갖췄다. 미술관으로 사용된 것은 1793년부터다. 출입구로 사용하는 루브르 광장의 유리 피라미드는 미테랑 대통령의 '그랑 루브르 프로젝트' 이후 프랑스혁명 200주년 기념으로 1989년에 세워진 것이다.

주소 Rue de Rivoli
전화 01 40 20 50 50
운영 월·수·목·토·일 09:00~18:00,
금 09:00~21:45(마지막 티켓 판매는 1시간 전)
휴무 화요일, 1월 1일, 5월 1일, 12월 25일

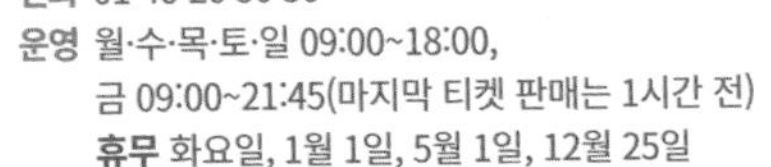

위치 메트로 1·7호선 Palais Royal-Musée du Louvre역, 버스 21·27·39·67·68·69·72·74·85·95번, 바토 뷔스, 오픈투어버스(루브르 박물관의 입구는 네 곳으로, 입장권을 예매했다면 지하철에서 연결된 루브르 박물관의 카루젤 입구가 빠르며 센 강 쪽 포트 데 리옹 입구(금요일 폐관), 리슐리외(단체 전용) 입구가 있다. 현장 구매자는 피라미드 입구로 가야 한다. 주출입구로 대기 시간이 길다.

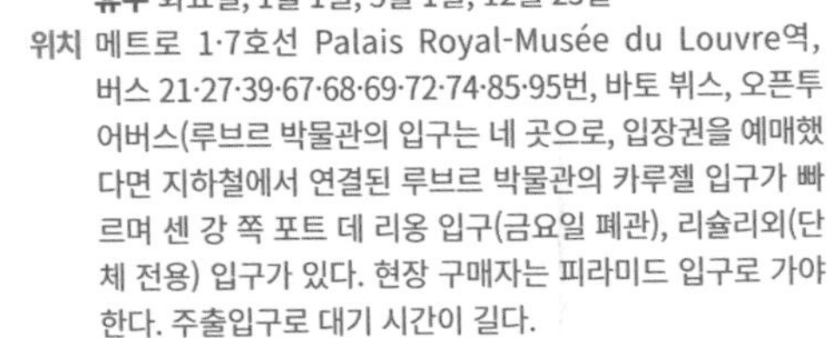

홈피 www.louvre.fr
요금 **상설전시관·기획전시관** 일반 €22, 18세 미만 무료(여권 지참), 한국어 오디오 가이드 €6(여권 지참) *무료입장 7월 14일 프랑스혁명 기념일, 7·8월을 제외한 매월 첫번째 금요일 18:00 이후
※혜택 루브르 박물관 티켓 소지 시 당일 외젠 들라크루아 국립박물관 무료입장

들라크루아 국립 박물관 Musée National Eugène Delacroix
주소 6 Rue de Fürstenberg
전화 01 44 41 86 50
운영 월·수~일 09:30~17:30(매월 첫째 주 목요일 ~21:00)
휴무 화요일, 1월 1일, 5월 1일, 12월 1·25일
위치 메트로 4호선 Saint-Germain-des-Prés역
요금 상설전시관 입장료 €9, 18세 미만 무료,
*무료입장 매월 첫 번째 일요일, 7월 14일
※ 리노베이션으로 2024년 3월 20일부터 운영한다.

Tip!

루브르 박물관 · 오르세 미술관 관람

1. 세계 최대의 미술관과 박물관을 둘러보기 위해서는 편한 신발이 필수다. 되도록 편한 신을 신고 가자.
2. 가이드북 등의 무거운 짐이 있거나 겨울철에 두꺼운 외투를 입고 갔다면 무료 짐 보관소Clock Room에 짐을 맡기도록 하자.
3. ⓘ에서 한글로 된 지도를 받는다. 지도에는 주요 작품의 사진과 위치가 잘 표시되어 있다. 자신이 보고 싶은 작품을 중심으로 대략의 동선을 고민한 뒤에 움직이는 것이 좋다. 시간이 없는 여행자들은 보고 싶은 작품만 선택해 루트를 짜면 된다.
4. 그림을 제대로 감상하고 싶다면, €6를 내고 한국어 오디오 가이드를 빌리자. 예술은 아는 만큼 보인다(여권 필요).
5. 관내의 카페를 이용하자. 지친 몸과 마음에 휴식을 준다. 특히 오르세 미술관 5층의 카페는 독특하고 아름답다.
6. 대부분은 사진 및 동영상 촬영이 가능하나 몇몇 전시실은 불가능하다. 촬영금지 표시가 있거나 No Flash 표시가 있으면 규칙을 준수하자. 세계적인 예술품을 지키는 관람객의 예의다.
7. 성수기 입장권 구입을 위해 줄 서는데 1~2시간을 허비하고 싶지 않다면 인터넷을 통해 반드시 예매하자.
8. 혼잡한 날의 소지품 주의는 필수! 소매치기가 많다.
9. 파리 테러 여파로 55cm×35cm×20cm 이상의 짐은 루브르 박물관뿐만 아니라 모든 관광지에서 반입이 불가능하다.
10. 뮤지엄패스 소지자는 홈페이지에서 시간 예약하고 가면 대기 시간 없이 입장할 수 있다. 오디오 가이드도 사전 구매를 하면 줄을 서지 않아도 된다.

지하 1층 Entresol

과거 중세 루브르의 해자 유적과 고대 이전의 그리스, 지중해 오리엔탈 미술, 7~19세기 이슬람 미술, 11~15세기 스페인, 12~16세기 북유럽, 11~15세기 이탈리아 미술을 만날 수 있다.

1층 0 Étage

5~19세기 프랑스, 메소포타미아, 고대 이란, 중동, 고대 그리스와 로마, 에트루리아, 아프리카, 아시아, 오세아니아, 아메리카 미술이 있다. 이 중 하이라이트는 고대 그리스와 로마관이다. 미켈란젤로의 조각과 밀로의 〈비너스〉, 2층으로 올라가는 계단의 사모트라케의 〈니케상〉을 놓치지 말자.

미켈란젤로의 〈노예〉.
많은 사람들이 에로틱한 모습으로 오해하는데 밧줄에 묶여 괴로워하는 노예를 조각한 것이다.

2층 1 Étage

프랑스의 중세시대부터 근세까지의 미술작품과 그리스의 도자기와 테라코타, 보석 등과 영국, 스페인, 이탈리아, 그리고 19세기 프랑스 미술을 만날 수 있다. 이 층의 하이라이트는 루브르의 하이라이트이기도 한 〈모나리자〉다. 드농관Denon 711번 전시실에 있다.

3층 2 Étage

쉴리관Sully에는 14~18세기 프랑스 미술작품이, 리슐리외관Richelieu에는 15~16세기 독일과 네덜란드, 17세기 플랑드르와 네덜란드 회화가 전시되어 있다. 플랑드르와 네덜란드 회화는 네덜란드 박물관이 최고지만 베르메르와 뒤러, 피터 브뤼겔의 작품 몇 점이 있으니 놓치지 말자.

❶ 〈진주귀고리 소녀〉로 잘 알려진 요하네스 베르메르Johannes Vermeer(1632~1675)의 작품이다. 베르메르는 델프트에서 태어나 평생을 산 화가로 38개의 작품 수, 섬세하고 부드러운 그림체, 집 안의 일상을 주로 그렸다. 〈레이스 짜는 여인〉과 〈천문학자〉 작품 두 점이 루브르에 있다.

❷ 16세기 플랑드르의 최고의 화가 중 한 명으로 손꼽히는 피터 브뢰헬Pieter Bruegel(1525~1569)의 〈거지들〉이다. 루브르에 있는 단 하나의 피터 브뢰헬의 그림이다. 불구인 다섯 명의 거지들이 붉은 담으로 둘러싸인 병원 마당에서 노래를 하고 있다. 이들은 각각 특별한 모자를 쓰고 있는데 등 뒤를 돌린 사람부터 시계방향으로 베레모는 부르주아, 보넷은 농민, 종이왕관은 왕, 군인, 그리고 사제를 나타낸다. 그림 뒤에는 프랑드르어로 '용기, 불구의, 안녕하세요. 당신의 사업이 발전하길 빕니다.'라는 문구가 쓰여 있다. 이 작품에서 피터 브뢰헬이 어떤 내용을 담은 것인지에 대한 정설은 아직 없다.

Tip

루브르 박물관은 중정을 둔 쉴리관을 중심으로 북쪽에 리슐리외관, 남쪽에 드농관이 좁은 날개를 펼친 형태로('ㄷ' 형태) 두 날개는 피라미드를 중심으로 마주보고 있다. 박물관으로 들어간 후 ⓘ가 있는 나폴레옹 홀에서 입구가 세 곳으로 나누어지니 자신이 보고 싶은 첫 번째 유물이 있는 관을 선택해 들어가면 된다.
과거에는 당일 입장권으로 재입장이 가능했으나 이제는 한 번 나가면 다시 들어갈 수 없다. 또한 2024년 입장료가 30%이상 오른 만큼 충분히 보고 나오는 것을 추천한다. 메트로와 연결되는 카루젤Carrousel(역 피라미드 주변)은 계단으로 튈르리 정원이, 에스컬레이터로 오페라 방향과 연결된다. 카루젤에는 맥도날드, 스타벅스, 푸드코트, 라 뒤레 등의 매장, 프렝탕 백화점, 유료 화장실(€1.5), 환전소가 있으며 무료 Wifi 가능.
운영 월·수·목·토·일 10:00~19:00,
화 11:00~18:00, 금 10:00~20:00

프렝탕 백화점

푸드코트

<천문학자>

<레이스 짜는 여인>

<거지들>

1
2
3
4 5

1. 방탄유리벽 안의 〈모나리자〉. 안타깝게도 여러 번의 훼손사건으로 일본이 기증한 튼튼한 방탄유리벽에 넣어졌다. 〈모나리자〉는 레오나르도 다빈치Leonardo Da Vinci(1452~1519)의 작품으로 정확한 이름은 〈프란체스코 델 지오콘도의 아내 리사 제라르디니의 초상Portrait de Lisa Gherardini, épouse de Francesco del Giocondo〉이다.

2. 작자미상의 퐁텐블로 학파의 작품인 〈가브리엘 데스트레 자매 초상화〉(1594). 오른쪽의 여성은 가브리엘 데스트레로 앙리 4세의 정부였다. 그녀는 왼손에 반지를 쥐고 있는데 곧 결혼을 앞두고 있다는 의미다. 옆의 자매가 그녀의 젖꼭지를 만지는 것은 다산을 기원하는 의미다. 뒤편의 여성은 아기의 옷을 짓고 있다. 앞으로의 행복을 암시하는 그림이지만 가브리엘은 결혼식을 사흘 앞두고 임신 5개월인 아기를 사산하고 죽고 만다.

3. 〈모나리자〉에 대한 인기는 단연 루브르 박물관에서 최고다. 애석하게도 가까이에서 〈모나리자〉를 볼 수 없다.

4. 피터 폴 루벤스Peter Paul Rubens(1577~1640)는 플랑드르의 대표적인 화가이면서 동시에 외교관이었다. 프랑스 앙리 4세의 두 번째 아내인 마리 드 메디시스Marie de Médicis(1573~1642)는 뤽상부르 궁전을 장식할 그림을 루벤스에게 의뢰했는데 그 주제는 '마리 드 메디시스의 일생'이었다. 루벤스의 방에는 이를 그린 24 연작이 전시되어 있다.

5. 마리 드 메디시스는 피렌체의 메디치가 출신으로 24 연작의 그림에 자신의 탄생과 교육, 앙리 4세와의 만남, 프랑스에 도착, 대관식, 루이 13세의 탄생 등의 장면을 그리게 했다. 그림의 특징은 그리스 신화의 주인공처럼 묘사했는데 이는 당시 절대 왕정의 힘을 잘 표현해주고 있다. 24 연작 중 대표작은 〈마르세유에 도착하는 마리 드 메디시스Le Débarquement de Marie de Médicis au Port de Marseille〉로 프랑스 왕과 정략결혼을 위해 마르세유 항에 내리는 장면이다. 마리 드 메디시스는 앙리 4세가 암살된 이후 섭정을 맡게 되는데, 후에 아들인 루이 13세와 겨루다 정권이 루이 13세에게 장악되자 블루아로 추방되었다.

메디시스 갤러리(la Galerie Médicis), 일명 '루벤스의 방'

〈마르세유에 도착하는 마리 드 메디시스〉(1600)

3
1 4
2 5

1. 사모트라케의 승리의 여신 〈니케Nike〉. 뱃머리를 장식했던 석상으로 BC 90년경에 만들어졌다.
2. 장 오귀스트 도미니크 앵그르Jean-Auguste-Dominique Ingres(1780~1867)의 〈목욕하는 여인〉. 앵그르는 프랑스 고전주의를 대표하는 화가로, 여성 누드화를 주로 그렸다. 앵그르는 그간 그려온 누드화를 집대성한 작품으로 〈터키탕〉(1862)을 남겼다. 〈터키탕〉은 할렘의 여성들을 묘사한 작품으로 당시 오스만 제국의 할렘에 마음을 빼앗겼던 앵그르의 상상 속 할렘을 표현하고 있다. 실제 할렘은 남자들의 출입이 제한된 여인들의 일상생활의 공간이다.
3. 안토니오 카노바Antonio Canova(1757~1822)의 〈큐피드의 키스로 살아난 프시케〉.
4. 17세기 프랑스 화가인 조르주 드 라 투르Georges de La Tour(1593~1652)의 〈사기꾼〉.
5. 완벽한 몸매로 칭송받는 〈아프로디테(밀로의 비너스)〉, 헬레니즘 예술의 정수를 볼 수 있다. BC 2년 후반으로 추정.

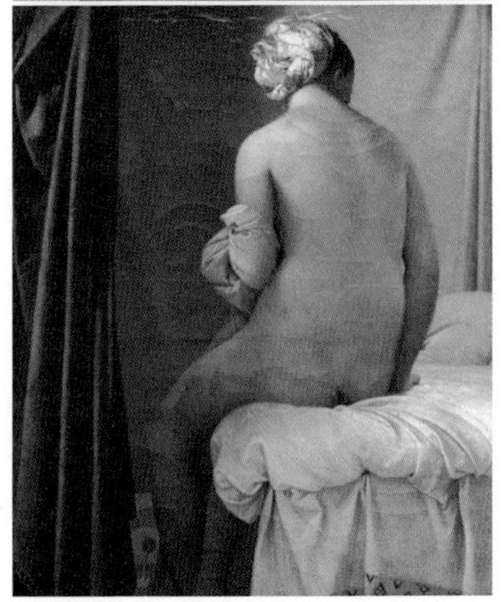

오르세 미술관 Musée d'Orsay

19세기 중반부터 1914년까지의 서양 미술작품들이 전시되어 있다. 우리들에게 친숙한 밀레, 반 고흐, 르누아르, 세잔, 드가, 마네, 클림트, 뭉크, 로댕, 카미유 클로델 등의 작품을 감상할 수 있다. 오르세 미술관은 기존의 기차역을 미술관으로 개조한 것이다. 5층에 위치한 카페 캄파나Café Campana의 시계는 사진 명소로 유명해 줄을 설 정도니 꼭 방문해보자. 2층에 위치한 레스토랑의 코스메뉴도 €31 정도로 합리적이다.

주소 1 Rue de la Légion d'Honneur
전화 01 40 49 48 14
운영 09:30~18:00(마지막 티켓 판매는 17:00), 목 09:30~21:45(마지막 티켓 판매는 21:00)
휴무 월요일, 5월 1일, 12월 25일
위치 메트로 12호선 Solférino역, RER C선 Musée d'Orsay역, 버스 63·68·69·73·83·84·87·94번
홈피 www.musee-orsay.fr
요금 일반 €14(온라인 예매 시 €16), 18~25세·16:30 이후 입장(목요일은 18:00 이후) €10(온라인 예매 시 €12), 18세 미만 무료, 한국어 오디오 가이드 대여 €6
통합티켓 오르세 미술관+로댕 미술관Musée Rodin €24, 오르세 미술관+파리 장식 미술관Musée des Arts Décoratifs €26
*무료입장 매월 첫째 주 일요일

오르세에서 바라본 몽마르트르

항상 북적이는 고흐의 작품 앞

에드가 드가의 〈14세 어린 무용수〉(1865~1881)

미술관 내부

구스타브 모로의 <이아손과 메데이아> (1865)

<오르페우스)(1865)

1. 오귀스트 르누아르Auguste Renoir(1841~1919)의 〈도시의 춤〉과 〈시골의 춤〉.
2. 알렉상드르 카바넬Alexandre Cabanel(1823~1889)의 〈비너스의 탄생〉(1863). 1863년 살롱전에서 1등을 수상했다. 당시 부와 명예를 동시에 누렸던 사실주의 작가로 나폴레옹 3세의 총애를 받았다.
3. 에두아르 마네Édouard Manet(1832~1883)의 〈풀밭 위의 점심〉(1863). 〈비너스의 탄생〉과 같은 해에 살롱전에 출품했으나 낙선했다. 알렉상드르 카바넬의 미에 대한 묘사와는 달리 현실의 직설을 표현했다. 그림에서 옷을 벗은 여인은 빅로린 무랑으로 창녀이며 바로 옆의 남자는 처남, 오른쪽의 남자는 마네의 동생이다. 사람들은 벗은 여인의 이상화시키지 않은 현실적인 몸, 정면으로 바라보는 시선을 불쾌하게 생각했다. 사회적 논란을 겪은 마네의 작품은 인상주의에 많은 영향을 줬다.
4. 에두아르 마네의 〈올랭피아〉(1863). 당시 유행하던 소설의 주인공인 창녀 올랭피아를 그린 것이다. 1865년 살롱전에서 입선했다.
5. 구스타브 카유보트Gustave Caillebotte(1848~1894)의 〈대패질하는 사람들〉(1875). 1875년 살롱전에 출품했다가 상스러운 그림이라고 혹평을 받았다. 그도 그럴 것이 최초의 도시 노동자들을 그린 작품 중 하나이기 때문이다. 밀레의 〈이삭줍기〉와 같은 농민들을 소재로 한 작품들은 있었지만 도시 노동자들의 모습을 그린 작품은 없었다. 카유보트는 이 작품으로 다시 1976년 인상주의자들의 그룹전에 참여했다. 상류층으로 많은 유산을 물려받았던 카유보트는 평생 독신으로 살며 인상주의 화가들을 경제적으로 지원하고 전시회를 주관하는 동시에 인상주의 화가들의 작품을 수집했다.

1

2

3

4
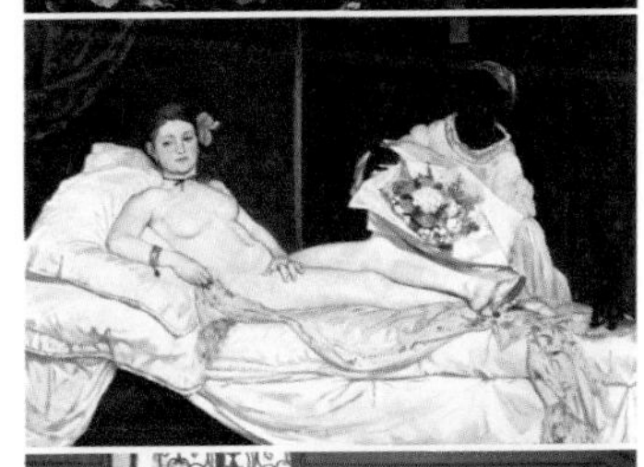
5

파리 뮤지엄패스 Paris Museum Pass

파리와 근교의 50개 이상의 미술관과 박물관을 이용할 수 있는 패스다. 무엇보다 긴 줄을 설 필요 없이 빠른 입장이 가능한 것이 매력적이다. 유일하게 예약이 필요한 루브르 박물관을 제외하고 오르세 미술관, 개선문, 노트르담 종탑, 팡테옹, 로댕 미술관, 생 샤펠과 콩시에르주리, 현대 미술관, 베르사유 궁전과 퐁텐블로 성 등 거의 모든 박물관이 포함된다. 박물관의 운영시간은 대체로 10:00~18:00이고 루브르와 베르사유 궁전과 같은 큰 곳은 소요시간이 많이 걸리기 때문에 패스 비용을 뽑으려면 저녁까지 문을 여는 날을 참고해 동선을 짜는 것이 효일적이다. 패스의 유효기간은 사용 시작으로부터 2일권(48시간), 4일권(96시간), 6일권(144시간)이다.

홈피 www.parismuseumpass.fr
요금 2일권 €62, 4일권 €77, 6일권 €92 *홈페이지에서 구입 후 메트로 7·14호선 Pyramides역 근처 빅 버스Big Bus(주소: 11 Ave. de l'Opéra)에서 픽업하면 된다.

파리 패스 Paris Pass

파리 뮤지엄패스에 관광명소 입장료를 결합한 패스다.

홈피 parispass.com
요금 2일권 18세 이상 €179, 2~17세 €84, 3일권 18세 이상 €214, 2~17세 €109 4일권 18세 이상 €254, 2~17세 €129, 6일권 18세 이상 €299, 2~17세 €139

원하는 대로 추천! 미술관

오랑주리 미술관 Musée de l'Orangerie

모네의 그림을 좋아한다면 오랑주리 미술관 관람은 필수. 이곳에는 세계에서 가장 아름답게 전시된 모네의 수련을 볼 수 있다. 모네는 1914~1918년 사이에 그린 수련 연작을 프랑스에 기증했는데 사망 후 모네의 그림을 모아 이곳에 전시하고 있다. 르누아르, 세잔, 피카소, 마티즈, 모딜리아니의 그림도 함께 볼 수 있다. 여유가 된다면 모네의 집과 정원이 있는 파리 근교의 지베르니도 방문해보자(p.222 참고).

주소 Jardin des Tuileries
전화 01 44 50 43 00
운영 월·수~일 09:00~18:00(마지막 입장 17:15)
휴무 화요일, 5월 1일, 7월 14일 오전, 12월 25일 오전만
위치 메트로 1·8·12호선 Concorde역,
버스 42·45·52·73·84·94번
홈피 www.musee-orangerie.fr
요금 일반 €12.5, 18세 미만 무료, 오디오 가이드 €5(한국어),
*무료입장 매월 첫째 주 일요일

오랑주리 미술관 외관

세계에서 가장 아름답게 전시된 모네의 〈수련〉

구스타브 모로 국립 미술관 Musée National Gustave-Moreau

구스타브 모로는 프랑스를 대표하는 상징주의 화가로 주로 그리스 신화를 주제로 한 그림을 그렸다. 미술관이 있는 건물은 모로의 부모가 물려준 것으로 모로가 숨을 거둘 때까지 살았던 집이다. 오르세 미술관에 전시된 모로의 주요 작품과 함께 보면 좋다. 주요 작품으로는 제우스와 세멜레의 신화를 주제로 한 〈오르페우스〉와 살로메 앞에 죽은 요한의 환영이 나타난 장면을 그린 〈환영〉이 있다.

주소 14 Rue Catherine de La Rochefoucauld
전화 01 48 74 38 50
운영 월·수~일 10:00~18:00(마지막 입장 17:00)
휴무 화요일, 1월 1일, 5월 1일, 12월 25일
위치 메트로 1호선 Trinité역, 버스 26·32·43·67·68·74·81번
홈피 www.musee-moreau.fr
요금 일반 €7, 18세 미만 무료
*무료입장 매월 첫째 주 일요일
*장자크 에네르 국립박물관 Musée National Jean-Jacques Henner **통합티켓** €9

구스타브 모로 국립 미술관 내부

로댕 미술관 정원

로댕의 〈생각하는 사람〉

로댕 미술관 Musée Rodin

로댕 미술관으로 사용되는 비롱 저택Hôtel Biron은 원래 정부 소유의 건물로, 1905년부터 예술가들을 위해 임대했던 곳이다. 로댕은 이 저택이 매우 마음에 들어 사후에 자기 작품을 모두 기부하고 미술관을 만드는 조건으로 1917년 숨을 거둘 때까지 살았다. 카미유 클로델, 르누아르, 모네, 반 고흐 등의 작품을 볼 수 있고 정원에는 〈지옥의 문〉, 〈칼레의 시민〉, 〈생각하는 사람〉 등의 작품이 전시되어 있다.

주소 77 Rue de Varenne
전화 01 44 18 61 10
운영 10:00~18:30(마지막 입장 17:45, 12월 24·31일은 ~17:30, 11월 이후 겨울 시즌 조각 정원은 해 질 무렵 폐장) **휴무** 월요일, 1월 1일, 5월 1일, 12월 25일
위치 메트로 13호선 Varenne, Invalides역, RER C선 Invalides역, 버스 69·82·87·92번
홈피 www.musee-rodin.fr
요금 일반 €14, 18세 미만 무료, 오디오 가이드(영어) €6
*무료입장 10~3월 매월 첫째 주 일요일
*오르세 미술관+로댕 미술관 **통합티켓**(3개월 유효) €25

칼레의 시민

로댕의 〈신의 손, 연인〉

피카소 국립 미술관

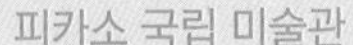

Musée National Picasso (p.198 참고)

빅토르 위고의 집

Maison de Victor Hugo (p.198 참고)

카루젤 개선문
l'Arc de Triomphe du Carrousel

나폴레옹이 오스트리아와 러시아 제국 연합군과의 오스테를리츠 전투(1805년)에서 승리한 것을 기념하기 위해 만든 개선문이다. 개선문은 AD 312년에 세워진 로마의 콘스탄티누스 개선문을 모델로 1806~1808년에 만들었다. 루브르 박물관에서 튈르리 정원으로 들어가는 입구다. 루브르-카루젤 개선문-콩코르드 광장-개선문-신개선문과 모두 일직선상에 위치해 있는데 이는 미테랑 전 대통령이 말한 '역사의 축Axe Historique'으로 과거에서 현재를 이어가고 있다.

튈르리 정원 Jardins des Tuileries

튈르리 궁전과 정원이 있던 곳으로 1871년 파리코뮌 때 전소해 사라지고 정원만 남았다. 튈르리 궁은 앙리 2세의 미망인인 카트린 드 메디시스Catherine de Médicis가 1564년부터 만든 것으로 파리에서 가장 오래되고 크다. 정원은 베르사유 궁전의 조경을 담당했던 르 노트르가 설계했다. 루브르 박물관에서 콩코르드 광장 사이에 있으며 카루젤 개선문이 입구다. 파리 시민들이 점심 식사와 산책, 비치된 3,000여개의 의자에서 쉬어가는 곳으로 사랑받고 있다. 공원 안에는 주 드 폼 갤러리, 오랑주리 미술관이 있다.

주소 Place de la Concorde
운영 9월 마지막 일요일~3월 마지막 토요일 07:30~19:30,
3월 마지막 일요일~9월 마지막 토요일 07:00~21:00(6~8월 07:00~23:00)
위치 메트로 1호선 Tuilerues역, 또는 1·8·12호선 Concorde역

오페라 Palais Garnier Opéra

샤를 가르니에Charles Garnier가 만든 극장으로 1875년에 완공됐다. 네오 르네상스와 네오 바로크 스타일로 꾸며져 있다. 우리에게 친숙한 〈오페라의 유령〉의 배경이기도 하다. 극장 내부에는 샤갈의 〈꿈의 꽃다발〉 천장화가 그려져 있고 8톤 규모의 화려한 크리스털 샹들리에가 있다.

주소 Place de l'Opéra
전화 08 92 89 90 90
운영 10:00~18:00(겨울시즌 17:00)
휴무 1월 1일, 5월 1일·공연날(홈페이지 참조)
위치 메트로 3·7·8호선 Opéra역, RER A선 Auber역, 버스 20·21·27·29·32·45·52·66·68·95번
홈피 www.operadeparis.fr
요금 **셀프 가이드 투어** 10:00~17:00, 일반 €15, 12~25세 €10, 12세 미만 무료
영어 가이드 투어 인터메조Intermezzo(90분), 미스터리Mysteries(75분) 등
일반 €23, 10~24세 €16.5, 4~9세 €10
4세 미만 무료

샤갈의 〈꿈의 꽃다발〉 천장화

오페라

오페라의 유령

『오페라의 유령Le fantôme de l'Opéra』은 가스통 르루Gaston Leroux(1868~1927)가 1909년부터 1910년까지 「르 골루아Le Gaulois」라는 일간지에 연재한 추리소설이다. 파리의 오페라를 배경으로 크리스틴과 그녀를 사랑하는 라울 백작, 그리고 팬텀과의 이야기를 다루고 있다. 팬텀은 크리스틴을 자신의 은신처인 지하세계로 끌고 가는데, 지하세계로 파리의 하수도가 등장하는 것도 특이하다.

이 소설이 새로운 전환점을 맞은 계기는 영국의 작곡가 앤드류 로이드 웨버Andrew Lloyd Webber(1948~)에 의해서다. 그는 팝페라 가수인 자신의 두 번째 부인, 사라 브라이트만을 위해 『오페라의 유령』을 뮤지컬로 만들었다(지금은 사라 브라이트만과 이혼하고 세 번째 부인과 살고 있다). 뮤지컬은 1986년 영국 런던의 웨스트엔드 극장West End Theatre에서 초연된 후 대성공을 거두었다. 지금도 런던과 브로드웨이에서 공연 중인 인기 뮤지컬이다.

오페라와 발레 공연 보기

오페라 가르니에 또는 바스티유 오페라에서 관람할 수 있다. 티켓은 FNAC이나 각 오페라하우스의 매표소에서 구입하면 된다. 좋아하는 공연이 있다면 여행을 떠나기 전 홈페이지의 공연스케줄을 참고해 예매해두자. 참고로 오페라 시즌은 9월부터 다음해 6월까지다. 오페라 공연은 바스티유에서 볼 수 있고, 오페라 가르니에에서는 발레공연이 열린다. 공연 시작 3시간 전에 매표소에서 취소되거나 남은 표를 저렴하게 팔기도 한다. 또 공연장 입구에서 사정이 생겨 티켓을 판매하려는 사람들을 통해 살 수도 있다(표를 판다고 쓴 종이를 들고 서 있다). 그러나 인기 있는 공연인 경우 매진되기도 하니 꼭 보고 싶은 공연이라면 미리 예매해두는 것이 좋다. 이 외의 파리 공연은 관광안내소나 관광청 홈페이지를 참고하면 된다.

<오페라의 유령> 공연 포스터

방돔 광장 Place Vendôme

1702년 태양왕 루이 14세에 의해 만들어진 광장으로 망사르가 설계했다. 루이 14세는 파리의 정중앙에 프랑스 절대권력을 상징하는 광장을 만들게 하고 그 중앙에 자신의 기마상을 세웠다. 이 기마상은 프랑스혁명 때 철거되고 이후 나폴레옹, 철거 후 다시 앙리 4세의 동상이 세워지는 등 철거의 역사를 간직한 곳이다. 지금은 아우스터리츠전투에서 획득한 대포를 녹여 만든 나폴레옹 동상이 세워져 있다.

광장 주변에는 럭셔리 호텔로 잘 알려진 리츠 호텔Hôtel Ritz과 명품과 보석 상점이 밀집되어 있다. 12번지에서는 유명한 쇼메Chaumet가 탄생했다. 리츠 호텔의 고객은 왕족과 유명인들로 잘 알려져 있다. 다이애나 왕세자비, 헤밍웨이, 코코 샤넬, 찰리 채플린 등이 머물렀다.

위치 메트로 1호선 Tuileries역, 버스 42·45·52·72번

리츠 호텔

방돔 광장의 나폴레옹 동상

마들렌 사원 Église de La Madeleine

마들렌 사원은 1764년 건축이 시작되어 1842년에 완공되었다. 그리스, 로마 양식으로 그리스 신전과 같은 모습을 하고 있다. 성당 안에는 〈최후의 심판〉과 〈마리아 막달레나의 승천상〉이 있고 양쪽으로 성녀와 성인들의 조각이 있다. 한글 설명서가 비치되어 있다. 마들렌 사원 주변에는 품질 좋은 식자재 전문점 포숑 본점과 라뒤레 본점이 있다.

주소 Place de la Madeleine
전화 01 44 51 69 00
운영 09:30~19:00 일요미사 10:30, 18:00
위치 메트로 8·12·14호선 Madeleine역, 버스 42·45·52·84·94번
홈피 lamadeleineparis.fr
요금 무료

마들렌 사원

〈마리아 막달레나의 승천상〉

콩코르드 광장
Place de la Concorde

파리에서 가장 큰 광장이다. 1748년 루이 15세에 의해 만들어져 자신의 이름을 붙이고 자신의 동상을 세웠으나 프랑스혁명 때 철거됐고, 이름도 '혁명 광장'으로 바뀌었다. '합의'라는 뜻의 '콩코르드'란 이름은 1830년에 최종 결정되었다. 광장 중앙에는 람세스 2세 때 만들어진 오벨리스크가 세워져 있다. 이는 1831년 이집트의 총독이 상형문자 번역에 대한 감사의 의미로 루이 필립 왕에게 선물한 것이다. 프랑스 혁명 동안 이곳에 세워진 단두대에서 루이 16세와 마리 앙투아네트를 비롯한 1119명의 사람들이 처형당한 피의 역사가 있다.

위치 메트로 1·8·12호선 Concorde역, 버스 42·45·72·73·84·94번

생 제르맹 록세루아 교회

Église Saint-Germain-l'Auxerrois

7세기에 만들어진 교회로, 당시 건물은 9세기 노르만족에 의해 파괴되고 11세기에 지금의 모습으로 재건축되었다. 이후에 여러 번의 증축 · 보수를 거쳐 1580년 무렵에 완성됐다. 오랜 시간 동안 증축하여 로마네스크, 고딕, 르네상스의 다양한 건축 양식을 볼 수 있다. 이 교회와 관련된 역사적 사건으로는 1572년 8월 23일 '성 바르톨로메오 축일의 학살'이 있다. 개신교에 대한 학살의 시작을 알리는 종소리가 이 교회의 종탑에서 울렸다.

학살의 신호가 된 종탑

주소 2 Place du Louvre
전화 01 42 60 13 96
운영 09:00~19:00
위치 메트로 7호선 Pont Neuf역, 버스 21·27·58·69·70·72·85번
홈피 saintgermainauxerrois.fr

성 바르톨로메오 축일의 학살
Massacre de la Saint-Barthélemy

가톨릭과 개신교가 종교전쟁(위그노 전쟁)으로 서로를 죽이며 대립하던 시절, 이들의 화해를 위해 프랑스 왕 샤를 9세의 동생인 마고와 개신교인 나바르의 왕 앙리 나바르와의 정략결혼이 이루어진다. 이들의 결혼식을 축하하러 수많은 개신교들이 파리로 몰려들었음은 당연하다. 그러나 결혼식 축일기간의 마지막 날, 교회 종소리를 신호로 가톨릭교도들이 개신교도들을 무참히 학살하는데 이 사건을 '성 바르톨로메오 축일의 학살'이라 부른다. 이 사건은 영화 〈여왕 마고La Reine Margot〉(1994)에 자세히 묘사되어 있다.
앙리 나바르는 후에 앙리 4세로 왕위에 오르게 되고, 1592년 가톨릭으로 개종하여 종교전쟁을 끝내기 위해 노력했다. 그 결과 1598년 낭트칙령The Edict of Nantes으로 종교전쟁의 마침표를 찍었다.

팔레 루아얄 Palais Royal

루이 13세의 재상이었던 리슐리외Richelieu의 저택으로 지어진 건물이다. 건축은 자크 르메르시에Jacques Lemercier가 맡아 1639년에 완공했다. 리슐리외는 몇 해 지나지 않은 1642년에 사망하고 이후 저택은 왕가의 소유가 되었다. 이름도 팔레 루아얄로 부르게 된다. 현재 주요 건물은 프랑스 문화부가 사용하고 있다.
여행자들의 사랑을 받는 곳은 정원이다. 파리 특유의 소음 속을 걷다 이곳에 들어가면 평화로운 천국에 온 것 같은 느낌이 든다. 정원 주변의 건물에는 카페와 르 그랑 베푸르 같은 유서깊은 식당, 볼거리 많은 상점들이 들어서 있다. 르 그랑 베푸르와 함께 넷플릭스 〈에밀리, 파리에 가다〉의 촬영지로 나왔다.

주소 8 Rue de Montpensier
운영 10~3월 08:00~20:30, 4~9월 08:30~22:30
위치 메트로 1·7호선 Palais Royal Musée du Louvre역, 버스 21·27·39·48·69·72·81·95번
홈피 www.domaine-palais-royal.fr

르 그랑 베푸르 Le Grand Véfour

파리 최초의 대형 식당으로 1820년 장 베푸르Jean Véfour가 인수하면서 현재의 이름이 됐다. 19세기 프랑스의 정치가, 예술가들의 중요한 모임 장소였다. 기 마르탱Guy Martin이 셰프로 있다. 사전 예약과 정장 차림은 필수다.

주소 17 Rue de Beaujolais
전화 01 42 96 56 27
운영 화~토 12:00~13:45, 19:00~21:30
휴무 월·일
위치 메트로 1호선 Palais Royal역, 버스 21·27·39·48·69·72·81·95번
홈피 www.grand-vefour.com
요금 €€€€

앙젤리나 Angelina

1903년에 문을 연 티룸으로, 핫 초콜릿과 몽블랑Montblanc으로 유명한 곳이다. 한국인들에게는 몽블랑보다 진한 핫 초콜릿, 쇼콜라 쇼Chocolat Chaud, à L'ancienne dit "L'africain"가 인기! 성수기 시즌엔 관광객들로 발 디딜 틈이 없다. 앙젤리나에서 만든 쿠키, 초콜릿, 캔디 등을 파는 상점도 함께 있다. 뤽상부르 공원, 루브르 박물관, 베르사유 궁전 등 지점이 프랑스에 8곳에 있다.

주소 226 Rue de Rivoli
전화 01 42 60 82 00
운영 월~목 08:00~19:00, 금 08:00~19:30, 토·일·공휴일 08:30~19:30
위치 메트로 1호선 Tuileries역, 버스 72번
홈피 www.angelina-paris.fr
요금 €

장 폴 에방 Jean-Paul Hevin

파리에서 손꼽히는 세계적인 쇼콜라티에로 초콜릿과 마카롱이 유명하다. 오른쪽의 주소는 파리에 8개의 지점 중 본점이다. 백화점 갤러리 라파예트에서도 구입이 가능하며 일본과 대만에도 지점이 있다. 초콜릿도 있지만 선물용으로 예쁜 틴 박스에 든 초콜릿 가루나 짜먹는 튜브형 초콜릿도 추천한다.

주소 231 Rue Saint Honoré
전화 01 55 35 35 96
운영 월~토 10:00~19:30
위치 메트로 1호선 Tuileries역 또는 Pyramides역, 버스 72·68번
홈피 www.jeanpaulhevin.com
요금 €

한국 음식점 vs 일본 음식점

루브르 박물관과 오페라 사이에는 한국 음식점과 일본 음식점이 밀집해 있다. 오페라 주변의 아시아 식당 붐은 일본 음식점으로부터 시작됐다. 라멘과 덮밥, 군만두 등이 일본인뿐만 아니라 프랑스인들에게도 인기를 얻으면서 줄서서 먹는 맛집으로 자리 잡은 것이다. 초기 한국 여행자들 또한 이들 식당에서 판매하는 김치 라멘을 먹으며 한국 음식에 대한 그리움을 달래던 때가 있었다. 요즘 일본 음식점은 우동이 인기 메뉴다. 수타와 족타 등으로 만들어낸 우동은 저렴하게 즐길 수 있는 일본 음식의 트렌드가 됐다. 한국 음식점은 일본 음식점 뒤에 정착한 후발주자다. K-Pop 열풍으로 한국과 한국 음식에까지 많은 관심을 보이면서 핫한 아시아 음식으로 자리 잡았다. 오페라 주변의 한국 음식점은 한국 여행자들도 많지만 파리지앵들도 즐겨 찾는 맛집이다. 가격은 모두 €15 안팎으로 저렴하다. 아래는 오페라 주변에 인기 있는 한국 음식점과 일본 음식점, 그리고 한국과 일본의 식자재를 파는 곳을 소개한다.

한국 음식점

잔치 JanTchi

여행 온 한국인들과 교민들, 그리고 현지화에도 성공한 맛집으로 미슐랭에도 소개가 되었다.

주소 6 Rue Thérèse
전화 01 40 15 91 07
운영 월~금 12:00~14:45, 18:30~22:30, 토 11:45~14:45, 18:30~22:30
위치 메트로 7·14호선 Pyramides역, 버스 21·27·29·68·95번
요금 €€

향아리 Hangari

오삼불고기, 주꾸미볶음, 해물수제비 등 판매하는 메뉴가 두루두루 맛있다.

주소 7 Rue louvois **전화** 01 44 50 44 50
운영 화~일 12:00~14:30, 18:30~22:30
위치 메트로 3호선 Quatre-Septembre역, 버스 20·29·39번
홈피 resto-hangari.com **요금** €€

귀빈 Guibine

Kintaro 그룹이 인수해 운영하는 한식당이다. 삼겹살과 김치찌개가 인기메뉴다.

주소 44 Rue Sainte-Anne **전화** 01 40 20 45 83
운영 12:00~14:30(토·일 12:00~15:00), 19:00~22:30
위치 메트로 7·14호선 Pyramides역, 버스 21·27·29·68·95번
홈피 guibine.kintarogroup.com
요금 €€

태동관 Restaurant Chikoja

중국인이 운영하는 한 · 중 · 일식집으로 한식도 팔지만 짜장면과 짬뽕, 탕수육을 팔아 인기 있다.

주소 14 Rue Sainte-Anne **전화** 01 42 60 58 88
운영 화~일 12:00~22:30
위치 메트로 7·14호선 Pyramides역, 버스 21·27·29·68·95번
홈피 chikoja1.fr **요금** €€

일본 음식점

긴타로 Kintaro

돈가스와 덮밥류가 인기 있는 식당이다. 한글 메뉴판이 있어 편리하다. 몽마르트르 지점(주소: 106 Bd Marguerite de Rochechouart)도 있다.

주소 24 Rue Saint Augustin
전화 01 47 42 13 14
운영 월~토 11:30~22:15
위치 메트로 3호선 Quatre-Septembre역, 버스 20·29·39번
홈피 kintaro.kintarogroup.com
요금 €€

쿠니토라야 Kunitoraya

파리에서 수제우동이 맛있기로 소문난 식당으로 식사 시간이면 항상 긴 줄을 서야 한다. 일찍 가는 것이 좋다.

주소 41 Rue de Richelieu
전화 01 47 03 33 65
운영 화~토 12:00~14:30, 19:00~22:00
위치 메트로 7·14호선 Pyramides역, 버스 21·27·29·68·95번
홈피 www.kunitoraya.com
요금 €€

히구마 Higuma

일본 라멘 전문점이다. 김치라멘이 한동안 한국인들의 사랑을 받았다. 두 개의 지점이 있는데 맛은 오페라점이 더 낫다.

주소 오페라점 32 bis Rue Sainte-Anne
전화 01 47 03 38 59
운영 11:30~22:00
위치 메트로 7·14호선 Pyramides역, 버스 21·24·27·39·48·68·69·72·81·95번
홈피 higuma.fr
요금 €€

사누키야 Sanukiya

사누키 우동 집이다. 가격은 €10~20이고 한글 메뉴판도 준비되어 있다. 항상 대기가 있으니 오픈 시간에 맞춰가는 것이 좋다. 미슐랭 가이드에도 언급될 정도로 요즘 가장 맛있는 우동 식당으로 자리 잡았다.

주소 9 Rue d'Argenteui **전화** 01 42 60 52 61
운영 11:30~22:00 **휴무** 홈페이지에 공지
위치 메트로 1호선 Pyramides역 버스 39·68번
홈피 www.facebook.com/sanukiyaparis
요금 €€

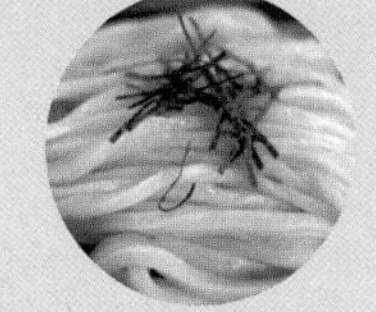

Tip

한국과 일본 식료품점

오페라의 상트-안느Sainte-Anne 거리에 한국 식료품점이 두 곳이 있다. 물건을 사러 간 사람들은 보통 한 곳만 가지 않고 두 곳을 다 방문해 두 가게에 서로 없는 물건을 보완한다. 에이스마트는 €100이상 구매시 파리 내 무료 배송 서비스를 해준다. 케이마트는 파리 주요 장소에 세 곳이 더 있다.

에이스마트 ACE Mart
주소 63 Rue Sainte-Anne
전화 01 42 97 56 80
운영 10:00~21:00
위치 메트로 3호선 Quatre-Septembre역
홈피 acemartmall.com

케이마트 K-Mart(오페라)
주소 4-8 Rue Sainte-Anne
전화 01 58 62 49 09
운영 10:00~21:00
위치 메트로 1호선 Pyramides역
홈피 online.k-mart.fr

케이마트 K-Mart(샹젤리제)
주소 9 Rue du Colisée
전화 01 45 61 93 07
운영 10:00~20:00
위치 메트로 1·9호선 Franklin D. Roosevelt역

케이마트 K-Mart(레알)
주소 20 Rue du Pont Neuf
전화 01 40 26 09 81
운영 10:00~20:00
위치 메트로 1·4·7·11·14호선 Châtelet역

스타벅스 Starbucks

2006년 프랑스에서 처음으로 문을 연 스타벅스다. 지금은 유럽에서도 스타벅스를 흔히 볼 수 있지만, 미국 스타일의 커피점이 유럽에 정착하는 것은 쉽지 않았다.

『파리 셀프트래블』에서 이곳을 소개하는 이유는 17세기에 지어진 건물에 르네상스 스타일의 화려한 인테리어로 세계에서 가장 아름다운 스타벅스 매장 중 하나이기 때문이다.

주소 3 Bd des Capucines
전화 01 42 68 11 20
운영 월~금 07:00~22:00, 토 07:30~23:00, 일 07:30~22:00
홈피 www.starbucks.fr

미슐랭 맛집

루브르에서 오페라 사이는 미슐랭 별 두 개 레스토랑이 밀집해 있다.

케이 Kei ★★★

주소 5 Rue Coq Heron **전화** 01 42 33 14 74
운영 화·수 19:45~20:45, 목~토 12:30~13:15, 19:45~20:45
홈피 www.restaurant-kei.fr **요금** €158~440

팔레 루아얄 레스토랑 Palais Royal Restaurant ★★

주소 110 Gal de Valois **전화** 01 40 20 00 27
운영 월·화 19:30~21:30, 수~금 12:00~14:00, 19:30~21:30 <u>휴무</u> 토·일
홈피 palaisroyalrestaurant.com
요금 €145~295

수르 메주 파르 티에리 막스 Sur Mesure par Thierry Marx ★★

주소 251 Rue St-Honoré (Mandarin Oriental 내)
전화 01 70 98 73 00 **운영** 화~토 19:30~21:30
홈피 www.mandarinoriental.com **요금** €255

르 모리스 알랭 뒤카스 Le Meurice Alain Ducasse ★★

주소 228 Rue de Rivoli
전화 01 44 58 10 55
운영 월~금 19:00~22:00 휴무 토·일
홈피 www.dorchestercollection.com
요금 €350~400

피르 장 프랑수아 루케트 Pur'-Jean-François Rouquette ★

주소 5 Rue de la Paix (Park Hyatt Paris 내)
전화 01 58 71 10 60
운영 화~토 19:45~21:30 휴무 월·일
홈피 www.paris-restaurant-pur.fr
요금 €230~490

카페 데 라 페 Café de la Paix

카 페

오페라를 설계한 샤를 가르니에가 만든 카페 · 레스토랑으로 1862년에 오픈했다. 럭셔리한 인테리어와 세계 유명인사가 다녀간 곳으로 잘 알려져 있다. 호텔도 함께 운영한다. 점심 식사는 €60 정도를 생각하면 된다.

카페 데 라 페

주소 Place de l'Opéra
전화 01 40 07 36 36
운영 08:00~22:45
위치 메트로 3·7·8호선 Opéra역, RER A선 Auber역, 버스 20·21·29·32·42·52·81·95번
홈피 www.cafedelapaix.fr
요금 €€€

샤르티에 Chartier

레스토랑

샤르티에는 1896년에 오픈한 파리에서 가장 오래된 식당이다. 가격대가 전식과 후식이 €1~2, 본음식은 €10 미만으로 저렴하고 계산서를 테이블에 적어주는 것도 재미있다. 성수기에는 관광객이 주 고객으로 긴 줄을 늘어선다. 단, 서비스는 너무 기대하지 말자. 동역(5 rue du 8 mai 1945)과 몽파르나스역(59, boulevard du Montparnasse)에 지점이 생겼다.

간판을 보고 골목 안으로 들어가야 한다.

주소 7 Rue de Faubourg Montmatre
전화 01 47 70 86 29
운영 11:30~24:00
위치 메트로 8·9호선 Grands-Boulevards역, 버스 48·74번
홈피 www.bouillon-chartier.com
요금 €€

닭고기와 감자 요리

르 토르투가 Le Tortuga

쇼 핑

갤러리 라파예트 여성관 옥상에 생긴 식당으로 마들렌 성당과 에펠탑 방향 전망이 좋다. 〈아멜리, 파리에 가다〉에서 약속장소로 등장했다. 신선한 제철 생선을 재료로 한 요리로 세계 각국에서 영감을 받은 줄리앙 세바그Julien Sebbag 쉐프가 만든다.

주소 25 rue de la chaussée d'Antin
전화 01 84 25 10 09
운영 12:00~19:30
위치 메트로 7·9호선 Chaussee d'Antin역 또는 RER A선 Auber역, 버스 20·21·22·42·53·68·81·95번
홈피 tortuga-paris.com

© tortugaparis

벤룩스 Benlux

쇼핑

일반 매장처럼 품목이 다양하지는 않지만 국내에서 인기 있는 브랜드(화장품, 명품 등)들을 집중적으로 다루고 있다. 각 국가별 점원들이 상주하고 있어 의사소통이 편리해 패키지 여행자들이 많이 찾는다.

주소 174 Rue de Rivoli
전화 01 82 88 36 77
운영 월~토 09:45~18:45 **휴무** 일요일
위치 버스 21·27·39·67·68·69·72·95번
홈피 www.benlux.fr

© Benlux

레클레뢰르 부아시 L'Eclaireur Boissy

레클레뢰르는 1980년에 생긴 최초의 편집숍으로 이 매장을 통해 셀렉숍이라는 개념이 생겼다고 할 수 있다. 파리에 3개의 매장이 있는데 그 중 부아시Boissy점이다. 나머지 두 곳은 마레와 콩코르드 광장 근처에 있다.

주소 10 Rue Boissy d'Anglas
전화 01 53 43 03 70
운영 화~토 11:00~19:00 **휴무** 일요일
위치 메트로 1·8·12호선 Concorde역, 버스 42·72·73·84·94번
홈피 leclaireur.com

© L'Eclaireur Boissy d'Anglas

© L'Eclaireur Boissy d'Anglas

포숑 Fauchon

1886년 오귀스트 포숑Auguste Fauchon이 제과제빵을 팔며 문을 열었다. 1950년대부터 당시 다른 상점에는 없는 고급 식재료(아보카도와 키위)들을 팔며 입지를 굳혔고 홍차를 팔며 성장했다. 상점에는 차, 제과제빵, 푸아그라와 트러플, 향신료 등을 판매하고 카페도 운영하고 있다. 파리에는 마들렌 본점 외에 면세점과 리옹 기차역에 있다. 가향차인 사과차Thé la Pomme, 재스민차Thé le Jasmin Chung Hao 등이 유명하며 예쁜 틴 케이스에 담겨 선물용으로 좋다.

주소 11 Place de la Madeleine
전화 07 78 16 15 40
운영 월~토 10:30~14:00, 15:00~18:30
위치 메트로 8호선 Madeleine역, 버스 24·42·52·84·94번
홈피 www.fauchon.com

르 봉 마르쉐 백화점 Le Bon Marché

1838년에 문을 연 파리 최초의 백화점으로 '좋은 시장'이라는 뜻이다. 현재 루이비통이 있는 LVMH 그룹에 속한다. 오페라 뒤편의 갤러리 라파예트나 프렝탕 백화점 근처에 있지는 않아 함께 보기는 어려우나 오르세 미술관과 1km 거리로 미술관 관람 후 하루 일정으로 묶으면 좋다. 하이라이트는 식품관으로 프랑스 전역의 모든 식료품이 모여있다고 해도 과언이 아니다. 귀국 전 식료품 쇼핑의 최고의 장소다. 명품관은 다른 백화점보다 매장이 크지 않지만 좀 더 여유 있게 쇼핑할 수 있다.

주소 24 Rue de Sévres
운영 월~토 10:00~19:45, 일 11:00~19:45
위치 메트로 10·12호선 Sévres-Babylone역, 버스 68·70·83·86·94번
홈피 www.lebonmarche.com

갤러리 라파예트 Galeries Lafayette

건물이 세 개인데 가장 화려한 건물이 여성관, 바로 옆 건물이 남성관, 여성관과 남성관 맞은 편에 고메관Gourmet이 있다. 선호하는 명품 브랜드의 본점만큼 제품이 많지는 않으나 다양한 브랜드를 한자리에서 구입하고 면세를 받기 편리하며 금액별 사은품과 할인쿠폰도 주는 메리트가 있다. 라파예트는 1912년에 개관한 건물 자체만으로도 볼거리를 제공한다. 43m 높이의 돔과 천장의 스테인드글라스를 감상해보자. 매해 특색 있는 크리스마스 장식도 유명하다. 건물 옥상으로 올라갈 수 있는데(무료) 이곳에서 바라보는 에펠탑의 전망도 멋지다. 프랑스의 특색 있는 식료품과 유명 브랜드 매장과 수준 높은 음식을 맛볼 수 있는 라파예트의 고메관(0층과 −1층)은 놓치지 말자. 특히 디저트의 유명 브랜드를 한자리에서 보는 것이 황홀하다.

주소 40 Bd Haussmann
전화 01 42 82 34 56
운영 월~토 10:00~20:30, 일·공휴일 11:00~20:00
고메관 월~토 09:30~21:30, 일·공휴일 11:00~20:00
위치 메트로 7·9호선 Chaussee d'Antin역 또는 RER A선 Auber역, 버스 20·21·22·42·53·68·81·95번
홈피 haussmann.galerieslafayette.com

크리스마스 장식

프렝탕 Printemps

1865년에 개관한 프랑스를 대표하는 백화점으로 백화점 최초로 엘리베이터를 도입하고, '세일'이라는 개념을 처음 만들었다. 라파예트 바로 옆에 위치해 함께 돌아보기 좋으며 외관과 내부 장식 또한 고풍스러운 분위기로 아름답다. 특히, 2021년에 중고명품 숍을 열었는데 판매와 구매 모두 가능하다. 메종관 옥상층에 올라가면 무료로 에펠탑 전망을 볼 수 있다.

주소 64 Bd Haussmann
전화 01 71 25 26 01
운영 월~토 10:00~20:00, 일 11:00~20:00
위치 메트로 3·9호선 Havre Caumartin역 또는 RER A선 Auber역, 버스 27·29·32·66·94번
홈피 www.printemps.com

크리스마스 장식

E BAR
Musée du Louvre

7 일요일의 파리, 마레 지구

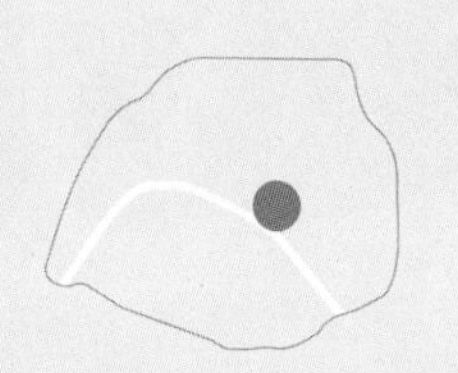

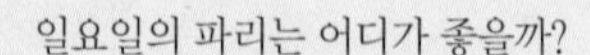

일요일의 파리는 어디가 좋을까?
파리지앵 친구에게 묻는다면 백이면 백 "당연히 마레지!"라고 답한다.
마레 지구는 중세 시대에 귀족들이 살던 지역으로 프랑스혁명을 거치며 특권의 구역은 영원히 사라졌다. 19세기 말부터 유대인 커뮤니티가 생기며 유대인 음식점과 상점 거리가 발달했다. 마레가 일요일에 사람들로 북적이게 된 이유도 유대인의 휴일이 토요일이어서 일요일에 상점들이 문을 열었기 때문이다. 1980년대부터는 게이 커뮤니티가 생겨 게이바와 클럽, 서점 등의 문화 거리가 생겼다. 오늘날에는 전통적인 명품 거리와 차별되는, 프랑스의 창의적이고 감각적인 디자인을 가장 먼저 접할 수 있는 패션의 중심지로 우뚝 섰다. 동시에 빈티지 상점들이 많이 들어선 것도 흥미롭다. 여러 다양한 요소들로 뒤섞여 다채로운 매력을 발산하는 마레로 떠나보자.

Best Route

❶ 일요일 오전 바스티유 재래시장을 구경하고 마레 지구를 돌아보는 루트로 시청까지 거리는 총 2.8km다. 마레 지구의 트렌디한 카페에서 한가로이 브런치를 즐겨보는 것도 좋다.
❷ 일요일이 아니라면 메트로 Temple역에서 시작해 OFR 서점, 앙팡루즈 시장, 피카소 국립 미술관을 거쳐 내려오며 마레 지구를 보는 루트로 보주 광장까지 2.3km다.
지도에는 마레 지구의 번화한 길을 중심으로 루트를 표시했지만, 이곳의 특징은 구석구석 개성 넘치는 작은 상점들이다. 그러니 길을 잃고 작은 상점들을 구경하며 한동안 헤매도 좋다.

Map of
Le Marais

관광명소

① 피카소 국립 미술관 Musée National Picasso
② 카르나발레 박물관 Musée Carnavalet
③ 보주 광장 Place des Vosges
④ 빅토르 위고의 집 Maison de Victor Hugo
⑤ 앙팡루즈 시장 Marché des Enfants Rouges
⑥ 쇼아 기념관 Mémorial de la Shoah
⑦ 유럽 사진 전시관
Maison Européenne de la Photographie
⑧ 오페라 바스티유 Opéra Bastille

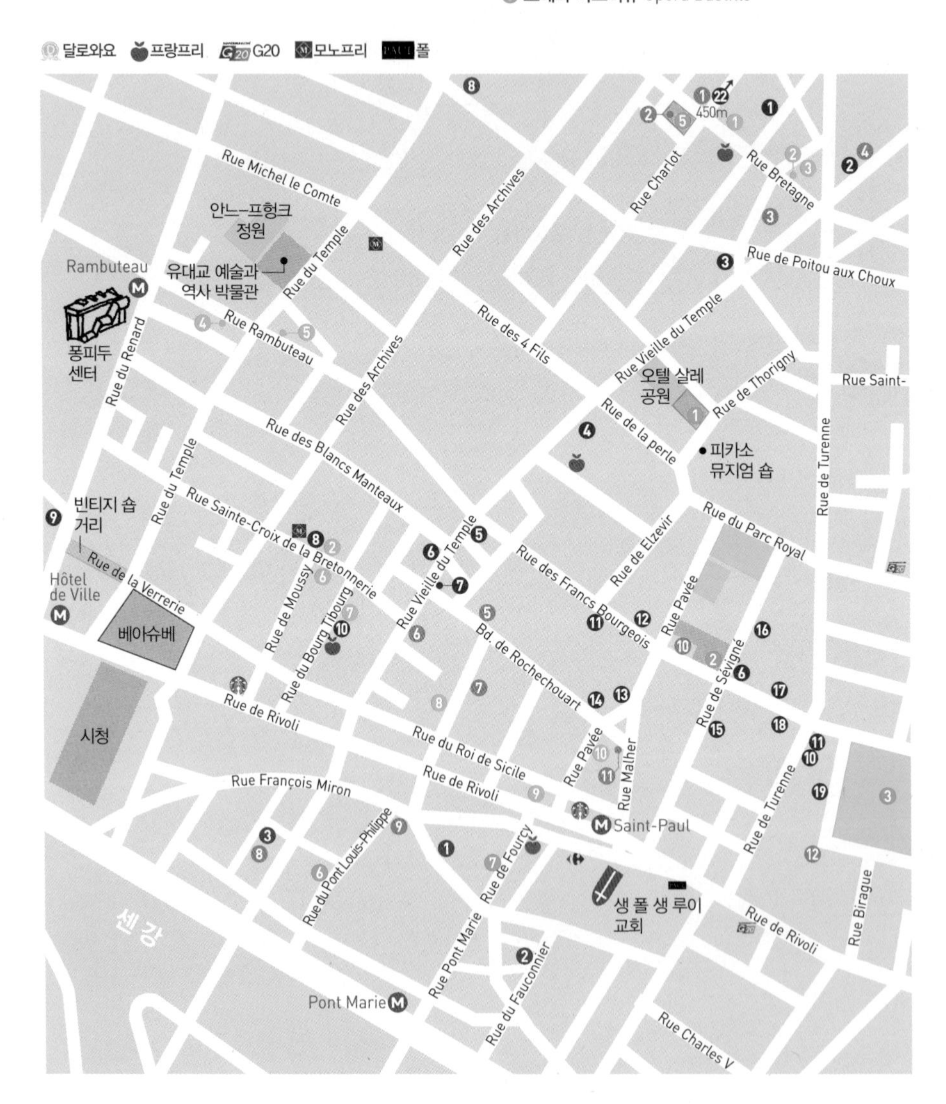

레스토랑 · 카페

❶ 카페 샬롯 Café Charlot
❷ 르 버거 페르미에 Le Burger Fermier
❸ 빅 러브 Big Love
❹ 코시 Cosi
❺ 라스 뒤 팔라펠 L'as du Fallafel
❻ 오 프티 페르 아 슈발 Au Petit Fer à Cheval
❼ 슈바르츠 델리 Schwartz's Deli
❽ 레부양테 L'Ebouillanté
❾ 오 부르기뇽 뒤 마레 Au Bourguignon du Marais
❿ 파불라 Fabula

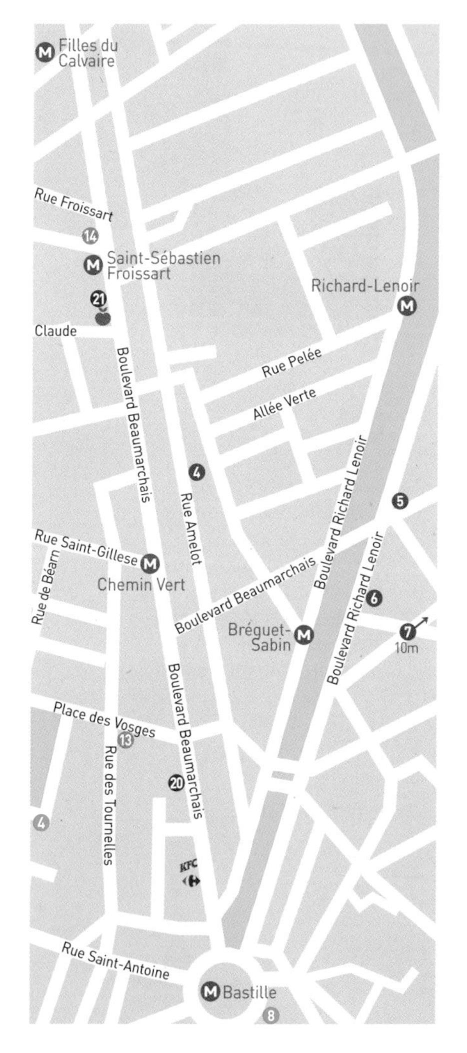

⓫ 르 루아 당 라 떼이에르 Le Loir dans La Théière
⓬ 랑브루아지 L'Ambroisie
⓭ 랑주 뱅 l'Ange 20
⓮ 블렌드 햄버거 Blend Hamburger

디저트 · 베이커리

① 라뒤레 Ladurée
② 피에르 에르메 Pierre Hermé
③ 포알란 Poiláne(마레 지점)
④ 베흐코 Berko
⑤ 팽 드 쉬크르 Pain de Sucre
⑥ 운 글라스 아 파리 Une Glace à Paris
⑦ 마리아주 프레르 Mariage Fréres
⑧ 프린세스 크레프 Princess Crêpe
⑨ 메종 조르주 라르니콜 Maison Georges Larnicol
⑩ 에클레어 드 제니 L'éclair de Génie

쇼핑

❶ 오피신 유니버셀 불리 1803 Officine Universelle Buly 1803
❷ 파피에 티그르 Papier Tigre
❸ 베자 Veja
❹ 앤 아더 스토리즈 & Other Stories
❺ 산드로 Sandro ❻ 마쥬 Maje
❼ 쿠스미 티 Kusmi Tea
❽ 네이쳐 앤 디스커버리즈 Nature and Discoveries
❾ 라 메종 두 사봉 마르세유 La Maison du Savon Marseille
❿ 쟈딕 앤 볼테르 Zadig & Voltaire
⓫ 콩투아 데 코토니에 Comptoir des Cotonniers
⓬ 바쉬 Ba & Sh
⓭ 라 무에트 리우즈 La Mouette Rieuse
⓮ 코스 COS
⓯ 산드로 스톡 Sandro Stock(아웃렛 매장)
⓰ 레클레뢰르 세비네 L'Eclaireur Sévigné
⓱ 오투르 뒤 몽드 Autour du Monde
⓲ 조말론 런던 Jo Malone London
⓳ 다만 프레르 Dammann Frères
⓴ 아그네스 b. Agnès b. ㉑ 메르시 Merci
㉒ OFR 서점 OFR Bookshop

숙소

❶ MIJE(Fourcy 본점) ❷ MIJE(Le Fauconnier점)
❸ MIJE(Maubisson점)
❹ 호텔 마레 드 로네 Hotel Marais de Launay
❺ 오베르주 플로라 Auberge Flora
❻ 베스트 웨스턴 호텔 Best Western Hotel
❼ 호텔 이비스 Hotel Ibis(바스티유 오페라 지점)
❽ 파리 마레 피카소 민박 Paris Marais Picasso Guesthouse(한인민박)

바스티유 시장 Marché Bastille

일요일에는 마레 지구 근처 바스티유에 재래시장이 선다. 주요 품목은 신선한 과일과 채소, 치즈, 비누, 옷 등 생필품들이다. 오후 1시면 거의 파장 분위기니 오전에 가는 것이 좋다. 장이 서는 곳은 Richard Lenoir 도로로 메트로 5호선 Richard-Lenoir역에서 시작해 Bastille역까지 이어진다.

주소 2018 Bd Richard Lenoir
운영 목 07:00~13:30, 일 07:00~14:30
위치 메트로 5호선 Richard-Lenoir역, Bréguet-Sabin역, 메트로 1·5·8호선 Bastille역, 버스 29·76·86·91번

오페라 바스티유 Opéra Bastille

샤를 가르니에가 만든 오페라와 함께 현대 파리를 대표하는 공연장이다. 프랑스혁명 200주년을 기념해 1989년에 문을 열었다. 2,745석 규모다. 당시 공개 디자인 공모에서 1700:1의 경쟁을 뚫고 당선한 캐나다-우루과이 건축가 카를로스 오트Carlos Ott의 작품이다. 극장이 있는 바스티유 광장에는 1830년 7월 혁명의 희생자들을 기리는 추모탑이 세워져 있다.

주소 Place de la Bastille
(매표소 130 Rue de Lyon)
전화 08 92 89 90 90
운영 가이드 투어 10:00~18:00
위치 메트로 1·5·8호선 Bastille역,
버스 29·69·76·86·87·91번
홈피 www.operadeparis.fr
요금 **가이드투어(프랑스어)** 일반 €17, 10~25세 학생증 소유자 €12, 9·10세 €9

오페라 바스티유

7월 혁명 추모탑

카르나발레 박물관 Musée Carnavalet

파리 역사를 보여주는 박물관으로 귀족의 저택에 있다. 1층에서 당시 귀족 생활을 볼 수 있고, 2층엔 파리 유물이 전시되어 있다. 박물관은 1548년에 지어진 것으로 1655년에 베르사유를 지은 프랑수아 망사르가 재건축했다. 마레의 가장 오래된 르네상스 양식 건물 중 하나다. 1677~1696년에 마담 세비네가 살았다. 박물관은 1880년에 문을 열었다. 루이 14세의 동상과 작지만 아름다운 정원이 있다.

주소 23 Rue de Sévigné
전화 01 44 59 58 58
운영 화~일 10:00~18:00(마지막 입장 17:15)
휴무 1월 1일, 5월 1일, 12월 25일
위치 메트로 1호선 Saint-Paul역, 버스 29·96번
홈피 www.carnavalet.paris.fr
요금 상설전시관 무료

카르나발레 박물관의 아름다운 정원

카르나발레 박물관

루이 14세의 동상, 프랑수아 제라드의 〈줄리에트 레카미에 부인의 초상〉

보주 광장 Place des Vosges

1612년 앙리 4세가 만든 광장으로 유럽 최초의 왕실 도시 계획 중 하나였다. 혁명 이전까지 귀족만이 이용할 수 있었다. 광장은 140m의 정사각형 모양으로 4개의 분수가 있고 중앙에는 루이 13세의 동상이 세워져 있다. 광장 주변은 28개의 붉은 벽돌집으로 둘러싸여 있는데 이 중 6번지에서는 빅토르 위고가 1832~1848년 동안 살았다. 사각형 모양의 안쪽 아케이트는 고급 상점과 갤러리, 식당이 들어와 있다. 파리에서 가장 아름다운 광장으로 손꼽히며 중앙에는 잔디가 깔려있어 주말이 되면 돗자리를 깔고 시간을 즐기는 파리시민들을 볼 수 있다.

주소 Place des Vosges
위치 메트로 1호선 Saint-Paul역·8호선 Chemin Vert역, 버스 29·69·76·91번

피카소 국립 미술관
Musée National Picasso

피카소의 가족이 상속세 대신 프랑스에 기증한 그림, 스케치, 조각 등을 모아 놓은 곳이다. 주요 작품으로는 〈광대 차림을 한 파올로Paul as Harlequin〉, 〈해변을 달리는 두 여인Two Women Running on the Beach〉, 〈암체어에 앉은 올가의 초상Portrait of Olga in an armchair〉 등이 있으며 대작을 그리기 전 다양한 스케치, 유년 시절부터 말년까지 모든 그림의 진화 과정을 살펴볼 수 있어 흥미롭다.

주소 5 Rue de Thorigny
전화 01 85 56 00 36
운영 화~금 10:30~18:00, 토·일·공휴일 09:30~18:00(마지막 입장 17:15) *매월 첫번째 수요일 ~22:00 **휴무** 월요일, 1월 1일, 5월 1일, 12월 25일
위치 메트로 1호선 Saint-Paul역, 8호선 Saint-Sébastien Froissart역, 8호선 Chemin Vert역, 버스 29·96번
홈피 www.museepicassoparis.fr
요금 일반 €14, 18세 미만 무료, 오디오 가이드 €5 *무료입장 매월 첫번째 일요일

올가의 초상

박물관 맞은 편의 '피카소 뮤지엄 숍'. 기념품을 구입하기 좋다.

빅토르 위고의 집
Maison de Victor Hugo

빅토르 위고가 1832년부터 1848년까지 부인과 함께 살았던 집이다. 화려한 중국풍 거실, 붉은 빛의 침실, 빅토르 위고가 사용하던 펜과 잉크, 책상 등을 볼 수 있다. 관람을 마친 후에는 위고의 집 안뜰에 숨겨진 카페 물롯Café Mulot(화~일 10:00~17:45)에서 차 한잔을 추천한다.

주소 6 Place des Vosges
전화 01 42 72 10 16
운영 화~일 10:00~18:00(마지막 입장 17:40) **휴무** 월요일, 1월 1일, 5월 1일, 12월 25일
위치 메트로 1·5·8호선 Bastille역, 메트로 1호선 Saint-Paul역, 버스 20·29·65·69·96번
홈피 www.maisonsvictorhugo.paris.fr
요금 무료

빅토르 위고의 침실

빅토르 위고가 사용하던 펜과 필체

유럽 사진 전시관
Maison Européenne de la Photographie de Paris

파리에서 하나뿐인 사진 전문 전시관이다. 우리에게 익숙한 유명 작가부터 실험정신 넘치는 신인 작가까지 다양한 작가의 사진을 전시한다. 2개월마다 전시 내용이 바뀌니, 보는 맛이 있다.

주소 5/7 Rue de Fourcy
전화 01 44 78 75 00
운영 수~금 11:00~20:00(목 ~22:00), 토·일 11:00~20:00 **휴무** 월·화·공휴일
위치 메트로 1호선 Saint-Paul역, 메트로 7호선 Pont Marie역, 버스 69·76·79·96번
홈피 www.mep-fr.org
요금 일반 €13, 8~30세 €8, 8세 미만 무료

유럽 사진 전시관

쇼아 기념관

쇼아 기념관

쇼아 기념관 Mémorial de la Shoah

'쇼아Shoah'는 유대인 대학살을 의미하는 히브리어다. 쇼아기념관은 제2차 세계대전 당시 프랑스에서 나치 수용소로 끌려가 학살당한 유대인들을 기리며 관련자료를 보존하고 있다. 가방 검색 후 내부로 들어가면 빼곡하게 쓰인 7만 6,000명 희생자들의 '이름의 벽Le Mur des Noms'에(아이들이 11,000명) 절로 엄숙해진다. 매월 두 번째 주 일요일 15:00 무료 영어 가이드 투어(90분)가 있다.

주소 17 Rue Geoffroy-l'Asnier
전화 01 42 77 44 72
운영 월~금·일 10:00~18:00(목요일은 ~22:00) **휴무** 토요일, 1월 1일, 5월 1일, 7월 14일, 8월 15일, 12월 25일(2024년 유대인 휴일: 4월 23·29일, 5월 12일, 9월 25·30일, 10월 7일)
위치 메트로 1호선 Saint-Paul역, 메트로 7호선 Pont Marie역, 버스 67·69·76·96번
홈피 www.memorialdelashoah.org
요금 무료

마리아주 프레르 Mariage Fréres

1854년에 문을 연 차 전문점으로 세계 최고의 홍차 600여 종이 모인 곳이다. 파리에 있는 7개의 매장 중 이곳이 본점으로 레스토랑과 찻집도 함께 운영한다. 마리아주 프레르는 홍차에 꽃이나 향신료 등을 첨가한 가향차가 유명한데 선물용으로 구입할 만한 대표적인 품목들은 p.127 마리아주 프레르를 참고하자. 파리에 있는 모든 백화점에도 입점해 있다.

마레 본점
주소 30 Rue du Bourg-Tibourg
전화 01 42 72 28 11
운영 **상점** 10:30~19:30
레스토랑·살롱 드 테 12:00~19:00
위치 메트로 1·11호선 Hôtel de Ville역, 버스 29·38·75번
홈피 www.mariagefreres.com
요금 €€

마리아주 프레르의 홍차

라스 뒤 팔라펠

라스 뒤 팔라펠 L'as du Fallafel

마레 지구에서 가장 유명한 팔라펠 가게다. 팔라펠은 둥글고 납작한 피타 빵을 갈라 주머니 모양으로 벌려 채소와 으깬 콩 튀김, 고기 등을 듬뿍 넣고 요구르트 소스를 얹은 중동식 샌드위치다. 가게 근처만 가도 길게 늘어선 줄 때문에 쉽게 눈에 띈다. 줄은 길지만 속도감 있게 주문을 받는 직원 덕분에 테이크아웃을 하면 빠르게 받는다. 식당 안에서 먹는 것은 조금 더 비싸다.

주소 34 Rue des Rosiers
전화 01 48 87 63 60
운영 일~목 11:00~23:00, 금 11:00~15:00
휴무 토요일
위치 메트로 1호선 Saint-Paul역, 버스 29·69·76·96번
요금 €

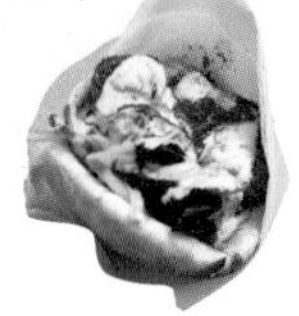

카페 샬롯 Café Charlot

파리에서 브런치로 가장 인기 있는 카페다. 마레 지구 북쪽에 위치해 있다. 디저트로 나오는 아이스크림은 베르티옹(p.126 참고)에서 만든 아이스크림을 사용한다. 맞은편 작은 시장 골목의 상점과 카페, 식당들도 운치 있다.

주소 38 Rue de Bretagne
전화 01 44 54 03 30
운영 07:00~02:00
위치 메트로 8호선 Filles du Calvaire역, 버스 91·96번
홈피 www.lecharlot-paris.com
요금 €€

샬롯의 브런치

레부양테 l'Ebouillanté

차가 다니지 않는 벽돌길 경사에 자리한 귀여운 식당으로 프랑스 가정식을 판다. 오늘의 메뉴가 €15 정도로 저렴하며 맛도 있어 아는 사람들만 찾는다. 숙소가 주변이라면 브런치를 즐겨보는 것을 추천한다.

주소 6 Rue des Barres **전화** 01 42 74 70 52
운영 월~금 12:00~18:00, 토·일 12:00~19:00
위치 메트로 1호선 Saint-Paul역, 버스 62·69·72·76·96번
요금 €€

에클레어 드 제니 l'éclair de Génie

국내 백화점에도 입점한 에클레어 전문점이다. 포숑에서 15년간 일했던 크리스토프 아담이 2012년 마레에 에클레어 전문점을 오픈한 것이 시초다(지도 p.194 참고). 마레 본점 외에 오페라에도 지점이 있다. 인기 있는 맛은 바닐라 피칸Vanilla Noix de Pecan, 프랄린 쇼콜라Praline Chocolate, 소금 버터 캐러멜Caramel Beurre Sale이다.

주소 14 Rue Pavée
전화 01 42 77 86 37
운영 11:00~19:00
위치 메트로 1호선 Saint-Paul역, 버스 29·69·76·96번
홈피 www.leclairdegenieshop.com
요금 €

랑주 뱅 l'Ange 20

2015년에 문을 연 합리적인 가격의 맛있는 식당이다. 본식 요리로 양Lamb, 오리Duck, 대구Cod, 송아지Veal가 있는데 모두 맛있다는 평이다. 디저트로 피스타치오 크렘 브륄레 또는 치즈케이크도 놓치지 말자. 영어 응대가 가능하고 식당이 작아 예약하고 방문하지 않으면 줄서서 기다려야 한다.

주소 44 Rue des Tournelles
전화 01 49 96 58 39
운영 수~일 12:00~14:00, 18:30~22:30
위치 메트로 5호선 Bréguet-Sabin역, 버스 29·91번
홈피 www.lange20.com
요금 €€

more more &

미슐랭 맛집

랑부아지 L'Ambroisie ★★★

마레 지구 유일의 미슐랭 별 세 개 레스토랑이다. 1986년대에 별 세 개를 받은 이후 계속 유지하고 있다. 가격대는 높지만 프랑스 최고의 요리를 맛보고 싶다면 방문해보자.

주소 9 Place des Vosges
전화 01 42 78 51 45
운영 화~토 12:15~13:15, 20:00~21:45
위치 메트로 1호선 Saint-Paul역, 버스 29·69·76·96번
홈피 www.ambroisie-paris.com
요금 €€€€

라 메종 두 사봉 마르세유
La Maison du Savon Marseille

쇼핑

프로방스 특산물인 비누 전문점이다. 유기농 재료를 사용해 만든 고체 비누, 액체 비누, 라벤더 에센스, 로션과 핸드크림 등을 살 수 있다. 라벤더, 올리브, 레몬 등 파스텔 톤의 향기로운 비누는 쇼핑 아이템이다.

주소 77 Rue de la Verrerie
전화 01 42 71 40 21
운영 11:00~19:30
위치 메트로 1·11호선 Hôtel de Ville역
홈피 www.maison-du-savon.com

오투르 뒤 몽드 Autour du Monde

우리나라에서 인기 있는 신발 브랜드 벤시몽Bensimon의 파리 본 매장으로 가장 다양한 색깔과 사이즈를 볼 수 있는 매장이다. 신발 외에 옷과 액세서리도 판매한다.

주소 8 Rue des Francs Bourgeois
전화 01 42 77 06 08
운영 월~토 11:00~19:00, 일 13:00~19:00
위치 메트로 1호선 Saint-Paul역
홈피 www.bensimon.com

쿠스미 티 Kusmi Tea

1867년 상트페테르부르크의 파벨 쿠스미초프가 만든 차 전문점으로 파리 지점은 1917년에 문을 열었다. 우리나라 백화점에도 입점해 있는 티하우스다. 차 종류가 매우 다양하니 홈페이지를 통해 미리 구입할 차를 생각해 두자.

주소 56 Rue des Rosiers
전화 01 42 74 81 90
운영 11:00~13:00, 14:00~19:00
위치 메트로 1·11호선 Hôtel de Ville역, 버스 29번
홈피 en.kusmitea.com

베흐코 Berko

컵케이크 전문점이다. 파리에서 컵케이크를 만나는 건 드문 일이다. 화려한 색상의 프랑스식 컵케이크를 눈으로 즐기고 맛볼 수 있다.

주소 23 Rue Rambuteau
전화 01 40 27 91 09
운영 월·수 11:30~18:00, 화·목 11:00~19:00, 금·토11:00~19:30
위치 메트로 11호선 Rambuteau역, 메트로 1·11호선 Hôtel de Ville역, 버스 29·38·75번
홈피 berko.fr
요금 €

팽 드 쉬크르 Pain de Sucre

디저트

크루아상과 마카롱이 맛있기로 유명한 곳이다. 마카롱, 밀푀유, 에클레어, 마카롱, 무스 등 디저트를 만든다. 팽 드 쉬크르의 시그니처는 길쭉한 마카롱과 부드러움과 바삭함을 함께 담은 밀푀유, 스토레의 바바오럼 Baba au Rhum(럼주를 넣어 만든 커스터드 케이크)을 현대적으로 해석한 바오밥Baobab이다.

주소 14 Rue Rambuteau
전화 01 45 74 68 92
운영 월·목~일 10:00~20:00
위치 메트로 11호선 Rambuteau역, 메트로 1·11호선 Hôtel de Ville역, 버스 29번
홈피 patisseriepaindesucre.com
요금 €

오 프티 페르 아 슈발
Au Petit Fer à Cheval

마레 지구에 위치한 작은 비스트로로 식사와 더불어 와인 한잔하기에 좋다. 가격도 적당한 편이고 맛도 있다. 한국인들에게 가장 인기 있는 메뉴는 송아지 스테이크Filet mignon de Veau와 오리구이Confit de Canard다.

주소 30 Rue Vieille du Temple
전화 01 42 72 47 47
운영 09:00~01:30 휴무 2월 14~20일, 5월 20일, 7월 14일, 8월 7일~9월 4일
위치 메트로 1호선 Saint-Paul역, Pont Marie, 버스 69·96·76·67번
홈피 www.cafeine.com/petit-fer-a-cheval
요금 €€€

메르시 Merci

파리의 대표적인 편집숍이다. 의류와 액세서리를 비롯해 주방용품과 원예용품, 가구까지 총망라하고 있다. 111번지 입구 안으로 들어가면 편집숍이 있고, 왼쪽에는 카페 데 농 메르시Café de Non Merci, 오른쪽에는 헌책방 카페Used Book Café가 있어 쇼핑 후 식사 또는 음료를 마시기에도 좋다.

주소 111 Bd Beaumarchais
전화 01 42 77 00 33
운영 월~목 10:30~19:30, 금·토 10:30~20:00, 일 11:00~19:00
위치 메트로 8호선 Saint Sébastien Froissart역, 버스 91번
홈피 www.merci-merci.com

파피에 티그르 Papier Tigre

디자인 문구점이다. 다이어리, 수첩, 탁상달력, 메모지 등 종이로 만든 다양한 제품을 판다. 종이 호랑이 심벌이 귀엽다. 문구류 마니아라면 방문해보자.

주소 5 Rue des Filles du Calvaire
전화 01 48 04 00 21
운영 월~금 11:30~19:30, 토 11:00~20:00, 일 13:30~19:00
위치 메트로 8호선 Filles du Calvaire역, 버스 96번
홈피 papiertigre.fr

블렌드 햄버거 Blend Hamburger

메르시 편집숍 근처에 있는 수제버거 전문점이다. 수제버거가 맛있기로 유명한 곳 중 하나로 파리에 5개의 매장이 생겼다. 메르시를 돌아보고 가까운 식당을 찾는다면 이곳을 방문하자.

주소 1 Bd des Filles du Calvaire
전화 01 44 78 28 93
운영 월·화 11:00~15:00, 18:30~22:30, 수 11:30~22:00, 목~일 11:30~22:30
위치 메트로 8호선 Saint Sébastien Froissart역, 버스 91번
홈피 blendhamburger.com
요금 €€

빅러브 BigLove

이탈리안 레스토랑인 빅마마 그룹의 식당이다. 파리에 7개의 식당이 있는데 한국인들에게 유명한 몽마르트르 근처의 핑크마마Pink Mamma, 생마르탱 운하의 오베르마마Ober Mamma와 함께 방문하기 편한 곳이다. 트러플 파스타, 피자, 부라타 치즈 등이 인기다. 대기 줄이 기니 홈페이지의 예약시스템을 이용하자.

주소 30 Rue Debelleyme
전화 01 86 47 78 35
운영 월~목 12:00~14:30, 18:45~22:45,
금 12:00~14:30, 18:45~23:00,
토 11:00~15:30, 18:45~23:00,
일 11:00~15:30, 18:45~22:45
위치 메트로 8호선 Filles du Calvaire역, 버스 96번
홈피 www.bigmammagroup.com
요금 €

On Sunday

마레 지구를 제외하고 파리에서 일요일에 오픈하는 곳은 샹젤리제 거리(p.99 참고)의 상점들과 라 발레 빌라주(p.71 참고) 아웃렛 매장이 있다. 이들 매장은 평일에도 이용할 수 있는 곳이다. 반면에 주말에만 만날 수 있는 매력적인 장소가 있다. 바로 벼룩시장이다. 파리에는 여러 개의 벼룩시장이 있지만 그중에서 규모가 큰 두 개의 시장을 소개한다.

생 우앙 벼룩시장 Marché aux Puces de St. Ouen Map p.21

1870년에 형성된 프랑스 최대 규모의 벼룩시장이다. 2500개의 앤티크 가구와 중고 상점, 1000개의 도매 상점이 입점해 있다. 벼룩시장이니 저렴할 거라고 생각하지 말 것! 흥정은 가능하다. 구역이 넓어서 길을 잃기 쉬우니 곳곳에 세워진 지도 표지판을 잘 참고하자. 소매치기가 많으니 가방은 대각선 앞쪽으로 단단히 메고 카메라와 지갑을 잘 간수해야 한다.

주소 110 Rue des Rosiers
운영 월 11:00~17:00, 금 08:00~12:00, 토·일 10:00~18:00
위치 메트로 4호선 종점 Porte de Clignancourt역, 버스 85·95번, 트램 T3b Porte de Clignancourt역
홈피 www.pucesdeparissaintouen.com

아기자기한 벼룩시장

방브 벼룩시장 Marché aux Puces Vanves Map p.20

생 우앙 벼룩시장보다 훨씬 작은 규모지만 더 서민적이고 아기자기한 벼룩시장이다. 380여 명의 상인들이 모인다. 늦게 가면 장이 파하니 오전에 가는 것이 좋다.

주소 Ave. Georges Lafenestre **운영** 토·일 07:00~14:00
위치 트램 T3a Didot역, 메트로 13호선 Porte de Vanves역, 버스 58번
홈피 pucesdevanves.com

벼룩시장에 나온 그림들

Special Travel
생 마르탱 운하 주변

생 마르탱 운하는 오드리 토투 주연의 영화 〈아멜리에〉(2001)로 우리들에게 알려졌다. 아멜리에가 물수제비를 뜨고 금붕어를 풀어주던 장소로 나온다. 생 마르탱 운하는 젊은 파리지앵들이 많이 찾는다. 잔잔히 흐르는 운하 주변으로 따뜻한 햇살을 만끽하는 파리지앵들이 수다를 떨며 앉아 있고, 주말에는 커플들의 데이트 장소로 사랑받는다. 때문에 파리 중심가에서는 보기 힘든 저렴한 물가의 맛집과 아기자기한 상점들을 만날 수 있다. 특히 영국이나 미국 풍의 커피숍이나 브런치 가게들이 인기다.

레스토랑 · 카페

1. 오/에이치피/이 O/HP/E
2. 홀리밸리 Holybelly
3. 이머전 리퍼블릭 Immersion République
4. 밥스 주스 바 Bob's Juice Bar
5. 르 샤토브리앙 Le Chateaubriand
6. 블랑제리 리베르테 Boulangerie Liberté
7. 두 팽 데 데지에 Du Pain et des Idées
8. 텐 벨즈 Ten Belles
9. 르 콩투아 제네랄 Le Comptoir Général
10. 두 팽 데 데지에 Du Pain et des Idées

기타

1. 파리 동역 Paris Gare de L'est
2. 파리 북역 Paris Gare du Nord
3. 생 루이 병원 Hôpital Saint Louis

쇼핑

1. 리브레리 아르타자르 Librairie Artazart
2. 앙투안 에 릴리 Antoine et Lili
3. 아페쎄 A.P.C.
4. 아그네스 b. Agnès b.
5. 프리볼리 Frivoli
6. 바벨 콩셉 스토어 Babel Concept Store

숙소

1. 세인트 크리스토퍼 인 St. Christopher's Inns
2. 제너레이터 호스텔 파리 Generator Hostel Paris
3. 앱솔루트 파리 Abosolute Paris
4. 호텔 키리아드
Hotel Kyriad(Canal Saint Martin Republique점)

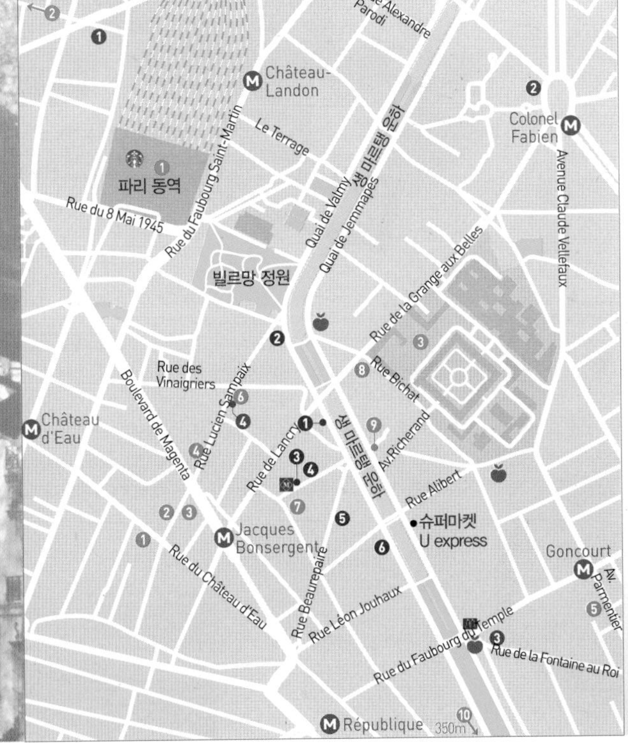

오/에이치피/이 O/HP/E

카페

단정한 예쁜 카페다. 커피와 차, 이에 어울리는 디저트를 판다. 생 마르탱 운하를 걷기 전 간단하게 커피와 크루아상을 먹을 수도 있고 둘러보고 돌아가기 전 잠시 들러 차와 디저트 한 가지를 먹기에 좋은 장소다.

주소 27 Rue du Château d'Eau
전화 01 42 41 58 16
운영 화~금 08:30~18:0, 토 09:30~18:30, 일 09:30~17:00
위치 메트로 5호선 Jacques Bonsergent역, 버스 56·91번
홈피 www.instagram.com/ohpeparis10
요금 €

홀리밸리 Hollybelly

레스토랑

'신성한 배', 가게 이름부터 재밌다. 아침과 브런치 메뉴를 판다. 같은 거리에 같은 이름, 두 개의 식당이 있는데 가게 이름에 번지수를 붙이고 다른 메뉴를 판다. 재료는 시즌별 식재료를 사용한다. 가격도 저렴한 편이고 예약을 받지 않고 사람이 항상 북적이므로 일찍 방문하는 것이 좋다.

주소 5 Rue Lucien Sampaix
운영 09:00~17:00
　휴무 5월 1·9일, 7월 10·27일, 11월 1·11일, 12월 23·29일
위치 메트로 5호선 Jacques Bonsergent역, 버스 56·91번
홈피 www.holybellycafe.com
요금 €€

© Immersion République

이머전 리퍼블릭 Immersion République

카페 레스토랑

올데이 브런치를 표방하는 브런치 전문점이다. 가격도 €15 안팎으로 저렴하고 사진찍기 예쁜 메뉴와 맛으로 파리지앵과 여행자들에게 모두 인기다. 문 여는 시간에 맞춰가지 않으면 한 시간 정도 기다려야 할 수도 있다. 방돔지점(23 rue Danielle Casanova,)과 몽마르트르 지점(106 Rue Montmartre)이 생겼다.

주소 8 Rue Lucien Sampaix
운영 월~금 10:00~16:00, 토·일 09:00~19:00
위치 메트로 5호선 Jacques Bonsergent역, 버스 56·91번
홈피 immersionparis.fr
요금 €

밥스 주스 바 Bob's Juice Bar

카페

뉴욕의 오너셰프인 밥Bob이 파리에서 차린 착즙 주스 가게로, 젊은 파리지앵들에게 인기가 있다. 주스만 파는 것이 아니고 베이글 샌드위치나 아보카도, 후무스가 들어간 샐러드 등 주로 채식주의자들을 위한 음식을 판다. 주스 바의 성공으로 프랑스 국립도서관에 밥스 카페 Bob's café(MK2 Bibliothèque, 128–162 Av. de France, 일~목 10:00~20:00, 금 · 토 10:00~21:00)와 베이크 숍Bob's Bake Shop(12 Esplanade Nathalie Sarraute, 08:00~14:30, 18:00~22:00(월~금)도 문을 열었다. 셰익스피어 앤 컴퍼니 카페를 콜라보로 운영하고 있다.

주소 15 Rue Lucien Sampaix **전화** 09 50 06 36 18
운영 월~금 08:30~15:00
위치 메트로 5호선 Jacques Bonsergent역, 버스 56·91번
홈피 www.bobsjuicebar.com
요금 €

블랑제리 리베르테 Boulangerie Liberté

베이커리

식사용 빵과 디저트를 동시에 파는 베이커리로 앉아서 먹을 공간이 있다. 2014년 크루아상 경연대회에서 6위를 했다.

주소 39 Rue des Vinaigriers **전화** 01 42 05 51 76
운영 월~토 07:30~20:00, 일 08:30~17:00
위치 메트로 5호선 Jacques Bonsergent역, 버스 56·91번
홈피 www.liberte-paris.com
요금 €

뒤 팽 에데이데 Du Pain et des Idées

베이커리

천연재료와 유기농 재료를 사용해 건강한 빵을 만드는 베이커리로 2002년에 문을 열었다. 빵집이 있는 건물은 1875년에 지어진 유서 깊은 건물로 인테리어 그대로를 유지하고 있어 건물 내부를 보는 재미도 있다. 초콜릿 피스타치오 달팽이 빵L'Escargot Chocolat-Pistache, 사과 쇼송Chausson À La Pomme Fraîche, 오렌지 블러섬 브리오슈Brioche À La Fleur D'Oranger, 플랑Flan, 친구빵Pain des Amis이 시그니처 메뉴다.

주소 34 Rue Yves Toudic **전화** 01 42 40 44 52
운영 월~금 07:15~19:30 휴무 토·일
위치 메트로 5호선 Jacques Bonsergent역, 버스 56·91번
홈피 dupainetdesidees.com **요금** €

텐 벨즈 Ten Belles

카페

파리의 신 커피 문화를 주도하는 곳 중 한 곳으로 로스터리 벨빌 브륄르리Belleville Brulerie에서 로스팅 · 블렌딩한 커피를 바리스타 토마 로우Thomas Lehoux가 뽑아낸다. 다양한 커피와 스콘, 샌드위치 등을 즐길 수 있는 장소다. 프랑스라기보다는 영국인 듯한 착각이 든다.

주소 10 Rue de la Grange aux Belles
전화 09 83 08 86 69
운영 월~금 08:30~17:30, 토·일 09:00~18:00
위치 메트로 5호선 Jacques Bonsergent역, 버스 56·91번
홈피 tenbelles.com
요금 €

르 콩투아 제네랄 Le Comptoir Général

카페

아프리카를 주제로 한 문화공간이다. 입장 시 도네이션이 필요하고 내부공간은 자유롭게 이용가능하다. 요일에 따라 공연이 펼쳐지고 음료와 아프리카 음식도 맛볼 수 있다.

주소 84 Quai de Jemmapes
전화 01 44 88 24 48
운영 화·수 18:00~01:00, 목·금 18:00~02:00, 토 11:00~02:00, 일 11:00~23:00
위치 메트로 5호선 Jacques Bonsergent역, 버스 56·91번
홈피 lecomptoirgeneral.com
요금 €

르 샤토브리앙 Le Chateaubriand

레스토랑

프랑스 네오 비스트로를 선도하는 셰프, 이나키 에즈피타트Inaki Aizpitarte의 레스토랑이다. 2015년 세계 최고의 레스토랑 21위에 올랐다. 가격은 점심 메뉴는 €65, 저녁 메뉴는 €95로, 계절에 따라 달라지는 오직 한 메뉴만 취급한다.

주소 129 Ave. Parmentier
전화 01 43 57 45 95
운영 점심 토 12:00~14:00
저녁 수~토 19:00~23:00
위치 메트로 11호선 Goncourt역
홈피 lechateaubriand.net
요금 €€€

리브레리 아르타자르

Librairie Artazart

쇼핑

포토그래피, 일러스트, 패션, 타이포그래피 등 디자인 관련 서적들을 판매하는 곳이다. 가방과 같은 액세서리도 판다. 블랙과 레드의 대비가 강렬해 그냥 지나칠 수가 없다.

주소 83 Quai de Valmy
전화 01 40 40 24 00
운영 월~토 10:30~19:30, 일 11:00~19:30
휴무 1월 1일, 12월 25일
위치 메트로 5호선 Jacques Bonsergent역, 버스 56·91번
홈피 www.artazart.com

프리볼리 Frivoli

쇼핑

누군가는 명품 옷을 한 번 입고 버리기도 하지만 명품 옷을 비싸지만 제값에 사지 못하는 사람들도 있다. 이곳에서는 명품 빈티지 옷과 액세서리, 약간의 문제로 정상 제품으로 팔리지 않은 트렌디한 옷을 판다.

주소 26 Rue Beaurepaire **전화** 01 42 38 21 20
운영 월 13:00~19:00, 화~금 11:00~19:00, 토·일14:00~19:00
위치 메트로 5호선 Jacques Bonsergent역, 버스 56·91번
홈피 www.instagram.com/frivoli_depot_vente
요금 €

바벨 콘셉 스토어 Babel Concept Store

쇼핑

편집숍으로 빈티지부터 새 제품까지 옷, 액세서리, 접시, 향초 등 재미난 아이템들을 모아 놓았다. 기성 매장에서 찾기 힘든, 특이한 것을 좋아한다면 방문해보자.

주소 55 Quai de Valmy
전화 01 42 40 10 95
운영 월~토 11:30~19:30, 일 12:00~19:30
위치 메트로 5호선 Jacques Bonsergent역, 버스 56·91번
홈피 www.instagram.com/babelpari
요금 €

8 파리 근교 여행

파리에 머무는 동안 파리가 지겨워질 리는 없겠지만,
그래도 도시에서 벗어나 근교의 아름다운 장소
한두 곳 정도는 돌아보는 것이 좋다.
파리 여행자들의 필수 방문지역인 베르사유 궁전과
반 고흐의 마지막 숨결을 간직한 오베르 쉬르 우아즈,
모네의 그림보다 더한 걸작이라 칭송받는
아름다운 집과 정원을 볼 수 있는 지베르니,
파리에서 가까운 바다 마을 도빌과 인상파 화가의 요람 몽플뢰르,
코끼리 바위로 유명한 에트르타,
아름다운 퐁텐블로와 보 르 비콩트 성,
그리고 좀 더 멀지만 1박 2일 코스로 다녀오기 좋은
몽 생 미셸과 생 말로, 루아르 고성, 스트라스부르를 소개한다.

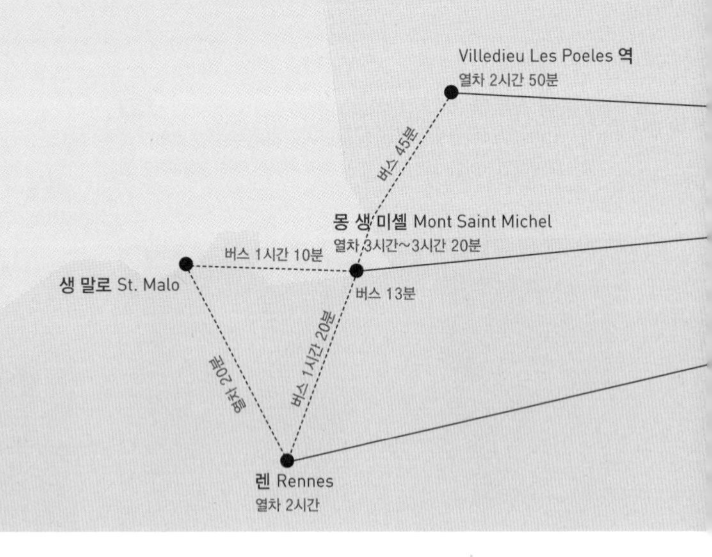

Best Route

베르사유 궁전과 오베르 쉬즈 우아즈, 루앙, 퐁텐블로는 아침 일찍 돌아보면 오후에 파리로 돌아와 다른 일정을 소화할 수 있다. 지베르니와 보르 비콩트 성, 에트르타는 한나절을 생각하고 여유 있게 다녀오는 게 좋다. 도빌과 몽플뢰르는 함께 묶어 다녀오는 것이 좋은데 아침 일찍 서두르면 하루 만에 다녀올 수 있다. 도빌–몽플뢰르 간 버스 시간표를 미리 체크해 일정을 세워야 한다. 몽 생 미셸과 생 말로, 루아르 고성, 스트라스부르는 각각 빽빽하게 하루 일정으로 다녀올 수도 있으나 제대로 즐기기 어렵다. 최소 1박 2일로 다녀오는 것을 추천한다.

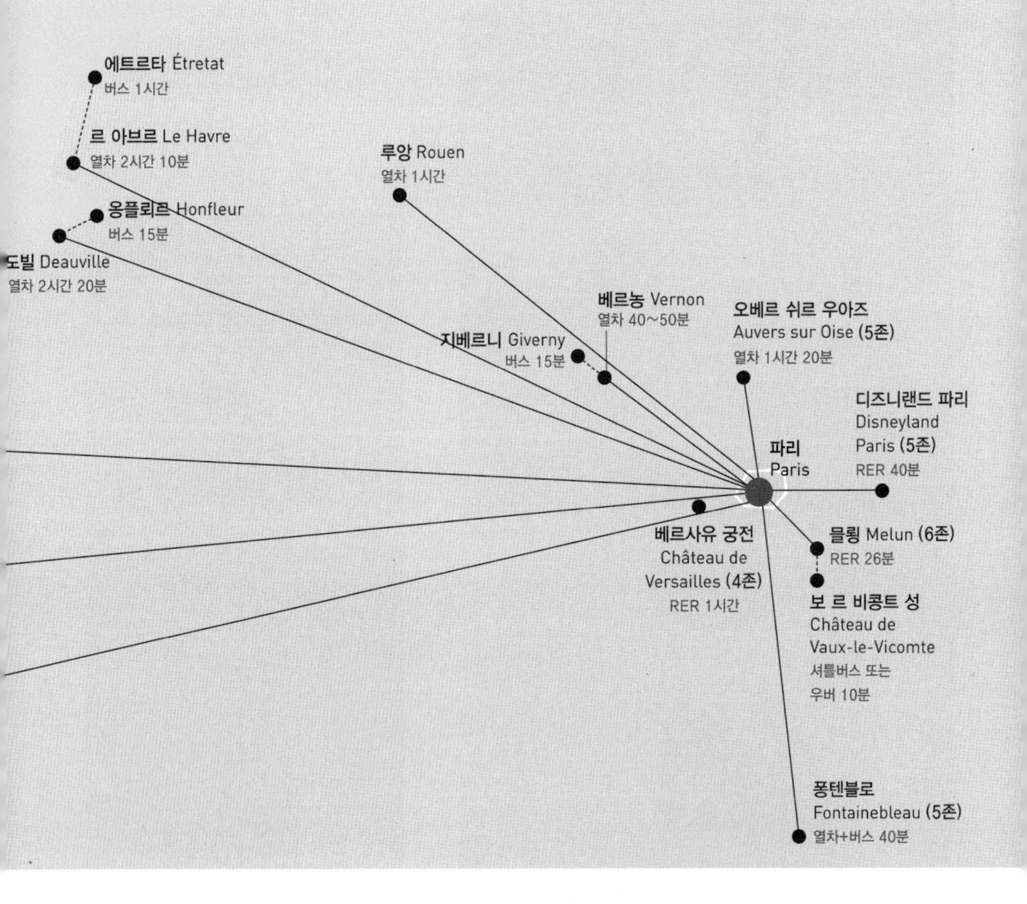

파리 과학 산업 박물관 Cite des sciences et de l'industrie

파리 북동쪽 끝자락에 위치하고 있는 과학 박물관으로 라 빌레트 과학관이라고도 부른다. 상설전시관은 1 · 2층으로 다양한 과학 체험 위주로 전시되어 있어 어린이 동반 여행자에게 추천한다. 우주를 좋아한다면 우주의 탄생, 태양계 탐험 등을 영상으로 보여주는 천체영상관인 플라네타리움Planetarium을 꼭 방문하자. 아이들의 도시Cité des enfants는 별도 요금을 지불해야 한다.

주소 30 Ave. Corentin-Cariou
전화 40 05 70 00
운영 화~토 09:30~18:00, 일 09:30~19:00
휴무 월요일, 1월 1일, 5월 1일, 12월 25일
위치 메트로 7호선 Porte de la Villette역, Corentin Cariou역, 버스 71·139·150·152 Porte de la Villette 정류장, 트램 T3b선 Porte de la Villette 정류장
홈피 www.cite-sciences.fr
요금 **파리 과학 산업 박물관** 일반 €13, 학생·25세 미만 €10, 2~5세 €3.5, 2세 미만 무료
아이들의 도시 Cité des Enfants 일반 €13, 25세 미만 €12
아기들의 도시 Le lab de la Cité des Bébés 23개월까지 무료

© Cite des sciences et de l'industrie

© Cite des sciences et de l'industrie

© Cite des sciences et de l'industrie

© Cite des sciences et de l'industrie

© Cite des sciences et de l'industrie

디즈니랜드 파리 Disneyland Paris

전 세계에 12곳의 디즈니랜드가 있는데 그중 2곳이 파리에 있다. 디즈니랜드 파크와 월트 디즈니 스튜디오 파크로 유럽 유일의 디즈니랜드다. 보통은 하루에 2곳 모두를 방문할 수 있는 입장권을 끊는다. 어트랙션이 많고 폐장 시간이 조금 이른 월트 디즈니 스튜디오 파크를 먼저 보고 디즈니랜드 파크로 이동하는 것이 유용하다. 티켓은 재입장이 가능해 드나들 수 있다. 사전에 디즈니랜드 어플을 사용하면 이벤트나 대기시간 체크에 도움이 되며 대기 시간이 길다면 추가 요금을 내고 패스트트랙을 이용하자. 디즈니랜드의 하이라이트인 퍼레이드와 밤에 펼쳐지는 일루미네이션은 절대 놓치지 말자.

주소 Bd de Parc, 77700 Coupvray
전화 02 47 27 56 10
운영 디즈니랜드 파크 09:30~22:00, 월트디즈니 스튜디오 파크 09:30~21:00 (운영시간은 시기에 따라 달라지니 홈페이지를 통해 한 번 더 체크하자)
위치 RER A선 Marne-la-Vallée-Chessy역, 5존으로 편도 요금 €5다. 나비고 등이 아닌 단일 교통권을 구입한다면 왕복으로 표를 끊는 것을 추천한다. 일루미네이션을 본 후 많은 사람들이 역으로 몰려 긴 줄을 서야 한다.
2. 파리 시내에서 디즈니랜드까지 셔틀버스와 입장료를 함께 묶어 판매하는데 홈페이지를 통해 구입 가능하다. 디즈니랜드 파리 익스프레스Disneyland Paris Express 북역(08:15)-에펠탑(08:30)-오페라(08:35)-샤틀레(08:55)-디즈니랜드 도착(09:45), 파리로 돌아오는 시간은 폐장시간에 따라 달라진다.
3. 공항-디즈니랜드 셔틀버스Magical Shuttle는 샤를 드 골 공항과 오를리 공항에서 직행으로 운영한다. (편도 일반 €24, 2~12세 €11, 2세 미만 무료)
홈피 www.disneylandparis.com
요금 파크 1곳 1인 €56 파크 2곳 1일 €81, 2일 €71, 3일 €67, 4일 €59, 3세 미만 무료

화려한 프랑스, 베르사유 궁전 Château de Versailles

베르사유는 루이 13세가 사냥을 즐기던 인구 100명의 작은 시골 마을이었다. 루이 14세가 이곳에 바로크 양식의 화려한 궁전을 짓기 시작했다. 궁 건설은 보 르 비콩트 성Château de Vaux le Vicomte을 제작했던 3인방(건축은 르 보Louis Le Vau, 조경은 르 노트르André Le Nôtre, 인테리어는 르 브룅Charles Le Brun)이 맡았다.

궁이 완성되자 왕과 왕족, 그리고 귀족들까지 몰려와 이곳에서 화려한 궁정 생활을 즐겼지만 그 생활은 프랑스혁명으로 막을 내렸다. 1837년 루이 필립이 이곳을 박물관으로 전환해 개방했다. 베르사유 궁전의 볼거리는 거울의 방La Galerie des Glaces, 루이 14세가 사용하던 왕의 방Le Chambre du Roi, 마리 앙투아네트가 지내던 왕비의 방La Chambre de la Reine, 400개 이상의 대리석상과 청동상, 박진감 넘치는 아폴로 분수 등으로 꾸며진 정원과 운하Les Jardin·Grand Canal, 나폴레옹이 황제시절 가장 좋아했던 그랑 트리아농Grand Trianon, 루이 15세가 퐁파두르 부인Madame de Pompadour을 위해 만든 프티 트리아농Petit Trianon, 마리 앙투아네트가 루소의 영향으로 만든 왕비의 촌락Hameau de La Reine이 있다.

베르사유 궁전은 크게 베르사유 궁, 정원과 운하, 마리 앙투아네트 지역 세 곳으로 나뉜다. 정원은 무료입장이 가능하다. 그렇기 때문에 입장 티켓은 베르사유 궁전+마리 앙투아네트 지역을 동시에 볼 수 있는 원데이 패스포트One-day Passport를 구입하거나 보고 싶은 구역의 별도 입장권을 구입하면 된다. 베르사유 궁전은 규모가 매우 크기 때문에 편한 신발은 필수다. 여름철이라면 모자와 선글라스도 필수! 오래 걷는 게 힘들다면 궁전에서 출발하는 꼬마기차Les Petits Trains를 이용하거나(일반 €8.5, 11~18세 €6.5, 11세 미만 무료, 오디오 가이드 무료(다운로드) 대운하 근처의 자전거 대여소에서 자전거(1시간 €10, 4시간 €21, 여권 필요)를 빌려 돌아보면 된다. 마리 앙투아네트 지역에는 앙젤리나Angelina가 있어 디저트와 차를 마시기에 좋다.

주소 Place d'Armes
전화 01 30 83 78 00
운영 **4~10월** 베르사유 궁전 09:00~18:30, 마리 앙투아네트 지역 12:00~18:30, 정원 08:00~20:30 **11~3월** 베르사유 궁전 09:00~17:30, 마리 앙투아네트 지역 12:00~17:30, 정원 08:00~18:00
휴무 월요일, 1월 1일, 5월 1일, 12월 25일(정원 제외)
위치 1. RER: RER C선 Versailles-Rive Gauche역. 파리에서 약 1시간이 소요되고 편도 요금은 €5다.
2. 메트로+버스: T+ ticket 교통권 2장으로 가는 방법도 있다. 메트로 9호선 종점 Pont de Sévres역 2번 출구로 나와 171번 버스를 타고(30분 소요) 종점에서 내린다. 주말 방문 예정인 만 26세 미만 여행자라면 나비고 젠느 위크엔드(284p) 티켓을 구입하는 것이 유리하다.
홈피 www.chateauversailles.fr

입장료

원데이 패스포트 One-day Passport
베르사유 궁전+마리 앙투아네트 지역을 동시에 돌아볼 수 있는 티켓이다.
요금 18세 이상 €24, 4~9월 주말 뮤지컬 분수 쇼 또는 뮤지컬 정원 포함 18세 이상 €28.5, 18세 미만 무료 *무료입장 11~3월 첫째 주 일요일

별도로 볼 경우

베르사유 궁전 Château de Versailles
요금 18세 이상 €21, 18세 미만 무료

마리 앙투아네트 지역 Estate of Marie-Antoinette
요금 18세 이상 €12, 18세 미만 무료

입장권을 사기 위한 긴 줄. 기다리기 싫다면 사전에 표를 구입하자.

Office de Tourisme

베르사유 궁전으로 들어가는 줄이 너무 길다면 이곳에서 뮤지엄패스를 구입해 들어가는 것을 추천한다.

주소 Place Lyautey, 78000 Versailles(Versailles-Rive Gauche 역 앞)
운영 화~일 09:30~17:00 **휴무** 월요일, 1월 1일, 5월 1일, 12월 25일
전화 01 39 24 88 88
홈피 versailles-tourisme.com

베르사유 궁전

마리 앙투아네트가 머물렀던 여왕의 방

화려한 거울의 방

정원, 크기가 무려 8,000헥타르에 이른다.

Tip

1. 줄서서 기다리기 싫다면

성수기 시즌에 입장권을 구입하는 데 1~2시간을 보내고 싶지 않다면 미리 홈페이지를 통해 예약하거나 뮤지엄패스를 이용하는 것이 좋다. A 출입구로 들어가면 된다.

2. 교통권 이용

베르사유는 4존이다. 만약 4존을 포함하는 모빌리, 파리 비지테, 나비고 등의 교통권을 가지고 있다면 무료로 이용 가능하다. 유레일패스 소유자라면 유효기간 이내 또는 날짜 기입을 하면 무료로 이용 가능하다. 단, 유레일패스 사용이 가능한 C · D · E선에서 타야 한다. 베르사유만을 가기 위해 플렉시패스에 날짜를 쓰는 건 낭비다.

베르사유 궁전 Château de Versailles

베르사유 궁전의 출입구는 세 개로 구분되어 있다. 개별 방문자들은 A, 단체는 B, 가이드 투어 · 뮤지엄패스 소지자들은 C로 들어가면 된다.
궁전의 최고 하이라이트는 578장의 거울로 꾸며진 거울의 방. 73m 길이에 10.5m의 폭, 12.3m 높이로 천장에는 프랑스 왕족의 화려한 역사를 주제로 한 30개의 천장화가 그려져 있다. 이곳에서는 주로 가면무도회와 같은 궁정행사가 열렸다.

그랑 트리아농

정원과 운하 Les Jardin & Grand Canal

르 노트르가 설계한 정원은 이후 프랑스식 정원의 정석이 되었다. 둘레의 길이가 무려 43km나 되는 거대한 정원으로 왕족의 사냥터 겸 산책 장소로 쓰였다.

프티 트리아농

그랑 트리아농 Grand Trianon

르 보와 망사르가 디자인한 건물로 1708년에 완공되었다. 루이 14세는 이곳을 자신의 가족과 베르사유 궁전을 방문한 귀빈이 사용하도록 했다. 루이 14세가 이곳에서 사망했으며 이후에는 나폴레옹 1세의 부인, 루이 필립 1세의 부인이 사용했다.

왕비의 촌락으로 가는 길에 있는 사랑의 사원

프티 트리아농 Petit Trianon

앙주 자크 가브리엘Ange-Jacques Gabriel이 디자인한 건물로 루이 15세가 마담 퐁파두르를 위해 만든 것이다(당시 왕은 애첩을 두는 것이 일반적이었다). 그러나 1768년 프티 트리아농이 완공되었을 때 이미 퐁파두르 부인은 죽은 뒤였다. 그래서 루이 15세의 마지막 정부인 뒤바리 부인Madame du Barry이 살았다. 루이 16세가 왕위에 오르자 마리 앙투아네트에게 선물했다. 마리 앙투아네트는 이곳을 자신만의 안식처로 사용했다고 한다.

왕비의 촌락

왕비의 촌락 Hameau de La Reine

2006년에 개봉한 영화 〈마리 앙투아네트〉를 보면 마리 앙투아네트가 루소와 함께 정원을 걸으며 왕비의 촌락에 관해 의견을 나누는 장면이 나온다. 당시 상류사회의 유행은 루소의 '자연으로 돌아가라'였는데, 마리 앙투아네트는 베르사유 궁전 내에 시골 느낌이 나는 작은 마을을 만들었다. 그녀는 이곳에서 농작물 재배와 소젖 짜기 등 시골 생활을 취미 생활로 즐겼다. 작은 와인농장도 볼 수 있다.

왕비의 촌락의 포도밭

베르사유 궁전의 모델이 된 보 르 비콩트 성Château de Vaux-le-Vicomte

보 르 비콩트 성이 없었다면 베르사유 궁전이 없었을지도 모른다. 사건은 루이 14세 시절 재무상이었던 니콜라스 푸케Nicolas Fouquet가 보 르 비콩트 성을 지으면서 시작되었다. 1661년 성이 완공되자 푸케는 왕과 귀족들을 초청해 화려한 집들이 파티를 벌인다. 푸케는 보 르 비콩트 성은 루이 14세를 위한 것이었다고 아첨했지만, 장 바티스트 콜베르Jean-Baptiste Colbert는 푸케가 공적자금을 유용해 성을 지었다고 주장했다. 주변의 귀족들은 푸케가 왕의 것보다 화려한 성을 지었다고 수군거리기 시작했다.

푸케는 결국 루이 14세의 노여움을 사고 만다. 전 재산을 몰수당하고 감옥에서 종신형을 살게 되었고 푸케의 아내는 외국으로 추방당한 비운의 이야기를 담고 있다.

보 르 비콩트 성의 건축은 르 보Le Vau, 조경은 르 노트르Le Nôtre, 인테리어는 르 브룅Le Brun이 맡았다. 1658년부터 1661년 동안 진행된 공사에 동원된 인원만 1800명에 이른다.

주소 77950 Maincy
운영 수~일 10:00~18:00 **휴무** 월·화
위치 리옹역Gare de Lyon에서 출발하는 RER R을 타고 Melun역에 내린 후(26분 소요) 우버Uber로 10분이면 갈 수 있다. 또는 Melun역에서 성까지 운행하는 샤토버스Châteaubus가 있는데 토·일·공휴일(3월 중순~11월 첫째 주 일요일)에만 운영하며 홈페이지를 통해 예약해야 한다(€5).
홈피 www.vaux-le-vicomte.com
요금 궁전+박물관+정원 통합티켓 일반 €17, 6~17세 €13.5, 6세 미만 무료

〈모나리자〉를 프랑스에 있게 한, 퐁텐블로 성Château de Fontainebleau

프랑수아 1세François I(1494~1547) 때에 현재의 모습으로 증축된 궁전으로 프랑스에서 가장 큰 성이다. 프랑수아 1세는 1515년 왕위에 올랐는데 그는 예술 애호가로 이탈리아의 건축가와 화가를 대거 초대해 성을 꾸미고 작품을 사들였으며 이들을 후원했다. 현재 루브르 박물관의 수많은 작품들은 프랑수아 1세가 사들인 것이다. 레오나르도 다빈치도 그중 한 사람으로 〈모나리자〉를 남겼고, 죽을 때까지 프랑스에서 살았다. 이후 수많은 프랑스 왕들을 거쳐 나폴레옹 3세Napoleon III 때까지 사용되었다.

주소 77300 Fontainebleau
전화 01 60 71 50 70
운영 성 10~3월 09:30~17:00, 4~9월 09:30~18:00
휴무 화요일, 1월 1일, 5월 1일, 12월 25일
위치 파리 리옹Gare De Lyon역에서 Laroche Migennes, Montereau 또는 Montargis 방향 기차를 타고 퐁텐블로 아봉Fontainebleau Avon역에 내린 후 'Ligne 1' 버스를 타면 성 앞에 내린다. 약 40분 소요
홈피 www.chateaudefontainebleau.fr
요금 일반 €14, 18~26세 미만 €12, 18세 미만 무료, 비디오 가이드 €4

Tip

보 르 비콩트 성과 퐁텐블로 성 원데이 투어

교통편이 불편한 보 르 비콩트 성을 퐁텐블로와 묶어 투어버스를 이용해 당일여행을 다녀올 수 있다. 오디오 가이드를 이용하는 투어와 가이드가 인솔하는 투어 두 가지가 있다(영어만 가능). 출발은 메트로 1호선 Tuileries역 근처 잔다르크 동상 앞(2 Rue des Pyramides)에서 한다.

운영 4~10월에만 운영, 9시간 소요
홈피 www.pariscityvision.com/en/paris/surroundings/fontainebleau-castle
요금 오디오 가이드 투어 일반 €105, 3~11세 €95, 3세 미만 무료

반 고흐의 마지막 그림, 오베르 쉬르 우아즈 Auvers sur Oise

반 고흐를 좋아한다면 작고 아름다운 오베르를 꼭 방문해보자. 오베르는 반 고흐가 1890년 5월 20일에 도착해 70일 동안 머물다 자살로 죽음을 맞이한 장소다. 그 짧은 시간 동안 이곳에서 그린 그림이 무려 77편에 이른다.

오베르의 하이라이트는 고흐가 머물던 다락방. 고흐가 그린 〈오베르의 교회〉, 〈오베르의 시청〉, 〈까마귀가 있는 밀밭〉의 실제 모습을 둘러보고, 고흐와 동생 테오의 무덤이 있는 마을 묘지Cimetiére를 돌아보면 된다. 오베르는 반 고흐뿐만 아니라 폴 세잔, 카미유 피사로 등의 화가가 머물며 그림을 그렸던 마을로 갤러리가 많다.

라우 여관

반 고흐의 다락방

위치 1. 성수기 토·일·공휴일에 파리 북역Gare du Nord-오베르 쉬르 우아즈Auvers-sur-Oise 하루 1편의 직행열차가 있다. (북역 출발 09:00~10:00, 오베르 출발 오후 18:00~19:00)
2. 파리 북역Gare du Nord에서 간다면 Valmondois역 또는 Saint-Ouen-l'Aumône역에서 환승해 오베르 쉬르 우아즈Auvers-sur-Oise역으로 갈 수 있다. 70분에서 90분이 소요되며 요금은 편도 €5~7.1다.
3. 생 라자르역Saint-Lazare역 또는 모든 RER C선에서 출발한다면 Pontoise역에서 환승해 갈 수 있다. 소요시간은 1시간 10분~15분이며 요금은 동일하다.

반 고흐의 집 Maison de Van Gogh
주소 Place de la Mairie
전화 01 30 36 60 60
운영 **3월 6일~11월 17일** 수~일 10:00~18:00
위치 오베르 시청 맞은편에 있다.
홈피 www.maisondevangogh.fr
요금 일반 €10, 12~17세 €8, 12세 미만 무료

Tip
오베르 쉬르 우아즈는 5존이다. 만약 5존을 포함하는 모빌리, 파리 비지테, 나비고 등의 교통권을 가지고 있다면 무료로 이용 가능하다. 유레일패스 소유자라면 유효기간 이내 또는 날짜 기입을 하면 무료로 이용 가능하다.

Office de Tourisme

관광안내소에 가면 한글로 된 오베르 마을 지도를 주는데 매우 유용하다. 이 지도를 보고 돌아다니면 된다. 요청 시 반 고흐에 관한 짧은 영상물도 보여준다.

주소 38 Rue du Général de Gaulle, 95430 Auvers-sur-Oise
전화 01 30 36 71 81
운영 4~10월 화~금 09:30~13:00, 14:00~18:00 토·일 09:30~18:00 11~3월 화~금 10:00~13:00, 14:00~16:30, 토·일 10:00~16:30
홈피 www.tourisme-auverssuroise.fr

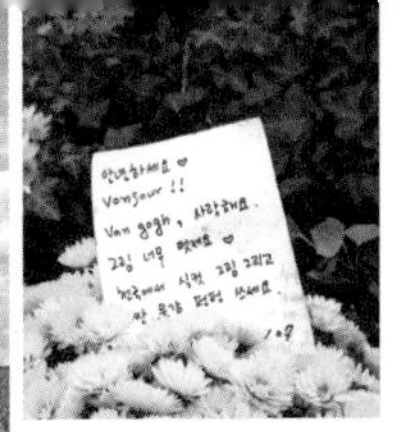

까마귀 날던 밀밭

오베르의 시청

오베르의 교회

반 고흐 공원에 세워진 고흐 동상

반 고흐와 테오의 무덤

모네의 정원, 지베르니 Giverny

모네가 43년 동안 살던 집과 직접 만들고 가꾼 아름다운 정원을 볼 수 있는 마을이다. 모네는 자신이 만든 정원과 연못을 수많은 작품 속에 남겼다. 오랑주리 미술관이나 마르모탕 모네 미술관을 관람한 후에 이곳에 들르면 더욱 깊은 인상을 받을 것이다. 꽃이 흐드러지게 피는 5~6월이 가장 방문하기에 좋다. 근처에 모네의 묘도 있다.

위치 파리 생 라자르역Gare St Lazare에서 Rouen/Le Havre 방향 열차를 타고 베르농 지베르니Vernon-Giverny역에 내려 셔틀버스를 타면 된다. 베르농까지의 소요시간은 약 40~50분이며 철도 요금은 편도 €16.8이다. 베르농에서 지베르니까지는 7km로 셔틀버스 요금은 왕복 €10이며 지베르니까지 15~20분 정도가 걸린다.

모네의 집과 정원 Jardins de Claude Monet

늦은 오전에 도착한다면 긴 줄을 각오해야 한다. 오픈 시간에 맞춰서 가거나 인터넷으로 미리 티켓을 사두는 것이 현명한 방법이다.

주소 84 Rue Claude Monet
전화 02 32 51 28 21
운영 4월~11월 1일 09:30~18:00
위치 두 가지 길이 있다. 하나는 도로를 따라 오른쪽으로 걸어가는 방법이고 또 하나는 작은 오솔길을 따라 가는 방법이다. 셔틀버스에서 내린 사람들을 따라가면 쉽다.
홈피 www.giverny.org
요금 일반 €13, 7세 이상·학생 €8.5, 7세 미만 무료(인터넷으로 살 경우 수수료 €1.45 추가)

모네의 다리

냇물 옆 작은 길을 따라가면 모네의 집에 도착한다.

Office de Tourisme

주소 Parking du Verger, 37 Chemin du Roy 27620 GIVERNY
전화 02 32 51 39 60
운영 4~10월 09:30~13:00, 14:00~17:30 11~3월 09:30~13:00, 14:00~17:30
홈피 www.normandie-tourisme.fr

탐험가들의 고향, 생 말로 St. Malo

생 말로는 14~17세기에 만들어진 중세시대 성곽에 둘러싸인 아름다운 휴양지다. 여름 휴가철이면 생 말로의 아름다운 바다와 풍경, 요트와 카지노, 모래 해변을 즐기러 오는 프랑스인이 많다. 가장 번영했던 시기는 17~18세기로, 모험심 많은 항해사들과 무역을 하는 상인들로 북적였다. 생 말로 태생의 유명한 탐험가로 자크 카르티에Jacques Cartier가 있다.

위치 파리 몽파르나스Montparnasse역에서 생 말로까지 TGV 직행이 있다. 약 2시간 15분이 소요된다. 렌Rennes역에서 일반기차로 갈아타는 방법으로는 2시간 40분 정도가 소요된다.

생 말로에서 몽 생 미셸 가기

1. 직행버스 생 말로에서 몽 생 미셸까지 직행버스가 하루에 한 대 있다. 매일 운행하지 않기 때문에 관광안내소에서 미리 체크. 생 말로 버스터미널 09:15→몽 생 미셸 입구 주차장 10:25, 몽 생 미셸 15:45→생 말로 16:55, 요금은 편도 일반 €15, 26세 미만 €12, 왕복 일반 €25, 26세 미만 €20, 4세 미만 무료

2. 기차+버스 생 말로에서 돌 드 브르타뉴Dol de Bretagne까지 기차로 간 후(09:30 €5.3) 돌 드 브르타뉴에서 버스(€8)로 몽 생 미셸까지 가는 방법이 있다.

생 말로는 성곽 밑에 해변이 있는 아름다운 휴양지다.

생 말로의 시청

길거리의 퍼포먼스

생 말로 구시가지의 모습

성곽을 따라 바다 풍경을 즐기며 한 바퀴 걸어보자.

Office de Tourisme

주소 Esplanade Saint-Vincent **전화** 02 99 56 66 99
운영 7·8월 19:30~19:00 4~6·8월 말~9월 중순 월~토 09:30~13:00, 14:00~18:00 9월 중순~3월 월~토 09:30~13:00, 14:00~18:00
홈피 www.saint-malo-tourisme.com

암초 위의 수도원, 몽 생 미셸
Mont Saint Michel

몽 생 미셸은 바다 위로 솟은 암초에 수도원과 마을이 세워진 신비로운 풍경을 볼 수 있는 곳이다. 이름은 '성 미카엘의 산'이란 뜻으로 708년 오베르Aubert 주교의 꿈에 대천사 미카엘이 나타나 예배당을 지으라는 명에서 비롯됐다. 709년 오베르 주교가 예배당을 세운 것을 시작으로 증축과 보수 과정을 거쳐 오늘날에 이르렀다. 프랑스혁명 시기에는 감옥으로 사용되기도 했다. 중세시대에는 로마, 스페인의 산티아고와 함께 유럽의 중요한 기독교 성지였다. 오늘날에는 연간 500만 명 이상의 순례자와 관광객들이 찾는다. 몽 생 미셸의 아름다움을 제대로 보려면 1박을 하며 밀물과 썰물 때, 일출, 일몰, 그리고 야경 속의 몽 생 미셸을 보는 것이 좋다. 생 말로와 함께 1박 2일로 일정을 잡아도 좋다.

위치 1박 2일을 추천하지만 당일치기로 다녀올 사람들은 아침 일찍 출발해 계획성 있게 다녀오자. 유레일패스 같은 철도패스 소유자들은 TGV 예약비와 버스 요금만 내면 되고, 그렇지 않은 사람은 SNCF 홈페이지나 기차역에서 기차+버스 통합티켓을 끊으면 된다.

파리에서 가기
몽 생 미셸 직행열차는 없고 열차+버스를 이용해야 한다. 가장 빠른 방법은 파리 몽파르나스역에서 TGV로 렌역(또는 Villedieu Les Poeles역)까지 간 후 몽 생 미셸로 가는 버스를 타면 된다. 전체 소요시간은 3시간 45분이 걸린다. 기차+버스 통합티켓 요금 €29~
- 몽파르나스역→렌역(2시간 소요)→몽 생 미셸행 버스 1시간 10분
- 몽파르나스역→Villedieu Les Poeles역(2시간 50분 소요)→몽 생 미셸행 버스 45분

홈피 예약 www.sncf-connect.com

생 말로에서 가기
몽 생 미셸까지는 09:15에 출발하는 버스가 하루 한 대 있다. 몽 생 미셸에서 생 말로로 가는 버스는 15:45이니 생 말로에서 하루투어가 가능하다.(일반 €15, 26세 미만 €12, 4세 미만 무료)

홈피 버스 예약 www.destination-montsaintmichel.com

Office de Tourisme

주소 Grande Rue 50170 Mont Saint-Michel **전화** 02 33 60 14 30
운영 1~3·11월 10:00~17:00(12월 24·31일 10:00~12:00), 4~6·9월 월~토 09:30~18:30, 일 09:30~18:00, 10월 월~토 09:30~17:30, 일 09:30~17:00, 7·8월 09:30~19:00 **휴무** 1월 1일, 12월 25일
홈피 www.ot-montsaintmichel.com

회랑

수도원 입구

수도원 안뜰의 회랑

성당 첨탑의 성 미카엘 황금상

수도원 L'abbaye

966년 노르망디 공작의 후원으로 베네딕트 수도회의 수도원이 세워지고 중세시대 로마, 산티아고와 함께 유럽 3대 성지순례지로서의 명성을 얻었다. 몽 생 미셸은 노르망디와 브르타뉴 사이의 국경에 위치했던 탓에 14세기 프랑스와 영국의 백년전쟁으로 요새는 더욱 강고히 지어졌고 30년 동안 영국의 공격을 막아냈다. 프랑스 대혁명 이후 국유화되면서 수도사들은 쫓겨났고 1863년까지 감옥으로 사용됐다. 16세기까지 증축 · 재건되면서 로마네스크 양식부터 고딕 양식까지 다양한 건축 양식을 볼 수 있다. 19세기에 대대적인 복원사업이 벌어졌다. 1969년 베네딕스 수도사들이 다시 들어왔는데 2001년부터는 예루살렘 수도원 형제단Fraternités monastiques de Jérusalem이 머무르고 있다. 1979년 유네스코 세계문화유산으로 지정되었다.

주소 Abbaye du Mont-Saint-Michel, 50170 Le Mont-Saint-Michel
전화 02 33 89 80 00
운영 5~8월 09:00~19:00, 9~4월 09:30~18:00 **휴무** 1월 1일, 5월 1일, 12월 25일
홈피 www.abbaye-mont-saint-michel.fr
요금 일반 €13, 18세 미만 무료, 오디오 가이드(한글) 3€ *무료입장 9월 세번째 주말 유럽 유산의 날, 11~3월 매월 첫째 주 일요일
※ 시간 예약제로 운영되고 있어 사전 구매는 필수다. 한 달 전부터 예약이 가능하다.

대천사 미카엘이 오베르 주교

나가는 길

수도원에서 가장 높은 곳에 있는 교회 정면

교회 내부

몽 생 미셸에서의 교통

렌 등의 주변 지역에서 도착한 버스 정류장에서 몽 생 미셸 입구까지는 2.8km다. 버스 정류장에서 몽 생 미셸로 가는 **마차**와 **무료 셔틀버스**가 출발하는 곳이 보인다. 마차(편도 €7, 4세 미만 무료)를 타면 25분이 걸리고, 무료 셔틀버스Passeur(운영: 10~3월 08:30~22:00, 4 · 6 · 9월 07:30~23:00, 5 · 7 · 8월 7:30~01:00)를 타면 12분이 소요된다. 조금 걸어 호텔 · 쇼핑가에서 자전거를 빌릴 수도 있는데 4시간에 €10 정도다.

Tip

몽 생 미셸 뷰포인트

추천하는 방법은 무료 셔틀버스를 타고 다리가 시작되는 부분(뷰포인트)에서 내려 사진을 찍고 몽 생 미셸까지 2km 정도를 걸어가는 것이다. 시간이 없다면 무료 셔틀버스를 이용하는데 다리 가운데에서는 내릴 수 없어 좋은 배경으로 사진을 찍기 어렵다.

몽 생 미셸 입구의 관광안내소

마차

몽 생 미셸까지 연결해주는 무료 셔틀버스

숙소

몽 생 미셸의 숙소 요금은 파리와 비슷하다. 나 홀로 여행자는 동행자를 구하는 것이 좋다. 2~3인실, 4~6인 방도 있으니 여행 온라인 카페 등을 통해 동행자를 모으면 게스트하우스 가격 수준으로 부담 비용이 줄어든다. 몽 생 미셸 안보다는 바깥쪽 숙소가 저렴하고 몽 생 미셸의 전망을 볼 수 있어 좋다.

르 를래 생 미셸 Le Relais Saint-Michel

몽 생 미셸 뷰포인트 바로 옆의 호텔로 전망이 가장 좋은 숙소다. 가격은 비싸지만, 일몰과 일출을 숙소 안에서 보고 싶은 사람에게 추천한다.

주소 La Caserne
전화 02 33 89 32 00
홈피 www.chateauxhotels.com/Relais-Saint-Michel-2422

르 를래 생 미셸

호텔 베르 Hôtel Vert

호텔 · 쇼핑거리에서 가성비 좋은 숙소다. 바로 앞이 무료 셔틀버스 정류장이다.

주소 Route du Mont St Michel
전화 02 33 60 09 33
홈피 hotels.le-mont-saint-michel.com/hotel-vert

호텔 베르

식당

라 메르 풀라르 La Mère Poulard

1888년 몽 생 미셸 순례자와 여행자들을 위해 풀랑 부부가 문을 연 숙소로 레스토랑을 운영한다. 부인인 아네트는 요리사로 식당을 운영했는데 벽난로의 불을 이용해 오믈렛을 만들었다. 130년간의 비밀 비법으로 계속해서 운영해오고 있다. 프랑스뿐만 아니라 세계의 여러 유명인들이 방문했다. 유명세에 비해 맛은 떨어진다.

주소 Grande Rue
전화 02 33 89 68 68
홈피 lamerepoulard.com

오믈렛

브리오슈 도레 Brioche Dorée

프랑스 베이커리 체인점으로 비싼 물가의 몽 생 미셸에서 부담 없이 방문하기 좋은 식당이다.

주소 Barrage du Mont Saint Michel, Lieu dit la Caserne
전화 02 33 60 20 61
홈피 www.briochedoree.fr

브리오슈 도레

쇼핑

몽 생 미셸의 다양한 기념품들을 볼 수 있다. 가장 많은 것은 라 메르 풀라르의 쿠키다. 파리에서도 구입할 수 있지만 종류가 더 다양하다. 몽 생 미셸이 그려진 예쁜 틴케이스에 든 다양한 쿠키도 있다. 노르망디 특산품인 사과 증류주인 칼바도스와 사과 발효주인 시드르도 이곳 특산품이다.

기념품

루아르 고성 Châteaux de la Loire

쉴리 쉬르 루아르와 샬론 사이에 있는 루아르 계곡Val de Loire entre Sully-sur-Loire et Chalonnes은 중세와 르네상스 시대에 지어진 아름다운 고성 유적들로 2000년 유네스코의 세계문화유산으로 지정됐다. 280km에 달하는 루아르 계곡을 따라 80여 개의 고성이 줄지어 있는데 이들 중 하이라이트 고성을 소개한다.

가장 아름다운 성은 단연 샹보르 성, 쉬농소 성이고 역사적인 가치와 밤에 펼쳐지는 '빛과 소리 공연'으로 유명한 블루아 성, 그리고 레오나르도 다빈치와 관련된 앙부아즈 성과 클로 뤼세 성을 빼놓을 수 없다.

쉬농소 성

클로 뤼세 성

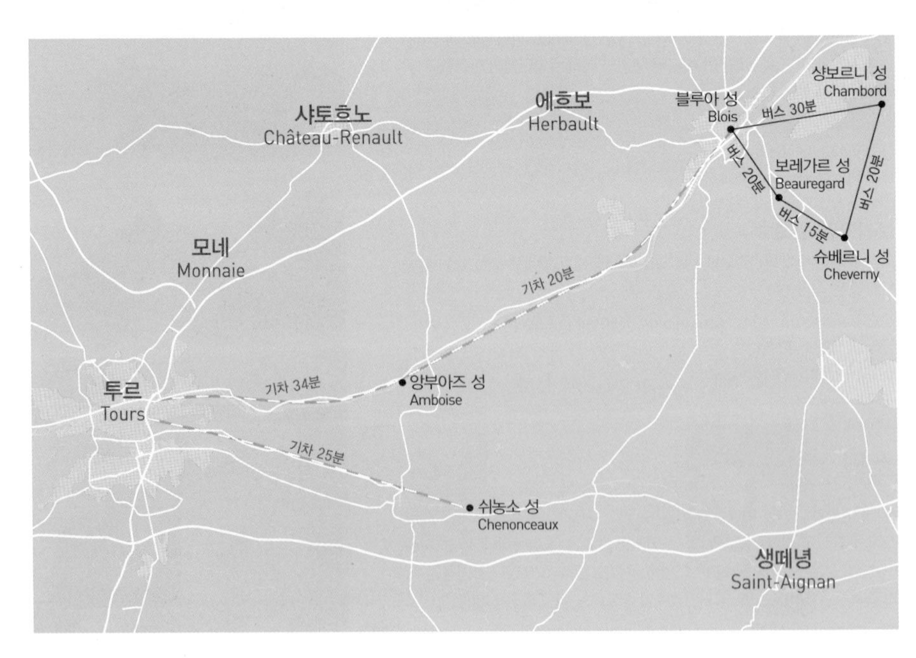

루아르 고성 여행하기

낯선 여행지라는 두려움과 시간적 제약으로 당일 투어를 많이 이용하지만, 개별적으로 방문하는 것도 어렵지 않다. 여유 있는 여행을 원한다면 1박 2일을 추천한다. 시간을 더 할애한다면 더 많은 성을 관람할 수 있다.

방법

❶ 현지 여행사 투어 이용

파리에서 아침에 출발하는 파리 시티 비전[Paris City Vison]은 왕복 교통비와 샹보르 · 쉬농소 · 슈베르니 성 입장료가 포함되어 있다. 차량만 이용할 경우 €115, 오디오 가이드 포함(영어) €165, 가이드 포함(영어) €185로 나뉜다. 전체 소요시간은 13시간 정도다. 홈피 www.pariscityvision.com

❷ 한국인 여행사 당일 투어

파리에서 아침에 출발하며 13시간 정도가 소요된다. 현지 여행사와 다른 점이 있다면 입장료 불포함으로 차량과 가이드가 제공되며 샹보르 · 쉬농소 · 앙부아즈 · 클로 뤼세 성을 돌아보며 요금은 20만원 정도다.

❸ 개별여행으로 떠날 경우

성의 관람 시간(시기에 따라 09:00~10:00)에 맞춰 기차로 내려가는 것이 포인트다. 당일치기라면 폐관 시간(18:00~19:00) 후에 기차로 올라오면 된다. 주요 성 입장료에는 한국어가 지원되는 '히스토리 패드'가 포함되어 있어 자세한 설명을 들을 수 있고, 성 안에는 카페와 식당이 있어 우아한 식사와 티 타임을 가질 수 있다. 무엇보다 지역에서 생산한 다양한 와인을 시음하고 구입할 수 있으니 와인을 좋아하는 사람이라면 기억해두자.

기간

❶ 당일치기

가장 보고 싶은 성을 선택해야 한다. 성의 규모가 꽤 크기 때문에 여유 있게 돌아본다면 오전과 오후로 나누어 루아르 지역의 최대 하이라이트인 샹보르 성과 쉬농소 성을 보는 것을 추천한다. 샹보르 성은 블루아 성과 가깝기 때문에 관람 시간을 조절한다면 블루아 성까지 세 곳도 볼 수 있다.

❷ 1박 2일

여유가 있다면 당일치기보다는 1박 2일을 추천한다. 숙박은 투르 또는 블루아가 좋은데 블루아에서 1박을 하면 밤에 펼쳐지는 블루아 성의 '빛과 소리 공연'을 볼 수 있다. 블루아 지역의 숙소는 €35~75 정도로 파리보다 저렴한 편이다. 추천 일정은 다음과 같다.

1일 : 오전에 블루아-샹보르역 도착 → 샹보르 성 → 슈베르니 성 → 블루아 성+'빛과 소리' 공연 관람

2일 : 앙부아즈 기차역으로 이동, 앙부아즈 성+클로 뤼세 성 → 쉬농소 성 관람 → 파리

❸ 2박 3일 이상

좀 더 여유 있게 성을 둘러보고 투르에서 머물며 주변 성 투어 상품을 이용하는 것도 좋다. 투르 관광안내소에서 투어 상품과 여행 일정에 맞는 교통권(기차 · 버스 자유이용권)을 추천해준다.

슈베르니 성, 와인의 집

쉬농소 성, 와인 저장소

Tip

레미 패스 Rémi Pass

가족이나 친구와 함께 2~3일 루아르 고성 지역을 여행한다면 레미패스를 고려해보자. 기차와 버스를 무제한으로 이용할 수 있으며 패스 1장으로 최대 5명까지 사용 가능해 동행이 많을수록 경제적이다.

홈피 www.remi-centrevaldeloire.fr

레미 데쿠베르트 패스
Rémi Découverte Pass

루아르 계곡 지역의 기차와 버스를 무제한 이용할 수 있는 패스다.

요금 2일권 €45, 3일권 €60

레미 데쿠베르트 패스 플러스
Rémi Découverte Plus Pass

일 드 프랑스 지역과 루아르 계곡 지역의 교통을 무제한으로 이용할 수 있는 패스로 파리에서 출발하는 기차가 포함된다.

요금 2일권 €95, 3일권 €120

more more &

블루아 성 Château Royal de Blois

7명의 왕과 10명의 왕비가 머물렀던 성. 13세에 지어져 17세기까지 증축되며 중세 양식에서 고딕, 르네상스, 고대 그리스식까지 다양한 양식을 보여준다. 성을 거쳐 간 왕족은 성을 구입한 루이 12세, 앙부아즈 성에서 옮겨와 머물렀던 프랑수아 1세, 프랑스 종교전쟁 동안 머무르며 왕위 계승권 문제로 기즈공을 암살한 앙리 3세, 마리아 드 메디치 등이다. 잔다르크가 출전 허락을 받고 주교에게 신의 가호를 받은 장소이기도 하다. 성안에는 다양한 왕가의 문장들을 볼 수 있어 흥미롭다. 밤에 펼쳐지는 빛과 소리 공연이 유명하다.

블루아 성

빛과 소리 공연

주소 6 Place du Château
전화 02 54 90 33 33
운영 1월 2일~3월 29일 10:00~17:00, 3월 30일~6월 09:00~18:30, 7~8월 09:00~19:00, 9~11월 3일 09:00~18:30, 11월 4일~12월 20일 10:00~17:00, 12월 21일~2025년 1월 5일 10:00~18:00(12월 24·31일 ~17:00)
위치 파리 오스테릴리츠역에서 Blois-Chambord역까지 1시간 20분, 역에서 도보 600m
홈피 www.chateaudeblois.fr
요금 입장권+히스토리패드(한국어) 일반 €14, 18~27세 학생증 소지자 €10.5, 6~17세 €7, 6세 미만 무료

빛과 소리 Son et Lumière 공연

밤이 되면 궁전 정원에서 빛과 소리의 공연이 펼쳐진다. 블루아 성과 관련한 프랑스의 역사가 주제인데 궁전 벽면을 가득 채우는 미디어 아트와 음향이 볼만하다.

운영 3·4·9월 22:00, 5~8월 22:30, 10·11월 19:15 *공연 시간: 45분(한국어 오디오 기기 제공)
요금 성 입장권+빛과 소리 공연 €21, 18~27세 학생증 소지자 €17, 6~17세 €11

Tip

샤토 셔틀 Châteaux Shuttle

블루아 기차역에서 블루아 성, 샹보르 성, 슈베르니 성, 보레가르 성을 한 번에 돌아볼 수 있는 셔틀버스다. 블루아 샹보르Blois-Chambord역에 도착하는 기차 시간에 맞춰 출발한다. 파리에서 오전 09:05(토요일 09:17)에 도착한 후 샤토 셔틀 버스의 배차 시간을 이용하면 세 개의 성을 하루에 돌아볼 수 있는 유용한 교통수단이다. 블루아에서 1박을 한다면 블루아 성과 빛과 소리 공연을 볼 수 있다. 탑승할 때마다 €3의 요금을 내야 하지만 버스표를 보여주면 성 입장료 할인(€1~2.5) 혜택이 있다.

운영 4~11월(겨울 시즌에는 홈페이지를 통해 확인 필요)
요금 €3
예) 파리에서 블루아 샹보르 역 도착 평일 09:05(주말 09:14) → 블루아 샹보르역 출발 09:30 → 블루아 성 09:35 → 샹보르 성 10:05 도착/11:55 출발 → 슈베르니 성 12:15 도착/14:35 출발 → 보레가르 성 14:50 도착/16:15 출발 → 블루아 샹보르역 17:35 도착 → 파리행 기차 출발 17:54 → 파리 도착 18:55

샹보르 성 Château de Chambord

프랑수아 1세가 1515년 즉위한 뒤 참전한 마리냐노 전투의 승리를 기리고 왕권의 상징으로 당대 최고의 예술가와 건축가들이 세운 성이다. 1519~1547년에 만들었는데 정작 프랑수아 1세는 완성을 보지 못하고 사망했다. 성의 정원이나 주변은 루이 14세기에 정비됐다. 1670년에는 몰리에르가 '서민귀족Le Bourgeois Gentilhomme'이 초연되기도 했다. 성의 지붕이나 굴뚝은 중세 프랑스 양식으로 지었고, 완벽한 대칭 양식 등은 이탈리아에서 들어온 르네상스 양식으로 프랑스의 귀중한 문화유산이다. 1981년 유네스코 세계문화유산으로 등재됐다.

주소 Château de Chambord
전화 02 54 50 40 00
운영 1월 2~7일 09:00~18:00, 1월 8일~3월 29일 09:00~17:00, 3월 30일~10월 27일 09:00~18:00, 10월 28일~12월 31일 09:00~17:00(12월 24·31일 ~16:00) 휴무 1월 1일, 11월 27일, 12월 25일
위치 파리 오스테릴리츠역에서 Blois-Chambord역까지 1시간 20분, 역에서 Châteaux Shuttle 또는 Rémi 41번을 타고 35분 소요
홈피 www.chambord.org
요금 입장권+히스토리패드(한국어) 일반 €16, 18~27세 학생증 소지자 €13.5, 18세 미만 무료

레오나르도 다빈치가 설계한 계단

슈베르니 성 Château de Cheverny

현재의 성은 17세기 고전주의 양식으로 지어진 것으로 위로Hurault 가문의 소유다. 다른 큰 성들과는 다르게 방마다 아기자기하게 꾸며져 있어 정성 들여 관리하고 있다는 느낌을 준다. 정원 한편에는 수십 마리의 사냥개를 키우고 있는 것도 인상적이다. 카페와 와인의 집도 방문해보기를 추천한다.

주소 Ave. du Château
전화 02 54 79 96 29
운영 1~3월·10~12월 10:00~17:00, 4~9월 09:15~18:00(7~8월 18:30) 휴무 1월 1일, 5월 1일, 12월 25일
위치 파리 오스테릴리츠역에서 Blois-Chambord역까지 1시간 20분, 역에서 Châteaux Shuttle로 55분, 또는 Rémi 41번을 타고 30분 소요
홈피 www.chateau-cheverny.fr
요금 일반 €14.5, 14~25세 학생증 소지자·7~14세 미만 €10.5, 7세 미만 무료

&more more

쉬농소 성 Château de Chenonceau

셰르Cher 강 위에 둥실 떠 있는 듯한 쉬농소 성은 우아함의 정수를 보여준다. 베르사유 궁전 다음으로 가장 많은 관광객이 방문하는 궁전인 이유다. 최초의 성은 12~13세기에 지어졌는데 당시의 건축물은 마르크 타워Tour des Marques에만 남아있다. 현재의 모습은 1513~1517년 사이에 르네상스 양식으로 지은 것이다. 왕가의 소유가 된 시기는 1535년 프랑수아 1세 때였으며 앙리 2세의 정부인 디안 드 푸아티에Diane de Poitiers, 앙리 2세의 사망 후에는 카트린 드 메디치Catherine de Médicis, 이후 루이즈 드 로렌, 루이즈 뒤팽 부인 등 여러 여성들이 주인이 되면서 '귀부인의 성'이라는 별칭도 갖게 됐다. 쉬농소 성은 고급스러운 생화 장식으로도 유명한데 이는 3명의 플로리스트로 구성된 전담 팀이 상주하기 때문이다.

그랑 갤러리

주소 Château de Chenonceau
전화 08 20 20 90 90
운영 1월 1~7일 09:30~18:00, 1월 8일~4월 5일 09:30~16:30, 4월 6일~7월 7일 09:00~18:00, 7월 8일~8월 25일 09:00~19:00, 8월 26일~9월 29일 09:00~18:00, 9월 30일~11월 3일 09:00~17:30, 11월 4~8일 09:30~16:30, 11월 9~11일 09:00~17:30, 9월 11일~12월 20일 09:30~16:30(7·8·14·15일 ~17:00), 12월 21~31일 09:30~18:00
위치 투르역Gare de Tours에서 일반 기차로 Chenonceaux역까지 25분, 도보 300m
홈피 www.chenonceau.com
요금 €17(오디오 가이드 포함 €22), 7~18세·18~27세 학생증 소지자 €14(오디오 가이드 포함 €19), 7세 미만 무료

입구에서 성까지 난 플라타너스 길

마르크 타워

앙부아즈 성Château_royal_d'Amboise

르네상스 시대의 최고의 거장, 레오나르도 다빈치가 잠들어 있는 성이다. 프랑수아 1세는 1516년 대규모 예술 작업을 위해 다빈치를 초빙했는데 이 시기에 가져온 작품이 〈모나리자〉로, 모나리자가 이탈리아가 아닌 프랑스에 있는 것도 이 때문이다. 다빈치는 앙부아즈에서 말년을 보냈는데 사망 이후 다른 곳에 안장되었다가 현재는 앙부아즈 성 안의 생-위베르 교회Chapelle Saint-Hubert에 잠들어 있다. 7월 초에서 8월 말까지는 지역 주민이 참여하는 빛과 음악 공연인 '앙부아즈의 예언La Prophétie d'Amboise'이 몇몇 날짜에 열리는데 7월은 22:30, 8월은 21:45/23:00에 시작하기 때문에 이를 관람하려면 숙박해야 한다.

앙부아즈 성

생-위베르 교회

주소 Mnt de l'Emir Abd el Kader

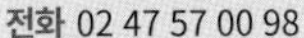

전화 02 47 57 00 98

운영 1월 2~7일 09:00~16:30, 1월 8일~2월 11일 10:00~12:30, 14:00, 16:30, 2월 12~29일 09:00~17:00, 3월 09:00~17:30, 4월 09:00~18:00, 5·6월 09:00~18:30, 7·8월 09:00~19:00, 9월~10월 18일 09:00~18:00, 10월 19~11월 3일 09:00~17:00, 11월 4~12월 20일 09:00~12:30, 14:00~16:30, 12월 21~31일 09:00~16:30 휴무 1월 1일, 12월 25일

위치 1. 파리 몽파르나스역에서 TGV로 생피에르데코르Saint-Pierre-des-Corps역까지 1시간, 이후 일반기차로 Amboise역까지 34분 또는 버스, Amboise역에서 도보 1.3km

2. 파리 Austerlitz역에서 Amboise역까지 1시간 45분, Amboise역에서 도보 1.3km

홈피 www.chateau-amboise.com

요금 입장료+히스토리패드(한글) 일반 €16.4, 학생 €13.7, 7~18세 €10.5, 7세 미만 무료

클로 뤼세 성Château de Clos-Lucé

다빈치가 앙부아즈로 온 후 임종할 때까지 3년간 머물렀던 장소로 앙부아즈 성에서 700m 떨어져 있어 함께 방문하기 좋다. 성의 내부는 다빈치가 생활했던 침실과 작업실, 응접실로 재현해 놓았는데 다빈치가 프랑스로 올 때 가져온 그림 〈모나리자〉, 〈세례요한〉 등이 상징적으로 전시되어 있다. 다빈치의 작품을 미디어아트로 재현해 놓은 공간도 있어 감동은 배가 된다. 성의 정원은 '레오나르도 다빈치 공원Du Parc Leonardo da Vinci'으로 다빈치의 설계도를 바탕으로 한 열기구, 비행기, 헬리콥터 등이 있어 더더욱 흥미롭다.

© Château de Clos-Lucé

다빈치의 작업실

주소 2 Rue du Clos Lucé

전화 02 47 57 55 78

운영 1월 10:00~18:00, 2~6·9·10월 09:00~19:00, 7·8월 09:00~20:00, 11·12월 09:00~18:00 휴무 1월 1일, 12월 25일

위치 1. 파리 몽파르나스역에서 TGV로 Saint-Pierre-des-Corps역까지 1시간, 이후 일반기차로 Amboise역까지 34분 또는 버스, Amboise역에서 도보 1.3km

2. 파리 Austerlitz역에서 Amboise역까지 1시간 45분, Amboise역에서 도보 1.9km

홈피 vinci-closluce.com

요금 일반 €18, 학생·7~18세 €12.5, 7세 미만 무료

코끼리 바위, 에트르타 Étretat

코끼리가 물을 마시는 듯한 독특한 형상의 바위가 있는 해변으로 유명하다. 이런 모습을 그리기 위해 부댕, 쿠르베, 모네, 르누아르 등의 화가들이 찾았고, 모파상, 빅토르 위고와 같은 소설가들이 글을 쓰며 머물기도 했다. 『아르센 뤼팽Le Clos Arsène Lupin』을 탄생시킨 모리스 르블랑Maurice-Marie-Émile Leblanc(1864~1941)의 집이 있다.

위치 파리의 생 라자르Saint-Lazare역에서 Le Havre역까지 간 후(2시간 10분 소요) 기차역 옆의 버스터미널에서 13번(€2)을 타면 된다. 1시간이 소요된다.

뷰포인트

코끼리 바위가 보이는 해변

Office de Tourisme

주소 Place Maurice Guillard-B.P.3 - 76790 Étretat
전화 02 35 27 05 21
운영 11월 초~3월 화~토 10:00~12:30, 13:30~17:00 4월~11월 초 09:30~13:00, 14:00~18:00 **휴무** 1월 1일, 12월 25일
홈피 www.lehavre-etretat-tourisme.com

파리에서 가장 가까운 해변, 도빌 Deauville

파리에서 가장 가까운 해변으로 19세기 중반부터 프랑스 상류사회의 휴양지로 이름을 날렸던 곳이다. 그래서 폴로 경기장, 국제 경마장, 요트 선착장, 그리고 고급 부티크 등이 늘어서 있어 럭셔리한 분위기를 느낄 수 있다. 도빌에서는 매년 9월 도빌 아메리칸 영화제Deauville American Film Festival가 열린다. 1966년 프랑스의 영화 〈남과 여〉가 개봉한 이후 영화 촬영지로 국제적인 주목을 받게 되면서 아메리칸 영화제가 시작됐다. 이후 도빌을 방문하는 많은 미국 영화 배우와 유명 인사들이 도빌의 길거리와 해변의 탈의실에 이름을 새겼고 이는 도빌의 시그니처가 됐다.

위치 파리의 생 라자르Saint-Lazare역에서 트루빌 도빌Trouville-Deauville역까지 기차로 2시간~2시간 20분이 소요된다.

Office de Tourisme

주소 Résidence de l'Horloge, Quai de l'Impératrice Eugénie 14800 Deauville
전화 02 31 14 40 00
운영 월~토 10:00~18:00, 일 10:00~13:00, 14:00~18:00 **휴무** 1월 1일, 12월 25일
홈피 www.indeauville.fr

부댕의 고향, 옹플뢰르 Honfleur

옹플뢰르는 인상파 화가들의 선구자인 외젠 부댕Eugène Louis Boudin(1824~1898)의 고향이자 인상파 화가들의 요람이다. 부댕의 제자인 모네는 후에 인상파의 신호탄이 된 〈인상, 해돋이Impression, soleil levant〉(마르모탕 미술관Musée Marmottan Monet 소장, 1874)를 옹플뢰르에서 그리게 된다.
옹플뢰르에는 외젠 부댕 미술관Eugène Boudin Museum이 있다. 이 외에도 17세기 후반에 만든 아름다운 구항구Le Vieux Bassin와 15~16세기에 만들어진 프랑스에서 가장 큰 목조 교회, 생 카트린Sainte Catherine도 놓치지 말자.

위치 파리의 생 라자르Saint-Lazare역에서 출발하여 트루빌 도빌Trouville-Deauville역에 내린 후(2시간~2시간 20분 소요), 기차역 옆의 버스터미널에서 111번을 타면 35분이 걸린다.

옹플뢰르 구항구

Office de Tourisme

주소 Quai Lepaulmier–14600 Honfleur
전화 02 31 89 23 30
운영 7·8월 월~토 09:30~19:00, 일·공휴일 10:00~17:00 부활절~6·9월 월~토 09:30~12:30, 14:00~18:30, 일·공휴일 10:00~12:30, 14:00~17:00, 10월~부활절 월~토 09:30~12:30, 14:00~18:00, 일·공휴일 09:30~13:30
홈피 www.ot-honfleur.fr

프랑스 안의 독일, 스트라스부르 Strasbourg

스트라스부르는 알자스Alsace 지방의 주도로 프랑스 안의 독일을 느낄 수 있는 도시다. 독일 가옥과 음식, 현지 사람들도 프랑스어와 독일어를 동시에 구사한다. 스트라스부르는 프랑스 동북부의 독일 국경 근처에 위치해 로렌Lorraine 지방과 함께 역사적으로 우여곡절이 많은 땅이다. 프랑스와 독일이 번갈아가며 이 땅의 주인으로 뒤바뀌면서 알퐁스 도데의 『마지막 수업La Dernière Classe』의 배경이 되기도 했다. 스트라스부르 구시가지는 일Ill 강 가운데에 있는 그랑드 일Grande Ile('큰 섬'이라는 뜻)에 위치해 있다. 섬 안에 노트르담, 프티 프랑스 등의 유적들이 있는데 이 전체가 1998년 유네스코 문화유산에 등재되어 있다. 이 중 프티 프랑스는 미야자키 하야오 감독이 〈하울의 움직이는 성〉(2004)의 배경으로 참고했다고 한다.

위치 파리 동역Gare de l'Est역에서 TGV로 2시간 20분이 소요된다. 스트라스부르의 하이라이트인 프티 프랑스와 노트르담이 있는 구시가지는 기차역에서 도보로 가능하다.

Office de Tourisme

노트르담 광장과 기차역 내에 있다. 아래는 노트르담 광장의 중앙 관광안내소 정보다.
주소 17 Place de la Cathédrale, Strasbourg
전화 03 88 52 28 28
운영 09:00~19:00(기차역은 월~토 09:00~19:00, 일 09:30~12:30, 13:45~19:00)
홈피 www.ot-strasbourg.com

노트르담 Cathédrale Notre-Dame

1015~1439년에 지어진 높이 142m의 고딕 양식 성당이다. 스트라스부르 노트르담은 19세기까지 기독교 국가에서 가장 높은 성당이었다(현재 세계에서 가장 높은 성당은 1890년에 완공된 독일 울름Ulm의 울름 대성당Ulm Münster으로 161.53m다). 내부에는 12~14세기에 만들어진 아름다운 스테인드글라스와 1842년에 제작된 르네상스 양식의 천문학 시계가 하이라이트다. 건물 외벽의 재료로 쓰인 분홍색 사암은 빛과 하늘색에 따라 색깔이 변하는데 여름날 저녁이면 특히 아름답게 변한다. 성당의 종탑은 332개의 계단으로 되어 있는데 올라가면 스트라스부르의 전망을 볼 수 있다. 날씨가 좋은 날엔 독일의 검은 숲까지 보인다. 성당 앞 광장에는 검은색의 오래된 목조 건물(메종 카머젤Maison Kammerzell)이 있는데 이 건물은 15세기에 만들어진 것으로 상인들이 물건을 사고파는 장소로 현재는 식당으로 사용되고 있다. 2층의 바닥은 1589년에 만든 그대로다.

노트르담 Cathédrale Notre-Dame
운영 월~토 08:30~11:15, 12:45~17:30, 일·공휴일 14:00~17:15
요금 무료

종탑 Montée sur la Plate-Forme

운영 **4~9월** 09:30~13:00, 13:30~20:00, **10~3월** 10:00~13:00, 01:30~18:00 **휴무** 1월 1일, 5월 1일, 12월 25일

요금 일반 €8, 6~18세·학생 €5, 6세 미만 무료
*무료입장 유럽 문화유산의 날

천문학 시계 Horloge Astronomique

운영 11:30 노트르담 성당 오른쪽 생 미셸 입구에서 입장 →12:00 영상관람→12:30 천문학 시계 관람

요금 일반 €4, 학생·6~17세 €2, 6세 미만 무료

프티 프랑스 Petite France

스트라스부르에서 가장 동화 같은 구역이다. 이 지역은 어부, 제분업자, 무두장이 등이 모여 살던 지역으로 16~17세기에 조성됐다. 일 강과 좁은 운하를 돌아보는 보트 투어도 가능하다. 근처에는 14세기에 만들어진 다리 퐁트 쿠베르Ponts Couverts가 있다. 다리에서 보이는 보방 댐Barrage Vauban은 1690년 만들어진 것이다. 이곳에서 바라보는 스트라스부르 시내의 모습이 매우 아름답다. 댐 위로 올라가보자.

근현대 미술관 Musée d'Art Moderne et Contemporain

모네, 피카소, 칸딘스키 등의 작품과 현대 예술을 감상할 수 있는데 2층 카페의 테라스에서 보는 프티 프랑스 지역의 전망도 좋다.

주소 1 Place Jean-Hans Arp
전화 03 88 23 31 31
운영 화~금 10:00~13:00, 14:00~18:00, 토·일 10:00~18:00
요금 일반 €7.5, 25세 미만 학생 €3.5, 18세 미만 무료

유럽 궁전 Palais de L'Europe

스트라스부르 북쪽에는 유럽회의Council of Europe, 유럽의회European Parliament, 인권빌딩Human Rights Buildings 등이 모여 있는 유럽 궁전이 있다. 만 14세 이상이라면 건물 내부에도 들어가볼 수 있는데 여권을 가져가야 한다.

주소 26A Ave. de l'Europe
전화 03 88 23 31 31
위치 기차역 앞에서 트램 6번을 타고 Palais de l'Europe역에 내리면 된다.

보방댐에서 바라본 스트라스부르

Tip

스트라스부르 보트 투어

스트라스부르의 그랑드 일을 제대로 느낄 수 있는 17분 투어다. 타는 곳은 프티 프랑스 지역이 아니라 노트르담 성당 남동쪽으로 150m 떨어진 선착장에 있다.

홈피 www.batorama.fr
요금 일반 €15.7, 13~17세 €14.5, 4~12세 €8.7, 4세 미만 무료

근현대 미술관

유럽 궁전

Step to Paris

쉽고 빠르게 끝내는 여행 준비

Step 1. 파리 여행을 떠나기 전 알아야 할 모든 것

프랑스는 유럽 대륙에서 오랜 역사와 문화적 전통을 가진 나라로 누구나 한 번쯤은 프랑스 여행을 꿈꾼다. 파리는 프랑스의 정치 · 문화적 수도로 예술, 건축, 역사, 패션, 음식 등 다양한 테마로 가득한 곳이다. 이런 파리를 제대로 알고 느낄 수 있도록 파리 여행을 준비하기 위해 기본적으로 알아야 할 프랑스의 역사와 생활 정보들, 그리고 여행하며 꼭 알아야 할 필수 정보를 소개한다.

❖언어

프랑스어를 사용한다. 관광지에서 영어 의사소통은 무리가 없으나 대부분 장소에서 만나게 되는 프랑스인들은 영어를 잘하지 못한다. 그래도 영어 학원 광고가 메트로에 많이 생긴 만큼 과거보다 영어를 하는 프랑스인들이 늘었다. 심지어 K-Pop과 K-드라마로 한국 문화에 관심이 늘어 한국어로 말을 걸어오는 프랑스인도 생겨났다. 여행 중 프랑스어를 못한다고 해서 크게 영향을 받을 일은 없으나 유일하게 난감한 상황은 레스토랑과 식당에서 프랑스어로만 된 길고 긴 메뉴를 맞닥뜨렸을 때다. 이에 대한 도움은 '프랑스어 메뉴판 읽기'와 '유럽 여행을 위한 필수 앱 추천' 페이지를 참고하자. 다음은 많이 사용하는 몇 가지 문장과 단어를 소개한다.

결혼한 여성	마담 Madame
미혼의 여성	마드모아젤 Mademoiselle
남성	무슈 Monsieur
안녕하세요.	(낮) 봉주르 Bonjour (밤) 봉수아 Bonsoir
헤어질 때	(안녕) 살뤼 Salut, 오 르부아 Au Revoir
감사합니다.	메르시 Merci
미안합니다.	빠흐동 Pardon
실례합니다 (잠깐만요).	엑스키제-무아 Excusez-moi
얼마입니까?	사 세 콩비앙 Ça c'est Combien?
예. / 아니오.	위 Qui / 농 Non

알아두면 유용한 단어

표	빌레트 Billetes
무료	그라투 Gratuit
입구 / 출구	앙트레 Entrée / 소르티 Sortie
열림 / 닫힘	오브레 Ouvrez / 페르메 Fermé
환승	코레스퐁당스 Correspondance
도착 / 출발	아리베 Arrivée / 데파 Départ
없음	뉼 Nul (파업으로 열차, 메트로 등이 끊겼을 때 전광판에 표시됨)
요일	(월) Lundi 룬디 (화) Mardi 마르디 (수) Mercredi 메르크르디 (목) Jeudi 죄디 (금) Vendredi 방드르디 (토) Samedi 삼디 (일) Dimanche 디망슈
화장실	투알렛 Toilette
경찰서	코미사르야 데 폴리스 Commissariat de Police
약국	파마시 Pharmacie
공항	아에로포르 Aéroport
기차역	갸흐 Gare
버스터미널	갸르 루티예 Gare Routière
지하철	메트호 Métro

❖시차

7시간(서머타임) 3월 마지막 주 일요일~10월 마지막 주 토요일 예) 파리가 09:00일 경우 한국은 16:00
8시간 10월 마지막 주 일요일~3월 마지막 주 토요일 예) 파리가 09:00일 경우 한국은 17:00

❖전력

프랑스는 220V 50Hz, 한국은 220V 60Hz로 전압은 동일하나 주파수가 다르다. 대부분의 전자제품은 문제없이 사용할 수 있다. 한국과 동일한 콘센트를 사용할 수 있다.

❖통화

프랑스는 유로화를 사용한다. €1는 약 1,460원(2024년 3월 기준)이다. 지폐의 종류는 €5, €10, €20, €50, €100, €200, €500가 있고, 동전은 €2, €1와 50¢, 20¢, 10¢, 5¢, 2¢, 1¢가 있다. €1는 100¢(센트)다.

❖파리 시내의 관광안내소

관광안내소는 파리에 4곳이 있다. 관광안내소에서는 무료 지도, 여행안내책자, 파리 근교 정보를 얻을 수 있고, 파리 비지테와 같은 교통권, 뮤지엄 패스, 디즈니랜드 티켓, 크루즈, 각종 투어와 숙소를 안내해준다.

홈피 parisjetaime.com

SPOT24 Paris je t'aime Map p.84

시청 안내소는 문을 닫고, 2024년 1월 15일부터 이곳이 중앙 관광안내소로 운영된다.

주소 101 Quai Jacques Chirac **운영** 10:00~18:00
위치 RER C선 Champ de Mars Eiffel Tower역

루브르 박물관Carrousel du Louvre

주소 루브르 박물관 내 **운영** 수~월 11:00~19:00 **휴무** 화요일
위치 메트로 1호선 Palais-Royal-Musée du Louvre역

키오스크 관광안내소

2024년 파리 올림픽을 대비해 12개의 작은 관광안내소가 생겼다. 각 장의 지도를 참고하면 위치를 알 수 있다.

Kiosque Kléber(개선문 근처) Map p.84

주소 20 avenue Kléber **운영** 월~토 07:00~20:00
위치 메트로 6호선 Kléber역

Kiosque Beaubourg(퐁피두센터 근처)

Map p.152

주소 38 rue Rambuteau
운영 08:00~20:00
위치 메트로 11호선 Rambuteau역· 메트로 4호선 Etienne Marcel

❖전화

프랑스의 국가 코드는 33이다. 요즘은 카카오톡 음성 · 영상통화로 공중전화를 사용할 일은 거의 없지만 휴대폰 분실로 급하게 통화가 필요한 경우 유용하다. 공항과 기차역, 버스터미널, 메트로에서 공중전화를 찾을 수 있다. 공중전화는 모두 카드식이며(신용카드를 사용할 수 있는 곳도 있다) 사용방법은 우리나라와 같다. 먼저 수화기를 들고 카드를 넣으면 신호음이 울리고 번호를 누르는 형식이다. 전화카드는 우체국, 신문 가판대Tabac, 구멍가게 등에서 살 수 있다. 전화카드는 최소 €5가 든다. 우리나라 또는 파리로 전화할 때는 다음과 같은 형식을 쓴다. 각 전화부스마다 고유의 번호가 있어 전화를 받을 수도 있다.

파리로 전화할 경우

예) 파리의 우리나라 대사관 번호 01 47 53 01 01

1. 우리나라 → 파리 00 33 1 47 53 01 01

2. 파리 → 파리 01 47 53 01 01

3. 파리 이외의 도시 → 파리 01 47 53 01 01

파리 → 우리나라

예) 유선전화 02 123 4567 휴대폰 010 1234 4567
– 유선전화 00 82 2 123 4567
– 휴대폰 00 82 10 1234 4567

콜렉트콜

긴급한 상황에 수신자 부담으로 이용. 비싸지만(1분당 1,400원 정도) 유용할 때가 있다. KT 080 099 0082

❖환전

코로나 이후 비접촉식 카드(컨택리스 카드Contackless Card)가 대세가 되었다. 파리를 여행할 때 98% 이상 현금 사용 없이 결제가 가능해 현금 도난의 위험이 사라지고 여행이 훨씬 편리해졌다. 프랑스를 여행할 때는 신용카드 또는 체크카드, 약간의 현금을 사용하게 된다. 대세는 환전수수료 없이 사전 환전한 원화체크카드인 트래블월렛과 트래블로그, 그리고 신한카드 SOL 트래블 체크카드다. 신용카드 결제 시에는 수수료가 들지 않거나 적게 드는 여행용 카드가 유리하며 현지에서 인출 시에는 인출 수수료가 낮은 카드를 사용하는 것이 알뜰한 여행의 방법이다. 분실을 대비해 여분의 카드를 준비하는 것도 잊지 말자. 비자와 마스터카드가 유용하며 아메리칸 익스프레스는 안 받는 곳이 많다.

컨택리스 체크카드

요즘 가장 인기 있는 체크카드는 트래블월렛과 트래블로그다. 두 카드 모두 주요 기능은 같다. 앱을 통해 환전 수수료 0%로 파운드를 카드에 충전하고, ATM을 통해 현금 인출 시 수수료 무료, 식당이나 상점에서 체크카드로 해외 결제 수수료 없이 결제하고, 사용할 때마다 결제 내역을 확인할 수 있고 여행가계부를 정리하기에도 좋다. 더더구나 카드 분실 시 앱에서 사용정지 기능을 곧바로 적용할 수 있어 분실 도난 대책 기능도 있다. 단, 한가지! 아쉽게도 교통카드로는 이용할 수 없는 것이 단점이다.
두 카드의 차이점을 말하자면 트래블월렛은 가지고 있는 계좌와 연동이 가능하나 트래블 로그는 하나은행 계좌를 만들어야 한다. 통화 보유금액은 트래블월렛은 전체 통화합산 180만원, 트래블 로그는 각각의 통화당 200만원으로 트래블로그가 더 많다. 트래블월넷은 여행을 다녀와 재환전하는데 환불수수료가 없는데 반해 트래블로그는 수수료가 든다. 트래블월렛은 VISA, 트래블로그는 MASTER카드로 서로 장단점이 있어 여행자들은 두 가지 카드 모두 준비해 여행을 떠나는 것이 좋다.

현금 환전을 원한다면 주변의 주거래 은행에서 가능하다. 유로화를 보유하고 있는지 확인하고 환전하러 가는 것이 좋다. 서울에서의 추천 환전소는 서울역의 KB국민은행 환전센터다(운영 06:00~22:00, 연중무휴). 유로화는 80% 수수료 할인해주며 신분증지참 시 한도 없이 환전 가능하다. 또는 각 은행의 앱을 통해 환전을 신청한 후 본인이 지정한 곳에서 받을 수 있는데 공항 수령이 가능해 편리하다. 수령일 전날 자정까지 신청할 수 있다.

현지 ATM 인출 시 일반적인 현금카드의 인출 수수료는 '인출금액의 1%+인출 건당 수수료($200 미만 $3, $200~500인 경우 $3.25, $500 이상 $3.5)'가 든다. 이러한 수수료를 절감할 수 있는 체크카드는 트래블월렛과 트래블로그 비바체크카드다.

tip ATM기 사용법

❶ 현금카드를 넣는다. ❷ 화면에서 English(영어)를 선택한다. ❸ Please Enter your Pin Number(Code)(비밀번호를 입력)가 나오면 손으로 안전하게 가리고 비밀번호를 입력한 후 확인(초록색 버튼)을 누른다. ❹ 계좌 인출(Saving 또는 Withdrawal) 또는 신용 인출(Credit) 중 선택한다. * 자신의 은행 계좌에서 돈을 뽑는 거라면 계좌 인출(Saving 또는 Withdrawal) 선택 ❺ 화면에 € 100 등의 적은 액수가 나온다면 이때는 Other Amount를 눌러 원하는 액수를 입력한다. ❻ 돈이 나오면 잊지 말고 현금카드를 챙긴다.

❖스마트폰 이용자와 인터넷

파리는 우리나라처럼 무료 Wifi가 보편화되어 있지는 않다. 파리시에서 제공하는 무료 Wifi를 사용할 수 있는 지역이 있는데 시청 앞 광장, 도서관, 샹 드 마르 공원(에펠탑 앞 공원), 보주 광장, 레알 공원 등 주로 공공장소와 광장, 작은 이다. 기차역도 "SNCF gare-gratuit" 무료 Wifi가 가능하다. 이름, 전화번호, 이메일을 넣으면 무료로 가능하다. 2시간마다 갱신이 필요하고 07:00~24:00까지 이용이 가능하다.

파리 무료 Wifi 존 https://www.paris.fr/pages/paris-wi-fi-152

La carte des points Wi-Fi

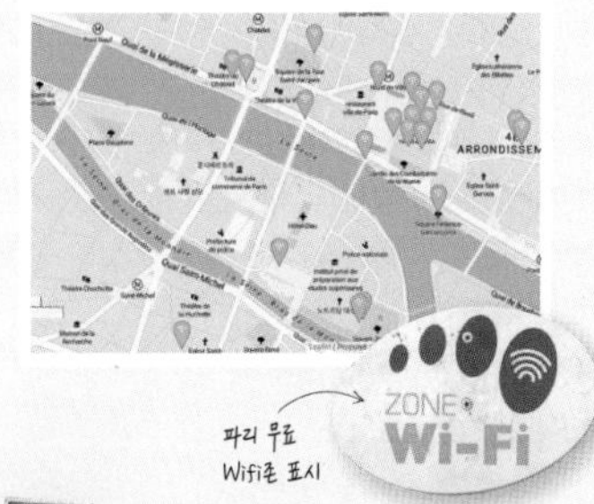

파리 무료 Wifi존 표시

파리에는 인터넷 카페가 있는데 우리나라와는 달리 1시간에 €4로 꽤 비싼 편이다. 또한 인쇄도 장당 €0.5 정도로 비싸니 출력물을 요구하는 저가항공이나, 입장권은 출국 전에 미리 프린트해 가는 것이 좋다.

공공 Wifi를 제외한 무료 Wifi는 맥도날드, 버거킹, 퀵Quick과 같은 패스트푸드점과 그리고 거의 대부분의 카페에서 무료로 제공한다. 한인숙소는 100%, 대부분의 호스텔에서도 무료 Wifi를 제공하나 공용공간만 가능하고 자신의 방에서 무료 Wifi가 안 되는 일도 있다. 무료 Wifi 사용이 불가능한 곳은 메트로다. 조금 불편하지만 공공 Wifi와 무료로 제공되는 Wifi만으로도 여행할 수 있다.

요즘은 로밍하거나 현지 통신사의 심SIM 구입이 필수인 추세다. 로밍은 짧은 기간을 여행할 때 괜찮으나 기간이 길어질수록 비싸지기 때문에 현지 유심과 가격 비교 후 결정하는 것이 좋다. 여행 기간이 길어진다면 현지 유심은 필수다.

오랑주 매장

여행자들을 위해 나온 오랑주 홀리데이

프랑스 추천 통신사

프랑스의 대표 통신사로는 오랑주Orange, SFR, 부이그 텔레콤Bouygues Télécom, 프리Free가 있다. 각 통신사는 다양한 가격대의 선불 심카드를 판매하는데 여행자들은 가장 비싸지만 메이저급인 오랑주를 선호하는 편이다. 오랑쥐 매장을 찾는다면 기본적으로 유심카드 €10를 구입해야 하고 데이터를 충전Top-up하는 다양한 요금이 있다. 예를 들어, 여행자를 위해 특화로 나온 Orange Holiday는 프랑스와 유럽에서 사용할 수 있는 심카드(또는 e심) 포함 상품으로 2주 내 사용조건으로 12G가 €19.99, 30GB가 €39.9, 5G상품인 50GB는 €49.9로 28일간 사용가능하다. 이 외에도 통신사마다 따라 다양한 요금제가 있으니 자신의 여행 일정과 패턴에 맞는 선불카드를 선택하면 된다.

샤를 드 골 공항과 오를리 공항 내의 신문잡지판매점인 Relay에서 Orange Holiday를 포함한 몇 가지 상품을 판매하고 있으며 더 다양한 조건을 원한다면 파리 시내로 가야 한다. 심카드 없이 떠나는 것이 불안하다면 국내 심카드 전문 판매 홈페이지에서 구입하면 된다. 가격은 현지 구입비와 비슷하다.

tip 무료 Wi-Fi만 가능하도록 설정하기

비행기를 탈 때 휴대폰 설정에서 에어플레인 모드로 전환하면 무료 Wifi 가능 지역에서만 안테나가 뜨게 된다. 유럽 유심으로 교체할 때까지는 에어플레인 모드를 유지해야 한다. 유럽 유심을 한국에서 사전에 구매해 출발했다면 목적지에 도착 전 유심을 교체하면 된다. 유심핀을 잊지 말자.

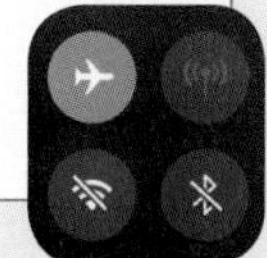

❖파리 여행을 위한 필수 앱

휴대폰은 이제 없어서는 안 될 중요한 필수품이 됐다. 여행 정보는 기본이고, 기차표나 버스표, 숙소 예약바우처까지 이제 휴대폰 안에 모두 담겨 여행이 보다 편리해졌다. 휴대폰 안에 중요한 정보들이 많은 만큼 도난 · 분실에 특별히 주의하자. 다음은 파리와 프랑스 여행을 할 때, 더 나아가 유럽여행을 할 때 유용한 어플을 소개한다. 여행을 떠나기 전 미리 다운을 받아놓는 것이 좋다. 여행 중 사건 사고 등의 문제 발생 시에는 '영사콜센터' 앱에서 도움을 청할 수 있다.

여행자에게 유용한 앱

❶ 길 찾기 & 루트 확인

'구글맵스Google Maps' 또는 '시티매퍼Citymapper'가 유용하다. 간단하게는 현재 위치에서 목적지까지 최단 도보 루트부터 도시 내, 도시 간, 국가 간의 버스 · 기차 · 항공 · 페리 · 사설교통 · 우버 등 최적의 루트를 찾아준다.

❷ 기차 정보

프랑스와 프랑스에서 출발하는 유럽으로의 철도예약은 'SNCF-Connect' 어플을 이용해 티켓 발권과 사용이 가능하다. 유럽의 다른 나라를 함께 여행한다면 유럽 내 기차 · 버스 · 항공을 통합 예약할 수 있는 오미오Omio 앱도 많이 이용한다.

❸ 메트로

파리 교통국 RATP 어플은 메트로와 버스 이용에 유용하다. 최단거리, 환승, 소요시간, 요금을 알려준다. Île-de-France Mobilités 어플을 깔고 NFC 모드를 켜면 휴대폰으로 나비고 카드 충전이 가능하다.

❹ 숙소 정보

'부킹닷컴', '익스피디아', '호텔스닷컴', '아고다', '호스텔월드', '에어비앤비' 등 다양한 앱이 있다. '호텔즈컴바인'과 '트리바고'와 같은 호텔 가격비교 앱도 있다. '민박다나와'는 한인민박을 예약할 수 있다.

❺ 투어

'마이리얼트립'이나 '트립닷컴'에서는 한국어로 진행하는 워킹 투어 · 근교투어, 패러글라이딩과 같은 액티비티, 쿠킹클래스, 기념품 만들기 등 다양한 투어를 신청할 수 있다.

❻ 전화 & 영상통화

가족과 친구들과의 의사소통은 보통 카카오톡을 이용한다. 무료 영상통화는 '카카오톡'을 많이 이용하나 인터넷 환경이 좋지 않을 때는 '스카이프'가 가볍고 통화품질이 더 좋다.

❼ 언어

말할 때는 영어나 프랑스어 번역이 좋은 '파파고'를 추천한다. 메뉴판이나 안내문을 읽을 때는 '구글 번역기'가 유용하다. 특히 식당에서 메뉴판 사진을 찍거나 비추면 완벽하지는 않지만 영어나 한글로 번역되어 편리하다.

❽ 숙소 & 식당

숙소와 식당 정보는 '트립어드바이저'와 '구글맵스' 내의 평점을 참고하면 좋다. 트립어드바이저는 여행 전 순위를 참고하면 유용하고, 구글 평점은 현지에서 내 주변의 식당을 찾을 때 최고다.

❾ 데이터 저장

'네이버 클라우드', '구글포토', '아이클라우드'는 무료 WiFi존에서 휴대전화로 찍은 사진을 자동 업데이트해준다. 혹시나 모를 휴대전화 분실이나 도난에 대비해 사진만이라도 살릴 수 있는 유용한 앱이다. '구글포토'는 15GB까지 저장해준다.

❿ 택시

여행지에서 택시를 타면 바가지 쓸까 걱정했다면 그 고민은 더 이상 하지 않아도 좋다. 택시 요금의 3분의 1~2분의 1 수준의 요금으로 공유 택시를 이용해보자. 대표적으로 '우버Uber'가 있는데 '볼트Bolt'가 더 저렴하다.

❖영업 & 업무 시간

관공서	월~금 09:00~17:00
상점 · 슈퍼마켓	월~토 09:00(또는 10:00)~19:00(또는 20:00) 샹젤리제의 모노프리는 22:00까지, 몽마르트르의 까르푸는 23:00까지 운영한다. 또, 지역에 따라 일요일 오전에 문을 여는 슈퍼마켓도 있다.
은행	월~금 09:00~12:30, 14:00~18:00
우체국	월~금 08:00(또는 09:00)~18:00(또는 19:00), 토 09:00~13:00

❖프랑스 음식

프랑스는 세계 3대 요리 국가로 파리를 보통 '미식의 수도'라고 부른다. 때문에 식도락 여행가들에게 부푼 기대감을 안겨 주는 나라다. 프랑스 음식 체험은 파리 여행에서의 중요한 부분이기에 본문에 다양한 가격대의 프랑스 식당을 소개했다. 프랑스 식당에는 영어 메뉴판이 없는 경우도 많아 대표적인 프랑스 음식과 메뉴판 보기에 대한 설명도 p.58~67에 소개했다. 파리를 여행한다면 파리지앵처럼 프랑스식 아침, 점심, 저녁을 한 번씩은 경험해 보는 것을 추천한다. 크루아상과 에스프레소의 아침은 €4~5 정도에, 점심에 바게트 샌드위치와 음료는 €5~8, 레스토랑에서 먹는 프랑스 식단은 음료까지 €20~40, 저녁은 €30~50부터 €100 이상까지 다양하게 경험할 수 있다. 대부분의 식당은 해당 홈페이지를 통해 예약할 수 있다. 맛집이면 줄 서는 경우가 많으므로 예약을 추천한다. 미슐랭 레스토랑을 경험해보고 싶다면 여행을 떠나기 전부터 미리 예약을 하는 것이 좋다. 책의 본문에도 여러 곳을 소개해놓았다.

❖팁 문화

해외여행을 할 때 가장 고민되는 것 중 하나가 바로 팁이다. 프랑스는 미국처럼 팁이 의무적이지 않다. 그러나 자투리 잔돈은 두고 나오는 게 보편적이다. 식당에서는 식사비용을 지불하고 남은 잔돈을 식사비용의 5~10% 범위에서 내고 나오면 되는데 미국처럼 %로 정확히 따질 필요는 없다. 뒤에 붙은 잔돈을 그냥 두고 나오면 된다. 예를 들어 €15.5라면 €16 이런 식이다. 작은 팁이라도 받기 위해 일부러 영수증과 함께 상팀까지 섞은 잔돈을 주기도 한다. 호텔에서 머문다면 침대 정리를 해주는 메이드를 위해 매일 €2 정도의 팁을 생각하자. 택시를 이용한 뒤에는 자투리 잔돈을 팁으로 주면 된다. 이때는 "킵 더 체인지(Keep the Change)."라고 말하면 된다.

❖쇼핑과 세일기간

프랑스어로 세일은 솔데스Soldes라고 한다. 여름과 겨울 시즌 두 번의 큰 세일을 한다. 할인율은 30~90%이며 1년 중 가장 큰 세일은 겨울이다. 프랑스는 한국과 치수가 다르므로 미리 자신의 신발 사이즈, 옷 사이즈를 알아두면 쇼핑하기 편리하다.

– **여름 시즌** 6월 마지막 주 수요일부터 4~6주

– **겨울 시즌** 1월 둘째 주 수요일부터 4~6주

치수표

1. 옷

여성

한국		프랑스	가슴둘레(cm)	허리둘레(cm)	엉덩이둘레(cm)
44	85	32	74~78	58~62	84~88
44		34	78~82	58~62	84~88
55	90	36	82~86	62~66	88~92
66	95	38	86~90	66~70	92~96
66		40	90~94	70~74	96~100
77	100	42	94~98	74~78	100~104
77		44	98~102	78~82	104~108
88	105	46	102~106	82~86	108~112
88		48	106~110	86/90	112~116

남성

한국	85~90	90~95	95~100	100~105	105~110	110~
미국	XS	S	M	L	XL	XXL
프랑스	44~46	46	48	50	52	54

2. 신발

여성

한국	220	225	230	235	240	245	250	255	260	265	270	275	280	285	290
프랑스	36	36.5	37	37.5	38	38.5	39	39.5	40	40.5	41	41.5	42	42.5	43
미국	5	5.5	6	6.5	7	7.5	8	8.5	9	9.5	10	10.5	11	11.5	12

남성

한국	245	250	255	260	265	270	275	280	285	290	295	300
프랑스	38.5	39	39.5	40	40.5	41	41.5	42	42.5	43	43.5	44
미국	4.5	5	5.5	6	6.5	7	7.5	8	8.5	9	9.5	10

3. 속옷

유럽의 여성 속옷은 국내 사이즈보다 치수가 세분화되어 있기 때문에 매장 직원에게 치수를 재어달라고 하는 것이 좋다. 구입 후 한국에서 교환이 어려우니 반드시 입어보고 구입하자.

❖파리 물가

지하철 · 버스 티켓 €2.5, 물 1.5리터 €0.5~, 커피 €3~, 바게트 €1~, 바게트 샌드위치 €4~, 오늘의 메뉴 €15~

❖슈퍼마켓

파리에서 가장 이용하기 쉬운 슈퍼마켓은 모노프리Monoprix와 프랑프리Franprix다. 식료품도 팔지만 로레알, 부르주아와 같은 화장품과 액세서리와 옷까지 다양하게 판다. 모노프리 이외에도 샹피옹Champion, 에디Ed, 까르푸Carrefour 등의 슈퍼마켓을 쉽게 발견할 수 있다. 슈퍼마켓의 위치는 각 장의 지도를 참고하자.

❖빨래방 Laverie

파리에는 빨래방이 흔하다. 빨래방은 '라브리Laverie'라고 한다. 빨래방은 동전을 넣어 셀프 세탁을 하고, 동전을 넣어 건조기에 넣어 말리는 시스템이다. 보통 07:00~22:00까지 운영하고, 다양한 kg을 선택할 수 있는데 가장 작은 사이즈가 6kg이다. 혼자서 이용하기에는 큰 편이기 때문에 주변 사람들과 세탁물을 모아 세탁을 하면 비싼 세탁 요금을 줄일 수 있다. 요금은 보통 €5 안팎이다. 건조(Sechge)는 10분에 €1, 세제는 €0.5에 구입할 수 있다. 사용법은 우리네 빨래방과 달라 당황하기 쉽다. 벽에 쓰여 있지만 프랑스어라 이해하기 힘들고, 가장 쉬운 방법은 세탁을 하러 온 사람에게 물어보는 것이다. 물어보면 친절히 설명해준다. 빨래방의 위치는 호텔이나 호스텔 직원에게 문의하면 가까운 곳을 알려준다. 한국인 민박집은 일정한 숙박 일수를 채우면 무료 또는 저렴하게 이용 가능하다.

무료 공중 화장실

포인트 WC

유료 화장실

❖화장실

프랑스어로 화장실은 '투알렛Toilettes'이라고 한다. 여자는 팜므Femmes, 남자는 옴므Hommes다. 우리나라처럼 무료로 개방된 화장실이 많은 곳도 없다. 파리시는 2006년부터 공중화장실 무료화 사업을 시작해 현재는 400여 개의 무료 화장실이 있다. 무료 화장실은 메트로와 관광지, 공원 주변 등지에서 'Toilettes Publiques(투알렛 퓌블리크)'라고 표시된 곳을 찾으면 된다. 사람이 관리하는 일반적인 화장실도 있지만, 화장실 한 개짜리 전자동 무인화장실도 있다(휴지는 없다). 초록불이면 사용 가능하며 사용 후 물을 내릴 필요 없이 밖으로 나오면 문이 닫히고 자동으로 청소를 진행한다. 청소할 때는 파란색 불이 뜨는데 잠시 기다리면 다시 이용 가능한 초록불로 바뀐다. 운영시간은 위치에 따라 다른데 대체로 06:00~09:00에 열고 20:00~22:00에 문을 닫는다. 파리 시내의 모든 공중화장실 위치는 아래 사이트에서 지도로 확인할 수 있다. 공중화장실이 있다 하더라도 (신기하게도) 필요할 때면 눈에 안 띄기 때문에 대부분의 여행자들은 카페나 레스토랑의 화장실을 적절하게 이용하는 노하우를 습득하게 된다. 맥도날드와 퀵 등의 패스트푸드점 화장실은 장소에 따라 무료 또는 유료(영수증의 비밀번호를 찍고 들어가는 방식)다.

*** 파리의 공중화장실** en.parisinfo.com/practical-paris/useful-info/public-toilets

❖아기와 함께하는 여행자

파리는 어린아이와 함께 여행하기에 호락호락한 도시가 아

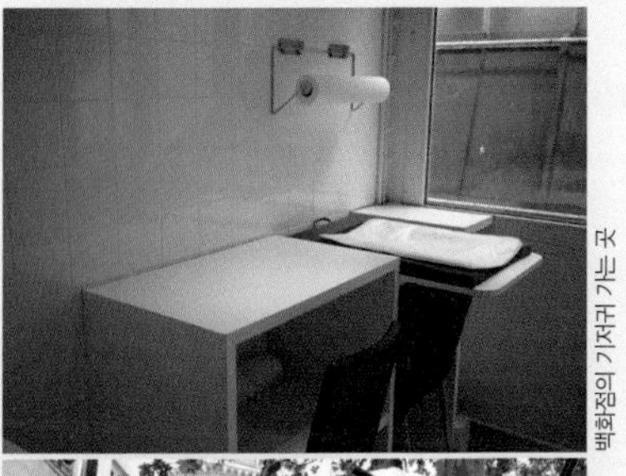

백화점의 기저귀 가는 곳

파리의 메트로는 계단이 많다.

니다. 여행을 다녀온다면 아마도 프랑스가 우리나라보다 한참 뒤쳐진 나라라 생각할지도 모르겠다. 파리는 우리나라처럼 공공장소에 수유실이나 기저귀 갈이대를 쉽게 찾아볼 수 없기 때문에 난감한 경우가 자주 생긴다. 수유가리개나 휴대용 기저귀 갈이대가 있으면 유용하다. 또, 대부분의 메트로는 엘리베이터가 없고 계단이 굉장히 많아 불편하다. 엘리베이터가 있는 곳은 RER선의 역, 기차역, 가장 최근에 생긴 메트로 14호선 모든 역으로 숙소를 구하거나 이동할 때 참고하면 유용하다. 엘리베이터가 있는 역의 정보는 관광안내소에서 받을 수 있는 휠체어 여행자들Disabled Travellers을 위한 메트로 · 버스 · RER 교통지도를 통해 알 수 있다.

수많은 계단 때문에 유모차를 가져간다면 반드시 초경량 휴대용 유모차를 준비하는 것이 좋다. 때문에 아기띠가 상당히 유용하게 쓰인다. 아기나 어린아이가 있다면 메트로보다는 버스를 이용하는 것이 편리하다. 버스는 유모차를 그대로 밀고 들어갈 수 있는 저상버스라 메트로보다 훨씬 편리하고 쾌적하다.

그리고 프랜차이즈점을 제외한 대부분의 식당에는 아기용 의자가 비치된 곳이 거의 없다. 아이들은 유모차에 앉아 있거나 의자에 앉아야 한다. 파리지앵들은 테라스 좌석에 앉아 유모차를 옆에 두는 형식으로 식당을 이용한다.

파리의 장점은 치코Chico와 같은 유럽 브랜드들을 우리나라보다 훨씬 저렴하게 만날 수 있다는 것이다. 대부분의 용품들은 우리나라와 비슷하거나 저렴하게 구할 수 있다. 단, 아기샴푸나 젖병세정제는 대용량이 많으니 필요한 만큼 덜어가는 것이 좋다.

숙소는 조금 더 비싸더라도 도보로 돌아다니기 편리한 중심가(시청역이나 마레, 루브르 주변, 포 럼 데알 등)나 엘리베이터가 있는 RER 주요 역 부근이 좋다. 호텔을 예약할 때는 엘리베이터가 있는지, 화장실에 욕조가 있는지, 방 안에서 인터넷이 되는지를(로비와 같은 공공장소에서만 인터넷 사용이 가능한 곳이 종종 있다) 미리 체크하자.

파리 시내에는 작은 공원과 놀이터가 곳곳에 있는데 중간 중간 아이들을 놀게 하며 파리의 아이들과 엄마의 모습을 구경해보는 것도 좋다.

❖파리의 도난·사건·사고 발생 유형과 대처법

파리는 세계적인 관광지로 소매치기의 집결지라 할 수 있다. 파리에서 가장 흔한 사건 · 사고는 소매치기에 의한 도난이다. 특히 휴대폰은 작고 가벼우며 고가여서 소매치기의 표적이 된다. 지갑이나 중요한 것들이 든 작은 가방도 마찬가지다. 특별히 주의해야 할 장소는 에펠탑, 샹젤리제, 오페라, 기차역, 생 우앙 벼룩시장, 루브르 박물관, 몽마르트르다. 성수기 지하철의 주요 역에서 소매치기를 주의하라는 한국어 방송이 시행되고 있다. 여행 중 중요 물품이 든 휴대용 가방은 항상 몸에서 떼지 말고 대각선 앞쪽으로 메야 한다. 식당에서도 항상 무릎 위에 올려놓는 습관을 들이고, 만약의 상황을 대비해 가방 속 지갑에는 그날 사용할 현금만 챙기자. 신용카드는 비상용 카드를 추가로 가져가되 비상용 카드(현금카드와 신용카드)는 숙소의 짐 속 깊은 곳이나 안전금고Safety Box에 두는 것이 좋다. 복대를 이용하는 것도 좋은 방법이다. 최악의 상황을 대비해 여권 복사본, 여분의 항공권 프린트, 신용카드의 분실신고 전화번호를 따로 적어두자.

파리의 도난·사건·사고 발생 유형

- 식당이나 카페, 기차역, 호텔 로비에서 가방이나 소지품을 잠시 놓아둔 찰나에 도난
- 거리나 메트로에서 여러 명이 한 조를 이뤄서 한 사람이 말을 걸거나 옷에 뭔가 묻었다며 신체 접촉을 시도해 주의를 돌리는 동안 소매치기하는 경우
- 거리나 공항, 기차역 등에서 휴대폰에 집중한 사이 귀중품을 가져가는 경우
- 길을 걷던 중 손에 들고 있는 휴대폰이나 카메라 등을 강탈해가는 경우
- 사진 촬영을 위해 바닥에 내려둔 소지품을 가져가는 경우
- 샹젤리제 주변이나 루브르 박물관 주변에서 어려운 사람들을 돕는다는 서명을 받으며 돈을 요구하는 경우
- 몽마르트르에서 흑인들이 손목에 팔찌를 감으며 돈을 요구
- 프랑스 경찰, 군인 등 공무원 복장을 하고 불시 검문으로 신분증 요구하며 지갑을 소매치기하는 경우(메트로에서 지하철표 소지 검색을 제외하고는 주의할 것)
- 기차 안에서 의자 위에 짐을 두고 화장실을 가거나 잠든 사이 가방을 가져가는 경우
- 샤를 드 골 공항에서 택시로 시내로 들어올 때 정체 구간을 이용해 오토바이를 타고 지나가며 차량 유리창을 깨고 가방이나 소지품을 강탈해가는 경우
- 렌터카 이용자가 주차해놓은 차량 유리창을 깨고 가방이나 소지품을 가져가는 경우
- 에펠탑과 몽마르트르의 야바위꾼. 구경하고 있으면 같은 조직원이 바람을 잡아 돈을 걸게 한 후 사기 치는 경우

tip 대사관과 웨스턴 유니온을 이용한 긴급 송금

❶ 대사관에서 긴급경비 지원 신청

대사관을 통한 긴급경비 지원 서비스가 있다. 대사관에서 신청하면 국내 연고자가 안내에 따라 입금을 하고 대사관에서 해당 금액을 찾을 수 있는 서비스다. 송금받는 수수료는 송금액에 포함되어 있는데 수수료가 굉장히 저렴하다. 파리의 경우 한도가 €500 정도다. 때문에 분실을 대비한 현금카드를 큰 가방 안에 여분으로 보관해두는 것을 추천한다.

❷ 웨스턴 유니온 Western Union

가까운 곳에 대사관이 없을 때는 웨스턴 유니온이 유용하다. 연고자가 영문 이름과 거주 국가만 알면 되고 가입된 서비스업체(은행, 상점 등) 어디서나 1시간 이내에 송금받을 수 있다. 송금수수료는 대사관이 더 저렴하다. 최악의 분실상황에 대비해 여분의 신용카드와 현금카드를 큰 가방 안에 보관해 두는 것을 추천한다.

*웨스턴 유니온 송금 서비스가 가능한 은행
KB국민은행, 하나은행, 카카오뱅크, 기업은행

파리의 도난·사건·사고 발생 시 대처법

❶ 여권 분실 시

대한민국 대사관에서 단수여권이나 여행증명서를 발급받을 수 있다. 필요서류는 여권용 사진 2매(6개월 이내 촬영 사진), 여권복사본(또는 여권번호와 발행일, 발행장소), 주민등록증이나 운전면허증, 여권발급신청서(대사관에 비치)와 수수료(단수여권 €47.7, 여행자증명서 €22.5, 현금결제만 가능)가 필요하다. 방문 전 프랑스 대사관 홈페이지에서 로그인해 영사과 민원실에 시간 예약을 해야 한다.

예약 가능 시간 : 09:30~12:00, 14:00~16:00

❷ 휴대전화의 분실 · 도난 시

두 경우 모두 찾을 방법이 희박하다. 휴대전화은 크기가 작고 고가인 데다 길에서 휴대전화를 손에 들고 다니는 한국인들의 특성상 소매치기의 표적이 되기 쉽다. 출국 전에 위치추적 모드를 켜 놓고 시리얼 번호를 적어두자. 여행자 보험에 가입하는 것도 추천한다. 소중한 여행사진까지 사라지는 것을 방지하기 위해 구글포토, 네이버 클라우드 등의 서비스에 가입하자. WiFi가 가능할 때 사진과 동영상이 자동 업로드된다. 도난당한 휴대전화의 범죄이용을 막기 위해 즉시 휴대전화 사용 정지를 요청해야 한다. 여행을 마친 후 보험 청구를 위해 번거롭더라도 경찰서에서 도난증명서Police Report를 발급받자.

*** 분실 시 내 휴대전화 찾기**

위치추적 기능으로 휴대전화를 찾을 수도 있다. 누군가 가져갔을 경우, 휴대전화를 도난품으로 신고할 수 있으며 이때 시리얼번호로 도난물품임이 증명된다.

❸ 카메라 등 휴대품 분실 시

되찾을 방법은 희박하다. 고가의 휴대품을 가져간다면 출국 전에 반드시 여행자보험을 들어놓는 것을 추천한다. 보험회사와 보험금액에 따라 도난에 대한 보상 조건이 다양한데 휴대품 도난 보상 금액이 높은 것이 좋다. 인터넷을 검색하면 여행자보험 전문몰이 있는데 이곳에서 비교검색 후 자신에게 맞는 보험회사를 선택하면 된다. 현지 경찰서에서 도난증명서를 쓸 때는 현지 경찰에게 도난 사건의 상황을 설명하고 그에 해당하는 내용을 육하원칙(누가, 언제, 어디서, 무엇을, 어떻게, 왜)에 따라 영문으로 쓰게 된다. 이때 '분실Lost(자신의 잘못)'이 아닌 '도난Stolen'이라 써야 보상을 받을 수 있다.

❹ 유레일패스와 현금 분실 시

되찾을 방법은 없다. 유레일패스와 단위가 높은 현금은 복대에 보관하자.

❺ 아프거나 다쳤을 때

도시마다 24시간 약국이 운영되고 있으니 기억해두자. 유럽의 경우 여행자들이 진료받을 수 있는 병원이 한정되어 있으므로 숙소나 현지인에게 물어야 한다. 진료를 마치고 비용을 지불한 후 창구에서 '보험용 서류Paper for Insurance'를 받고, 한국으로 돌아와 보험사에 서류를 제출하면 된다. 출국 전 여행자보험을 들 때 코로나19와 관련해 보험 처리를 해주는지 미리 체크하자.

tip 물건 도난 시 대처법

물건을 도난당했다면, 경찰서(코미사르야 데 폴리스Commissariat de Police)에 가서 도난 사실을 알린다. 파리시에는 24시간 운영되는 20개의 중앙 경찰서가 있으며 S.A.V.E.라는 외국인 피해자 지원 시스템으로 폴리스 리포트 작성의 편의를 돕는 한국어로 된 서류를 지원해주고 있다. 각 구의 경찰서는 주프랑스 대한민국 대사관의 안전여행정보 공지에서 찾을 수 있다.

*overseas.mofa.go.kr/fr-ko/brd/m_9464/list.do

❻ **신용카드 도난 · 분실 시** 최대한 빨리 전화해 카드사에 정지 요청을 한다. 가장 대중적인 방법은 한국의 가족들에게 연락해(돈도 휴대폰도 도난당했다면, 콜렉트콜 KT 080 099 0082) 해당 카드의 사용을 정지시키는 것이다. 그러나 국내로 전화하지 않더라도 카드 도난 시 각 카드사의 직통 번호(수신자 부담)로도 정지가 가능하다. 한국어 상담원과의 통화도 가능하다.

***비자** 0 800 90 11 79(무료) 또는 +1 303 967 1096
***마스터** 0 800 90 13 87(무료)
***아메리칸 익스프레스 카드** 01 47 77 72 00
***KEB 하나은행 파리 지점** Map p.100
송금 시 당일 또는 다음 날 받을 수 있다.

주소 38/40 Ave. des Champs-Elyses
전화 01 53 67 12 00
운영 월~금 09:00~12:00, 13:00~16:00 **휴무**1월 1일, 부활절 월요일(2024년 4월 1일), 5월 18일, 예수승천일(2024년 5월 9일), 성령강림축일(2024년 5월 20일), 7월 14일, 8월 15일, 11월 1·11일, 12월 25일
위치 메트로 1·9호선 Franklin D. Roosevelt역(샹젤리제 거리 38번지 2층)

***경찰(영어 가능)** 17
***응급상황** (경찰, 화재, 앰뷸런스) 112
***구급차** 15
***소방서** 18
***영사 콜센터** 휴대폰이 아닌 유선 또는 공중전화를 이용해야 한다.
00-800-2100-0404
00-800-2100-1304

❖주프랑스 대한민국 대사관 Ambassade de la République de Corée Map p.85

영사민원실과 대사관 두 곳이 있다. 여권분실 등의 업무를 처리하는 곳은 영사민원실이다.

주소 125 Rue de Grenelle(영사민원실), 41 Rue Saint-Dominique(대사관)
전화 대표 01 47 53 01 01 여권 01 47 53 69 87
사건·사고 발생 시 06 80 28 53 96 / 긴급여권 06 22 78 26 56 (운영 09:30~18:00)
운영 월~금 09:30~12:30, 14:00~16:30
휴무 1월 1일, 4월 1일(2024년), 5월 1·8·9일(2024년), 5월 20일(2024년), 7월 14일, 8월 15일, 11월 1·11일, 12월 25일
위치 메트로 13호선 Varenne역에서 나와 앵발리드를 왼쪽에 두고 걷다 첫 번째 사거리에서 오른쪽으로 꺾어지면 태극기가 보인다. 버스 69번
홈피 overseas.mofa.go.kr/fr-ko/index.do

tip 테러에 대처하는 방법

여행을 떠난다면 테러는 사람들이 많이 모이는 곳에서 벌어진다는 걸 염두에 두고 항상 자신의 안전을 도모하며 움직여야 한다. 만약 자신이 머무는 지역에서 테러 소식을 듣는다면 대한민국 대사관에 전화나 페이스북(www.facebook.com/ambcoreefr) 등으로 연락해 자신이 안전함을 알려주고 연락 가능한 전화번호를 남겨야 한다. 특히 유심칩을 구입한 경우라면 현지에서 연락 가능한 전화번호를 남겨 대사관, 가족과 소통의 창구를 마련해놓는 것이 중요하다.
* 외교부 해외안전여행 www.0404.go.kr

Step 2. 프랑스와 파리의 역사

왕가의 무덤이 있는 생 드니 성당

파리가 시작된 시테 섬

프랑스를 구한 영웅 잔 다르크

파리에 첫 정착민이 생긴 것은 기원전 4000년 전후다. 이후 기원전 25년 율리우스 카이사르의 지배하에 시테 섬과 그 주변은 정착촌을 이루며 발전하기 시작했다. 로마제국 당시의 역사적인 사건으로는 기원후 250년 파리 최초의 주교였던 생 드니가 몽마르트르에서 참수당한 일이다. 생 드니는 프랑스의 첫 번째 수호성인이 되었다. 파리 여러 성당에서 잘린 머리를 든 생 드니 동상을 찾을 수 있다.

5세기 로마제국의 멸망 이후 게르만족인 프랑크 왕족의 지배가 시작됐다. 메로빙거 왕조의 시작으로 중세시대가 막을 연다. 10세기에는 노르만족과의 싸움을 승리로 이끈 파리의 백작, 위그 카페가 카페왕조를 세우면서 파리 중심의 프랑스 역사가 시작되었다.

11세기에서 13세기 말까지는 제1 · 2차 십자군 전쟁을 벌이며 부를 축적해 봉건사회의 기초를 다지는 시기였다. 가톨릭의 발전과 번영에 따라 12세기 무렵 신학을 가르치는 소르본 대학이 세워졌고(p.119 참고), 1248년 루이 9세는 십자군전쟁에서 가져온 예수의 가시면류관을 보관하기 위해 생 샤펠 성당(p.114 참고)을 지었다. 노트르담 대성당은 1345년에 만들어졌다(p.116 참고).

14세기 중반부터 영국과 프랑스 간에 지역 경제권 다툼으로 백년전쟁이 일어났고, 페스트로 많은 사람들이 목숨을 잃었다. 시테 섬은 왕과 제1신분의 섬으로 정착되었고 바로 옆의 생 루이 섬은 귀족들의 섬이 되었다. 15세기, 샤를 7세는 잔 다르크의 도움으로 프랑스를 승리로 이끌었고 그의 아들은 작은 왕국을 통일시켜 프랑스 발전의 기틀을 잡는다.

16세기 초는 르네상스가 꽃 핀 시기로 이때 유럽의 예술 거장들을 퐁텐블로 성이나 루브르 궁 등으로 데려와 작품 활동을 하게 했다. 레오나르도 다빈치도 이 시기에 앙부아즈 성으로 오게 되었고 루브르 박물관의 〈모나리자〉도 이때 반입되었다. 16세기 중반부터 프랑스는 가톨릭과 위그노(신교)간의 종교전쟁으로 한동안 혈전이 벌어졌다(p.181 '성 바르톨로메오 축일의 학살' 참고). 이 전쟁은 1685년 앙리 4세가 선언한 낭트칙령으로 끝을 맺고 프랑스는 빛의 시대를 맞이한다.

화려한 베르사유 궁전

스스로 황제가 된 나폴레옹

파리 코뮌 병사의 벽

L'AURORE
Littéraire, Artistique, Sociale
J'Accuse...!
LETTRE AU PRÉSIDENT DE LA RÉPUBLIQUE
Par ÉMILE ZOLA

에밀 졸라의 '나는 고발한다'

17~18세기는 프랑스의 황금기였다. 경제적 번영과 동시에 철학이 꽃 핀 시기이기도 했다. 루이 13세부터는 강화된 왕권과 축적된 부를 기반으로 화려한 궁정생활이 지속된다. 그 최고는 루이 14세로 왕권이 하늘을 찌르는 시기였다. 볼테르, 몽테스키외, 루소와 같은 위대한 사상가들이 활동한 시기도 바로 이때였다. 그러나 미국 독립전쟁을 과도하게 지원하여 왕실재정이 파산 직전의 상황에 처하게 된다. 부를 독차지하던 왕실과 성직자, 귀족에 반발한 부르주아지들은 시민들과 함께 1789년 프랑스혁명을 일으켰다.
혁명은 피바람을 몰고 파리시를 한동안 뒤흔들었다. 그렇게 왕정을 무너뜨리고 군주제를 폐지한 시민들은 아이러니하게도 군사쿠데타로 정권을 잡은 나폴레옹을 선택했다. 1804년 나폴레옹은 노트르담 대성당에서 스스로 황제 즉위식을 연다. 전쟁에서 수많은 승리를 이끌었던 나폴레옹은 개선문을 세우고(p.98 참고) 파리시에 입성하려 했지만 왕정복고 이후 100일 천하를 끝으로 세인트헬레나 섬에 유배되어 생을 마감한다.

1871년 3월 18일, 프로이센 전쟁에서 패한 프랑스 정부가 시민들의 고통과 요구에 무관심하자 도시빈민과 노동자들이 세계 최초의 사회주의 자치정부를 수립한다. 이를 파리 코뮌이라 부르는데 이 사건은 두 달이 조금 못되어 유혈사태로 진압되었다. 마지막까지 저항한 147명의 파리코뮌 병사들은 페르 라셰즈 공동묘지의 벽에서 모두 총살당했다(p.147 참고).

1895년에는 드레퓌스 사건이 일어났다. 에밀 졸라는 〈로 로르〉에 대통령에게 보내는 '나는 고발한다'는 글로 드레퓌스를 변호했고 1906년 무죄가 선고되었다. 유대인이란 이유로 억울한 누명을 쓴 드레퓌스 사건은 프랑스 지식인들의 사회적 실천에 대한 많은 고민을 하게 했다. 에밀 졸라의 묘는 팡테옹(p.119 참고)에, 드레퓌스의 묘는 몽파르나스 공동묘지(p.147 참고)에 안장되어 있다.

1914~1918년, 1939~1945년 제1 · 2차 세계대전이 일어나 유럽 전체는 전쟁의 포화 속에 힘든 시기를 겪게 된다. 제2차 세계대전의 승리를 이끈 드 골 장군이 1958년 제5공화국의 대통령으로 임명되었다. 그 후 드 골 대통령의 재임 기간에 68혁명이 일어난다.

68혁명은 학생들과 노동자들이 연합해 벌인 사회변혁운동으로 기존의 보수적인 체재에 저항하면서 일어났다. 총 400만 명이 시위에 가담했지만 혁명은 실패로 끝났다. 그러나 인권, 평등, 환경, 반전에 대한 가치를 재정립시키는 등 많은 사회적 변화를 이루어냈다. 이후 드골 대통령은 사임한다. 1981년 조르주 퐁피두 대통령이 뒤를 잇고 후에 발레리 지스카르 데스탱, 프랑수아 미테랑, 자크 시라크, 니콜라 사르코지, 프랑수아 올랑드를 거쳐 2017년 에마뉘엘 마크롱Emmanuel Macron 대통령이 선출되었고 2022년 재선에도 성공했다. 2024년 파리 올림픽이 열리는데 올림픽 역사상 세 번째로 파리에서 열리는 것으로 1924년 이후 100년 만이다.

Step 3. 파리의 사계절과 축제

❖파리의 사계절

프랑스는 우리나라와 마찬가지로 사계절이 있다. 프랑스 서부는 해양성 기후, 중부와 동부는 대륙성 기후, 남부는 지중해성 기후를 띤다. 전반적으로 겨울에 온난다습하고 여름에 고온건조한 날씨를 보인다. 파리를 방문하기에 가장 좋은 달은 5~7월이다. 우리나라의 따뜻한 봄과 초여름 날씨와 같다. 따뜻하고, 꽃이 피고, 햇살을 간절히 기다리던 파리 사람들의 표정도 밝아진다. 아래는 파리의 날씨를 성수기와 비수기로 정리한 것이다.

비수기 시즌 11~3월

11~3월은 평균기온이 영상 4도 정도로 우리나라의 겨울보다 따뜻하지만 강수량이 높다. 즉, 비가 자주 내리는데 습도가 높기 때문에 체감 추위는 우리나라에서의 겨울과 비슷하다. 으슬으슬한 추위가 지속된다. 대부분은 날이 흐리고 비가 내려 우울한 날씨다. 여행하기에 좋은 계절은 아니지만, 겨울 세일시즌이 있고 여행자가 적어 한가한 파리 여행을 할 수 있다.

성수기 시즌 4~10월

4월부터 날씨가 점차 따뜻해지기 시작한다. 4월 중순에는 아름다운 벚꽃 핀 파리를 만날 수 있다. 1년 중 가장 여행하기 좋은 시기는 **5~6월**이다. 최성수기 직전으로 적당한 관광객과 따뜻한 날씨 속에 파리 여행을 즐길 수 있다.

7~8월이 되면 파리는 방학과 휴가를 맞은 여행자들로 넘쳐난다. 현지인보다 관광객들이 파리를 점령하는 시기다. 이 시기에 맞춰 대중교통요금과 숙박요금이 오른다. 박물관과 유명 관광지는 여행자들의 길게 늘어선 줄로 북새통을 이룬다. 소매치기도 기승을 부린다. 그럼에도 화창한 날씨는 계속되고 파리를 즐기는 여행자들의 입가엔 웃음이 떠나지 않는다. 파리의 7~8월은 평균 기온이 29도 정도로 우리나라의 여름에 비해 온도와 습도는 낮지만 종종 이상기후로 30도 이상의 폭염이 지속되기도 한다.

9~10월이 되면 파리는 가을을 맞는다. 우리나라의 가을 날씨와 비슷하나 온도가 좀 더 낮다. 아름다운 낙엽을 볼 수 있다. 센 강변을 낙엽을 밟으며 걷는 재미도 쏠쏠하다. 아침저녁으로 쌀쌀하기 때문에 따뜻한 카디건이나 바람막이 점퍼가 있으면 유용하다. 관광객들도 적당히 빠져나가고 여행하기에 좋은 선선한 날씨가 계속된다.

❖파리의 휴일과 축제

휴일

*매년 변동되는 날짜

새해 1월 1일 **부활절 휴일** 3월 31일~4월 1일(2024년)*

노동절 5월 1일 **1945년 승전기념일** 5월 8일

예수승천일 5월 12일(2024년)* **성령강림절 휴일** 5월 19일(2024년)*

혁명 기념일 7월 14일 **성모승천일** 8월 15일

만성절 11월 1일 **1918년 휴전 기념일** 11월 11일

크리스마스 12월 25일

길거리에서 연주 솜씨를 뽐내는 아이들

파리의 축제

음악축제 La Fête de la Musique

매년 6월 21일 프랑스 전역에는 어린아이부터 전문 음악가까지 집에 있는 악기를 들고 거리로 나와 연주하는 축제가 시작된다. 길거리와 광장 곳곳에서 음악의 향연이 펼쳐진다.파리는 이 날을 위해 특별 교통패스를 판매한다. €3.5(21일 17:00~22일 07:00)

프랑스혁명 기념일 La Prise de la Bastille

매년 7월 14일에 프랑스혁명을 기념하여 개선문과 에펠탑에서 큰 행사가 열린다. 개선문에서 오전 9~10시 무렵부터 군대 퍼레이드가 시작된다. 콩코르드 광장에서 프랑스 대통령을 직접 볼 수 있다. 에펠탑에서는 밤 11시 30분부터 30분간 불꽃놀이가 시작되는데 관람하기 좋은 위치는 에펠탑 앞의 샹 드 마르 공원Parc du Champ de Mars이다.

파리 플라주 Paris Plages

파리시는 매년 7월 중순에서 한 달간 휴가를 떠나지 못하는 파리 시민을 위해 도심 속 휴양지를 만든다. 시청과 시테 섬을 중심으로 센 강변 주변에 모래를 깔아 선탠용 의자를 놓아두고 수영장, 모래놀이, 암벽등반, 보트 등 싱글부터 가족까지 모두 즐길 수 있는 다양한 놀이시설과 이벤트를 진행한다. 2024년은 파리올림픽 경기로 취소됐다.

유럽 세계 유산의 날 European Heritage Days

매년 9월 셋째 주 주말은(2024년은 9월 14 · 15일)은 유럽문화유산의 날이다. 파리와 프랑스의 주요 장소들을 무료입장할 수 있고, 평소 입장이 불가능한 곳도 특별히 개방한다.

홈피 www.europeanheritagedays.com

Step 4. 파리 맞춤형 짐 꾸리기 노하우

출국 시 가방은 무조건 가볍게!

출국 시 여행 짐은 무조건 가볍게 싸는 것이 좋다. 배낭이든 캐리어든 나갈 때의 짐은 최소화하자. 그래야 캐리어를 끄느라 손바닥에 굳은살이 생기거나 배낭을 메고 다니느라 어깨 근육통에 시달리지 않고, 이동이 쉬워 현지에서 고생하지 않는다.

배낭가방 VS 캐리어

배낭가방

Good

유럽의 구시가지 바닥은 울퉁불퉁하다. 이런 길에서 이동할 때는 캐리어보다 배낭이 좋다. 지하철에서 계단을 오르거나 긴급할 때의 기동력은 배낭가방을 따라갈 수가 없다.

Bad

배낭여행자들은 캐리어 여행 때보다 짐을 더 줄여야 한다. 돌아오기 전 쇼핑을 많이 한다면 캐리어나 가방을 추가로 구매하면 된다.

VS

캐리어

Good

인생사진을 찍을 다양한 패션 아이템을 챙겼거나 쇼핑으로 꽉꽉 채워올 예정이라면 캐리어 추천. 무거운 짐도 힘들지 않게 나를 수 있다.

Bad

숙소 예약 시 엘레베이터가 있는지 반드시 체크할 것. 지하철에서도 계단을 오르락 내리락 해야 할 경우가 많다. 특히, 몽마르트르 언덕이라면 숙소 가는 길을 체크!

쇼핑에 대비하자!

짐을 꾸릴 때는 이후에 쇼핑으로 부피가 늘어날 것을 감안하는 것이 좋다. 특히 현지에서 입을 옷은 부피가 작고, 구김이 안 가는 옷으로 적당히 가져가자. 새 옷이 필요하면 언제든지 예쁜 옷을 사는 즐거움을 누릴 수 있기 때문이다. 특히, 여름과 겨울의 세일 시즌이라면 지갑을 닫고 있기란 정말 어렵다. 쇼핑을 할 때는 비행기 화물칸으로 부칠 수 있는 짐이 20kg(항공사마다 조금씩 차이가 난다), 기내 반입이 가능한 무게는 10kg이라는 것을 잊지 말자. 공항에서 짐 무게가 초과되면 국제 소포로 보내는 것이 나을 만큼, 초과 1kg당 4~5만 원의 비싼 추가 비용이 든다.

화장품과 욕실용품을 줄이자!

무게가 많이 나가는 화장품과 욕실용품을 최대한 줄이는 것이 중요하다. 이때는 모아둔 화장품, 바디용품 샘플을 가져가거나 다이소나 올리브영의 여행용 키트를 구입하자. 여행 기간을 감안하는 것이 포인트다. 물론, 가져간 용품이 부족할 경우 헤마HEMA와 같은 생활용품점에서 여행용 작은 사이즈를 구입해 사용할 수 있다. 호텔 이용자라면 칫솔과 치약, 헤어컨디셔너 정도만 챙겨 가면 된다.

여행옷 준비와 계절에 따른 옷차림

여행 기간이 짧다면 체류날짜만큼 입을 옷 세트를 맞춰 짐을 싸두면 편리하다. 여행 기간이 길다면 빨래하며 돌려 입을 수 있는 5~7일 분량을 준비하면 된다. 봄이나 여름, 가을철에는 가볍고 휴대성이 좋은 모자 달린 방수 바람막이 점퍼, 따뜻한 레깅스나 긴바지를 가져가면 유용하다. 여름철이라도 비가 흩뿌리거나 해가 나지 않으면 기온이 급속도로 떨어지기 때문에(날이 추워지면 순식간에 민소매에서 가을 옷차림으로 바뀐다) 위아래 긴 옷 한 벌은 꼭 챙겨가자.
자외선이 강하기 때문에 자외선 차단 지수 높은 선크림, 챙이 넓은 모자와 선글라스, 그리고 양산과 우산 겸용 3단 우산도 유용하게 쓰인다.

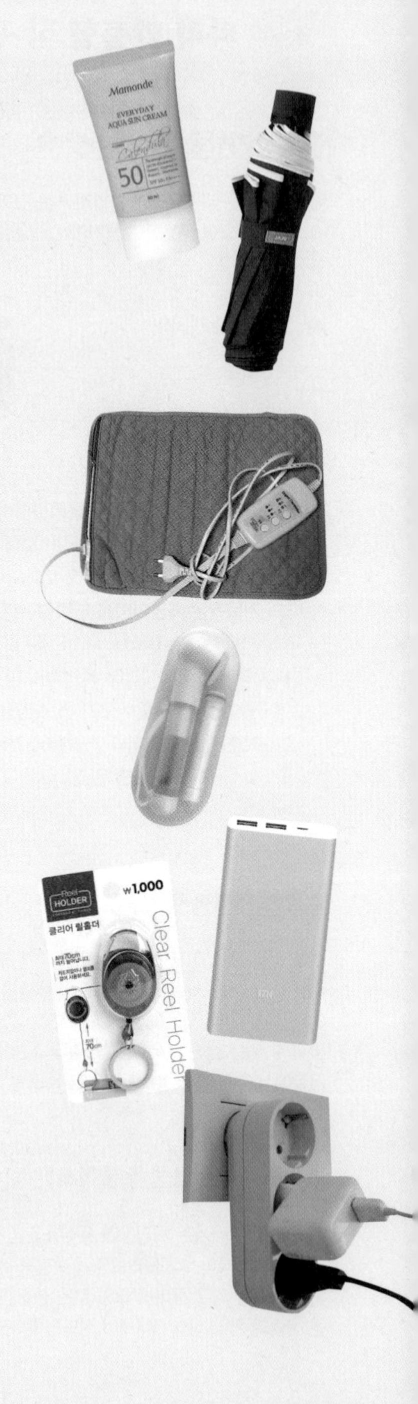

겨울 시즌에는 보온을 놓치지 말자!

가을부터 봄까지는 가벼우면서 보온성이 뛰어난 경량 오리털 점퍼와 장갑과 목도리, 모자가 필수다. 휴대용 핫팩이나 수면 양말, 여성이라면 좌훈 쑥 찜질 패드도 좋다. 겨울철 예쁜 모자는 현지에서 기념품으로 구입해도 좋다. 겨울옷 부피를 줄이기 위해서는 생활용품 매장에서 파는 압축 비닐 팩을 이용하면 큰 도움이 된다. 또한, 호텔이나 숙소의 난방은 우리나라처럼 온돌식이 아니라 라디에이터로 공기만 덥히는 방식이기 때문에 미니 전기매트를 가져가는 것도 유용하다.

안 가져가면 아쉬운 물품은 꼭!

없으면 아쉬운 물품으로는 손톱깎이, 면봉, 휴대용 반짇고리, 비닐 팩, 물티슈, 휴대용 섬유 향수가 있다. 최근에는 석회수가 많은 물 때문에 휴대용 필터 샤워기도 각광받는다. 장기 여행이라면 휴대용 빨래걸이나 빨랫줄도 유용하다. 전자제품이 많다면 3구 멀티탭, 멀티 충전기를 챙기고 충전 케이블 여분도 꼭 준비하자. 다이소에서 파는 '스프링 고리'나 '클리어 릴홀더'는 휴대폰과 연결 가능하고 옷핀은 가방 지퍼를 고정할 수 있어 소매치기 방지에 도움이 된다.

배터리는 어떻게 할까?

모든 배터리의 위탁수하물은 불가하며 기내에 가지고 타야 한다. 노트북, 카메라, 휴대전화 등에 부착된 배터리 등은 100Wh 이하는 제한 없이 가능, 100Wh 초과~160Wh 이하의 배터리는 1인당 2개만 반입 가능하며, 160Wh 초과 제품은 반입 불가하다.

여행 준비물 체크 리스트

기내수하물	위탁수하물
☐ **여권** ☐ **항공권 프린트** 대체로 여권과 예약번호만으로도 가능하나 항공사에 따라 요구 하기도 하니 일단 프린트해두자. ☐ **도착지의 숙소 바우처(또는 예약번호)** ☐ **현금, 신용카드, 체크카드 등 귀중품** 현금이나 신용카드를 종종 위탁수하물에 넣는 경우가 있다. 짐 분실이나 도착 지연 시 난감한 상황에 처할 수도 있으므로 현금과 카드는 반드시 소지해야 한다. ☐ **국제운전면허증, 국제학생증 등** ☐ **노트북, 태블릿PC, 카메라, 휴대전화&충전기 등 전자제품과 보조배터리(반드시 기내에 반입해야 함)** 보조배터리나 충전기, 충전용 케이블 선은 현지에서 구입할 경우 비싸다. 특히 충전용 케이블은 추가로 구입해 가는 것이 좋다. ☐ **유심과 유심핀** 유심을 사전 구입했다면 여행지 도착 전 현지유심으로 갈아 끼우자. 유심핀도 확인할 것. ☐ **간단한 화장품** 기내는 건조하기 때문에 스킨이나 수분크림, 립밤, 핸드크림을 가지고 타면 유용하다. 단, 액체류는 100ml로 반입이 제한되기 때문에 샘플을 가져가자. 기분전환을 위해 미니향수도 추천한다. ☐ **여행 가이드북** 유럽까지 비행시간은 상당히 길다. 비행기 안에서 읽는 가이드북의 집중도는 최고. ☐ **볼펜 & 수첩 또는 일기장** ☐ **목베개** 부피가 크지만 장거리 여행 시 유용하다(기내담요나 겉옷을 말아 대체 가능). ☐ **여행용 키트** 보통 장거리 항공인 경우 수면안대, 귀마개, 수면양말, 칫솔 · 치약을 제공한다. 제공이 안되는 경우도 있으니 미리 문의한 후 필요한 것을 준비하자. ☐ **감염 예방** 코로나19는 지나갔지만 여전히 사라지지는 않았다. 감염이 걱정된다면 손소독제, 마스크, 제균티슈, 자가진단키트 등을 준비하자.	☐ **옷(여행용 파우치에 분류)** 외출복, 잠옷, 속옷, 양말 ☐ **여분의 신발이나 샤워 시 쓸 슬리퍼** ☐ **화장품, 빗, 머리끈, 거울, 고데기, 헤어왁스, 향수 등** ☐ **햇볕차단용품** 선크림, 선글라스, 모자, 휴대용 양산 겸용 우산 ☐ **해변용품(여름)** 수영복, 방수 팩, 물안경, 스노클링 용품, 튜브, 비치매트 등 ☐ **방한용품(겨울)** 방한모, 장갑, 목도리, 핫팩, 휴대용 찜질기, 압축팩 ☐ **세면도구** 칫솔 · 치약, 클렌징용품, 샴푸 · 린스, 바디샴푸 · 샤워타올, 세안용 헤어밴드, 면도기, 스포츠 타올(호스텔 이용자라면) 등 *석회수 때문에 요즘은 휴대용 필터 샤워기도 많이 가져간다. *호텔 이용자라면 칫솔 · 치약과, 헤어컨디셔너 정도만 준비 ☐ **셀카봉 · 휴대용 삼각대 등 카메라 관련 용품** ☐ **비상식량** 선호하는 라면, 튜브 고추장, 전투식량, 팩소주 등 ☐ **건강보조식품** 비타민, 홍삼제품, 먹는 링거 등 ☐ **상비약** 밴드, 두통약, 지사제, 해열제, 상처연고, 알레르기 약, 벌레 물린 데 바르는 약(여름철 기온이 높이 올라간 경우 숙소에서 진드기와 빈대가 출몰하기도 한다. 여행기간이 길다면 비오킬 추천), 파스, 여성용품 등 ☐ **도난방지용품** 번호 자물쇠, 멀티와이어, 스프링 고리(클리어 릴홀더), 옷핀 등 ☐ **휴대 용기에 담은 세제** 속옷이나 양말과 같은 간단한 세탁 시 유용. 휴대용 빨랫줄도 있다. ☐ **휴대 용기에 담은 양념** 아파트먼트와 같은 숙소 이용 시 유용 ☐ **지친 피부와 발을 위해 마스크팩, 휴족시간 등** ☐ **숙소 · 기차 · 항공 · 액티비티 등 각종 예약 바우처 프린트**

저녁 출국 비행기라면	긴급용품(현지 도착 후 큰 가방에 따로 보관)
비행기 탑승 전 세안을 추천한다. 기내 화장실은 좁아 제대로 씻기가 힘들다. 한여름이라면 공항 샤워시설(요금 15,000원/샴푸, 바디샴푸, 수건 포함)을 이용해 씻고 타는 것도 좋다.	1. 여권복사본과 여권용 사진 1장(여권 분실 시 필요) 2. 비상용 현금카드와 신용카드 3. 비상용 현금 €200~300 4. 여행자보험은 출국 전까지만 들 수 있으니 잊지 말자.

Step 5. 파리 추천 숙소

성수기 파리의 숙소는 반드시, 되도록 일찍 예약하는 것이 좋다. 대표적인 숙소의 종류로는 한인숙소, 호스텔, 호텔이 있는데 한식과 한국어 정보를 원한다면 한인숙소를, 한인숙소보다 저렴한 가격과 좋은 위치 그리고 외국 배낭여행자들과 만나고 싶다면 호스텔을, 다른 사람들과 함께 생활하는 것이 불편하다면 호텔이나 스튜디오에 머물면 된다. 아이와 함께하는 가족여행자라면 가격이 좀 더 비싸더라도 시내 중심가쪽의 민박집 패밀리룸이나 스튜디오, 레지던스를 추천한다.

❖한인숙소(도미토리·스튜디오·아파트먼트) 모든 연령층

아침 · 저녁 한식을 먹을 수 있고 속도 빠른 무선 Wifi, 무료 인터넷 & 출력서비스, 그리고 한국어가 통한다는 장점 덕에 파리에서 가장 선호되는 숙박 형태다. 단점은 대부분의 숙소가 중심가가 아니라 메트로 5 · 6 · 7호선 Place d'Italie역 아래쪽에 밀집해 있고 가정집을 이용하기 때문에 성수기 공용 욕실사용에 따른 불편이 따른다는 것이다. 식사는 대부분 조선족 이모님이 만들어준다. 유료 빨래서비스(대체로 €5), 공항픽업서비스, 바토 무슈 할인티켓도 판매한다.
파리시에 공식적으로 등록되어 있지 않은 불법 숙박시설도 많고 조선족이 운영하는 숙소도 많다. 때문에 불법 숙소에 따르는 피해는 숙박객에게 돌아갈 수 있으니 해당 홈페이지나 사람들의 후기를 통해 숙소를 고민하도록 하자. 환불에 대한 규정도 숙지하자.
최근에는 한국인이 운영하는 숙소들의 변화양상이 두드러진다. 도미토리에서 벗어나 파리 중심가에 2~5인을 대상으로 한 스튜디오와 아파트먼트가 주류로 떠오르고 있다. 안전과 청결, 그리고 위치까지 신경 쓴 대신 한식제공이 없다. 스튜디오는 원룸 형이고('콘도'라고 표현한다), 아파트먼트는 거실과 방이 분리된 형태의 숙소다. 보통 3박 이상을 예약 받는다. 아래는 대체로 깨끗한 시설에 주요 관광지를 걸어서 갈 수 있는 한인숙소를 소개한다.

1 파리 제이민박 Map p.152
Paris Marais Picasso Guesthouse

퐁피두 센터, 마레지구와 가까운 1존의 숙소로 민박집들 중 에서 드물게 조식과 석식 모두를 한식으로 제공해준다.

주소 34 Rue Réaumur
위치 메트로3·11호선 Arts et Métiers역에서 75m
홈피 www.theminda.com/stay/jminbak
요금 8인실 도미토리 €40, 2인실 도미토리 €45, 2인실 €80, 콘도 €70~120

2 파리 마레 피카소 민박 Map p.194
Paris Marais Picasso Guesthouse

1존에 위치한 여성전용 민박집으로 퐁피두 센터, 마레지구와 가까운 숙소로 주요 관광명소 도보가 가능해 위치가 좋다.

주소 42 Rue Pastourelle
위치 메트로 3·11호선 Arts et Métiers역에서 400m
홈피 www.theminda.com/stay/MP007
요금 도미토리 3인실 €45~, 1인실 €60~, 1~2인실 콘도 보유

3 파리 플로르 민박 Map p.152
Paris Flore Guesthouse

웨스트필드 포럼 데 알 주변에 위치한 숙소로 센 강 주변의 주요 관광지와 가깝다.

주소 1호점 27 Rue Chapon 2호점 93 Rue Beaubourg 콘도 15 Jean-jaques Rousseau(루브르점)
전화 06 50 92 74 77 카카오톡 piao5958
위치 메트로 4호선 Les Halles역 1호점 850m, 2호점 900m, 콘도 400m
홈피 cafe.naver.com/iloveparis2013
요금 4인실 도미토리 €45, 1~6인실 스튜디오 €80~87

4 마카롱 민박 Map p.20
Macaron Guesthouse

몽파르나스역 근처 15구에 위치한 숙소로 에펠탑과도 가깝고 12호선을 콩코르드 광장과 몽마르트르까지 한 번에 갈 수 있어 편리하다.

주소 176 Rue de Vaugirard
위치 메트로 12호선 Pasteur역·Volontaires역에서 170m
홈피 www.theminda.com/stay/jwscyk
요금 여성 도미토리 4인실 €75, 남성 도미토리 6인실 €75

5 파리 몽파르나스 민박 Map p.20
Montparnasse Guesthouse

마카롱 민박과 비슷한 위치에 있는 15구의 민박집으로 사장님이 한 · 양 · 중식 조리사 자격증과 르 코르동블루 파티세리에 자격증이 있다.

주소 91 Rue de l'abbe Groult
위치 메트로 12호선 Convention역에서 200m
홈피 www.theminda.com/stay/yo6797
요금 1~3인실 €70, 2인실 €130, 3인실 €160

6 라끄 씨엘 Map p.20
L'arc Ciel

에펠탑 전망이 좋은 사요궁까지 1km로 가깝다. 파리시에 정식 등록해 트윈룸, 더블룸, 가족룸, 아파트먼트를 운영한다. 식사제공은 하지 않는다.

주소 10 Rue de Pomereu
전화 06 13 66 79 53
위치 메트로 2호선 Victor Hugo역에서 750m
홈피 www.arc-ciel.com
요금 트윈룸 1인 €90, 2인 €120, 더블룸 1인 €100, 2인 €120, 가족룸 3인 €160, 4인 €190, 아파트먼트 2~7인 €250~450

7 마이 오픈 파리 Map p.21
My Open Paris

200년 된 건물에 1~2인실 방과 스튜디오를 운영한다. 럭셔리한 프랑스 조식과 세련된 인테리어로 만족도가 높다.

주소 35 Rue de Lyon
위치 메트로 1·14호선·RER A선 Paris Gare de Lyon역에서 600m
홈피 cafe.naver.com/maisonzen
요금 1~2인실 €190~230

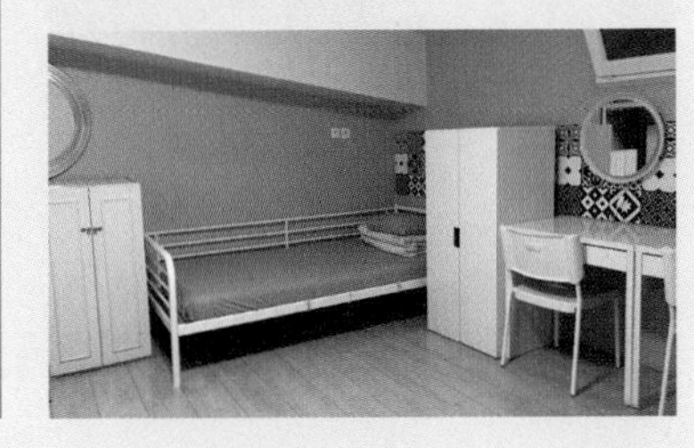

❖호텔 모든 연령층

파리에는 수많은 호텔이 있다. 영화에 종종 등장하는 리츠Ritz, 브리스톨Bristol, 포시즌 조지 VFour Seasons George V 호텔 같은 1박에 100만 원 이상의 4~5성급의 호텔을 생각한다면 선택의 폭이 넓다. 언제나 가격대비 성능이 뛰어난 호텔을 구하는 사람이 고민이 많다. 저렴한 호텔은 북역Gare du Nord 근처와 리옹역Gure de Lyon과 베르시역Gare de Paris Bercy 주변에 모여 있다. 북역은 위치는 좋지만 치안에 주의해야 하는 지역이다. 아래는 가격대비 훌륭한 호텔체인으로 모두 €70~150의 호텔이다. 이 외에 호텔등급과 사람들의 평, 지역을 알 수 있는 예약 사이트를 소개한다.

깔끔한 시설과 합리적인 가격 Ibis

Ibis는 전 세계에 지점이 있는 별 2개짜리 체인호텔로 깔끔한 시설과 합리적인 가격으로 좋은 평을 듣는 곳이다. 방이 넓지는 않다. 파리 시내에 총 100여 개의 지점이 있다. 인기 있는 호텔이므로 최소 한 달 전에 예약하는 것이 좋다. 21일 전에 예약하거나 주말 3박을 연달아 예약할 경우 20~30% 할인이 주어진다. 홈피 www.ibishotel.com

Ibis

Kyriad

Grands Boulevards Opera점 Map p.21

주소 38 Rue du Faubourg Montmartre
전화 01 45 23 01 27
위치 메트로 7호선 Le Peletier역

Tour Eiffel Cambronne점 Map p.20

주소 2 Rue Cambronne 전화 01 40 61 21 21
위치 메트로 6호선 Cambronne역

Bastille Opera점 Map p.195

주소 15 Rue Breguet 전화 01 49 29 20 20
위치 메트로 5호선 Bréguet-Sabin역

넓은 객실, 깔끔한 시설 Kyriad

별 2개짜리 체인호텔로 파리에 4개의 지점이 있다. Ibis보다 객실이 넓다. 시설이 깔끔하고 조식도 훌륭하다. 한 달 전에 예약하면 할인된다. 추천할 만한 곳으로는 베르시Bercy 지점을 추천한다. 홈피 www.kyriad.com

Bercy Village점 Map p.21

주소 17 Rue Baron le Roy
전화 01 44 67 75 75
위치 메트로 13호선 Cour Saint-Émilion역

Canal Saint Martin République점 Map p.207

주소 30 Rue Lucien Sampaix
전화 01 42 08 19 74
위치 메트로 5호선 Jacques Bonsergent역

아파트형 호텔, 시타딘 Apart'hotel Citadines

연인이나 가족 단위 여행자라면 전자레인지와 인덕션이 있어 요리할 수 있고, 식기세척기와 세탁기까지 있는 시타딘 체인점이야말로 가장 만족스러운 숙소가 된다. 시타딘 체인점은 대부분 위치가 좋고 비치된 시설들을 고려하면 비용면에서도 절약되는 부분이 많다.

레알Les Halles점 Map p.152

파리 중심에 자리해 노트르담과 생샤펠, 마레 지역으로의 도보가 가능하며 대형 쇼핑몰이 코앞, 공항 이동에도 편리하다.

주소 4 Rue des Innocents **전화** 01 40 39 26 50
위치 RER A·B·C선 Chatelet Les Halles역 메트로 4호선 Les Halles역 바로 앞

생 제르맹Saint-Germain-des-Prés점 Map p.112

시테섬 바로 코앞으로 위치가 좋다. 레알보다 좀 더 조용하고 만족도가 높은 시설로 가격은 약간 더 높다.

주소 53 ter Quai des Grands Augustins
전화 01 44 07 70 00
위치 RER B·C선·메트로 4호선 Saint-Michel Notre-Dame역에서 280m

에펠 타워Tour Eiffel점 Map p.20

에펠탑이 보이는 숙소로 주목받는다. 에펠탑까지 1.3km로 걸어갈 수 있다.

주소 132 Bd de Grenelle
전화 01 53 95 60 00
위치 메트로 6·8·10호선 La Motte-Picquet Grenelle역에서 50m

시타딘 생 제르맹점

호텔 추천 예약 사이트

체인호텔 이외의 호텔은 호텔등급, 위치, 가격, 여러 사람들의 평을 참고해 예약하면 쉽다. 이러한 정보는 구글맵의 호텔 정보나 트립어드바이저를 참고하면 된다. **트립어드바이저** www.tripadvisor.co.kr
일반적인 호텔 예약은 국내 사이트보다 아래 사이트에서 하는 것이 더 저렴하다.

노보텔
베스트 웨스턴

부킹닷컴 Booking
홈피 www.booking.com
사이트뿐만 아니라 스마트폰 어플이 잘 되어 있어 예약하기 편리하다.

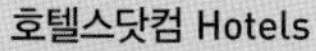

호텔스닷컴 Hotels
홈피 kr.hotels.com

아고다 Agoda
홈피 www.agoda.com

Accor hotel 그룹
홈피 www.accorhotels.com

Accor hotel 그룹은 프랑스 호텔체인으로 저렴한 Ibis, Etap을 비롯해 Mercure, Novotel, Sofitel 호텔, 아파텔인 adagio까지 다양한 숙박시설을 보유하고 있다. 위의 호텔 사이트는 Accor hotel 그룹의 모든 숙박형태를 보여주고 예약할 수 있는 사이트다.

❖호스텔

나 홀로 여행자들이 가장 많이 이용하는 숙소다. 세계 여러 나라 여행자들을 만날 수 있고 프랑스식 아침식사를 포함한 가격이 가장 저렴하다. 파리 호스텔은 대부분 수건을 제공해주지 않으니 숙소 예약 시 체크 하자. 대여 시 €2~4가 든다. 가격은 성수기와 비수기 차이가 큰데 겨울 비수기인 경우 €20~30대부터 시작하고, 여름 성수기와 연휴 기간에는 €40~50대로 가격이 올라간다.

좋은 위치와 깔끔한 시설

Auberge de Jeunesse Adveniat Map p.84

가톨릭 수도회인 아우구스티노회에서 운영하는 호스텔로 깔끔하고 중심가에 위치해 인기가 많다. 빨래방과 주방도 있어 편리하다. 단, 숙박 시 반드시 멤버십 가입을 해야 하며 LFAJ 멤버십 카드는 €6다. 수건을 제공해주지 않아 준비해 가야 하며 로비에서만 인터넷이 가능하다. 도미토리 8인실과 2~5인실이 있다.

주소 10 Rue François 1er **전화** 01 77 45 89 10
위치 메트로 1·9호선 Franklin D. Roosevelt역에서 350m
홈피 www.adveniat-paris.org

Auberge de Jeunesse Adveniat

The People Paris Marais Map p.113

프랑스 체인 호스텔로 파리에만 4개의 호스텔이 있다. 소개하는 호스텔 중 가장 최근에 생겨 시설이 깨끗하다. 이곳에는 가장 위치가 좋은 마레지점을 소개하지만 이외에도 Bercy, Belleville, Nation 지점이 있으니 참고하자. 3박이상 예약이 가능하며 타월 대여 시 €4를 내야 한다. 4 · 6인실 도미토리와 2~4인실이 있다.

주소 17 Bd. Morland **전화** 01 81 22 40 88
위치 메트로 7호선 Sully - Morland역에서 100m
홈피 www.thepeoplehostel.com

다녀온 사람 누구나 만족하는

MIJE

마레 지구라는 굉장히 좋은 위치에 있다. 귀족의 저택을 개조한 아름다운 호스텔로 이곳을 경험한 여행자들은 모두 다시 머물고 싶어 하는 매력적인 숙소다. 단, 엘리베이터가 없는 곳이 있고 수건을 제공하지 않는다.

전화 01 42 74 23 45
홈피 www.mije.com

본점 Fourcy Map p.194

주소 6 Rue de Fourcy
위치 메트로 1호선 St. Paul역에서 120m

Le Fauconnier Map p.194

주소 11 Rue du Fauconnier
위치 메트로 1호선 St. Paul역에서 400m

Maubisson Map p.194

주소 12 Rue des Barres
위치 메트로 1호선 St. Paul, Hotel de Ville 400m

MIJE
Le Fauonnier
BVJ Louvre점

중심가와 가까운 저렴한 호스텔

AIJ-Auberge Internationale des Jeunes Map p.21

시설이나 아침 식사가 좋지는 않지만, 괜찮은 위치에 있는 가장 저렴한 숙소다. 바로 옆에 같은 주인이 운영하는 Bastille Hostel이 있다. 2~4인실이 있으며, 30세 미만만 숙박가능하다.

주소 10 Rue Trousseau **전화** 01 47 00 62 00
위치 메트로 8호선 Ledru-Rollin역에서 200m
홈피 www.aijparis.com

중심가는 아니지만 시내권 호스텔

Generator Hostel Paris Map p.207

유럽과 미국에 여러 지점이 있는 체인호스텔로 파리 지점은 생마르텡 운하 근처에 있다. 도미토리 4 · 6 · 8 · 10인실과 2인실을 운영한다.

주소 9-11 Place du Colonel Fabien
전화 01 70 98 84 00
위치 메트로 2호선 Colonel Fabien역에서 80m
홈피 generatorhostels.com/en/destinations/paris

St. Christopher's Inns Map p.207

유럽에 10개 지점을 운영하는 호스텔로 파리 지점은 북역 근처에 있다. 규모도 크고 시설도 깔끔하며 대도로 변에 있어 추천한다. 도미토리 4~10인실과 2인실이 있다.

주소 5 Rue de Dunkerque
전화 01 70 08 52 22
위치 메트로 4·5호선·RER B·D선 Gare du Nord역에서 200m
홈피 www.st-christophers.co.uk/paris/gare-du-nord-hostel

FIAP Jean Monnet Map p.21

시내 중심가까지 걸어갈 수는 없지만 현대적인 시설의 깨끗한 숙소로 추천한다. 지하철역도 가깝다. 30세 미만만 예약할 수 있으며 도미토리 4~6인실과 2인실을 예약할 수 있다.

주소 30 Rue Cabanis
전화 01 43 13 17 00
위치 메트로 6호선 Saint-Jacques역에서 450m
홈피 www.fiap.paris

위치가 좋은 공식 유스호스텔

BVJ - Bureau des Voyages de la Jeunesse

파리에서 오랫동안 운영해온 유스호스텔로 위치가 굉장히 좋다. 개선문, 루브르 박물관, 생제르맹, 오페라 근처로 네 곳이 있으며 1 · 2 · 8 · 10인실을 운영한다. 조식도 다른 호스텔보다 나은 편이나 현금만 받고 도미토리 인실을 지정할 수 없고, 수건을 주지 않는 단점이 있다.

전화 01 53 00 90 90
홈피 www.bvjhostelparis.com

BVJ Louvre (루브르) Map p.152

주소 20 Rue Jean-Jacques Rousseau
위치 메트로 1호선 Palais Royal-Musée du Louvre역에서 350m, 메트로 1호선 Louvre-Rivoli역에서 350m

BVJ Quartier Latin(생제르맹) Map p.113

주소 44, rue des Bernardins
위치 메트로 10호선 Maubert - Mutualité역에서 240m

BVJ Opéra Montmartre (생 라자르역) Map p.21

주소 1 Rue de la Tour des Dames
위치 메트로 12호선 Trinité-Estienne d'orves역에서 270m, St. Lazare역에서 750m

BVJ Champs-Élysées Monceau (개선문) Map p.20

주소 12 Rue Léon Jost
위치 메트로 2호선 Courcelles역에서 240m

BVJ ChampsÉlysées Monceau (개선문)

Step 6. 파리 출입국

❖한국에서 파리 가기

파리로 가는 직항은 대한항공과 아시아나, 에어프랑스가 있으며 12시간이 걸린다. 에어프랑스가 대한항공보다 저렴한데 일부 편수는 대한항공과 공동 운항을 하기 때문에 에어프랑스 티켓으로 대한항공을 탈 수도 있다. 여행기간이 짧고 직항을 선호하는 여행자들에게 추천한다.

경유 항공은 최소 16시간 이상으로 비행시간이 더 걸리지만 직항에 비해 저렴하고, 경유지에서 머물 수 있는 스톱오버Stop Over라는 매력적인 장점이 있다. 1회 경유하는 항공 중 저렴한 항공으로는 중국국제항공공사, 중국동방항공, 중국남방항공, LOT 폴란드항공, 말레이시아항공, 베트남항공, 터키항공, 루프트한자독일이 있다. 저렴한 중국항공이나 러시아항공인 경우 자리가 금방 동나기 때문에 되도록 일찍 예약하는 것이 좋다. 경유항공사를 선택할 때는 티켓 가격과 관심 있는 경유지를 참고해 항공권을 선택하면 된다. 하노이를 경유하는 베트남항공이나, 바르샤바를 경우하는 LOT 폴란드항공, 이스탄불을 경유하는 터키항공, 헬싱키를 경유하는 핀 에어가 추천할 만하다. 가격도 괜찮은 편이다. 좋은 기종의 항공기를 이용하고 싶다면 에미레이트항공, 카타르항공, 에티하드항공의 홈페이지에서 실시하는 얼리버드항공(일찍 예매할 경우 저렴하게 내놓는 할인 항공권) 특가를 노리면 좋다. 얼리버드항공 소식은 해당 홈페이지에서 메일링 서비스를 미리 신청해두면 된다. 항공권을 구매할 때는 여권의 유효기간이 6개월 이상 남아 있어야 한다.

tip 입국 수속

터미널에 도착하면 도착 'Arrival' 또는 짐 찾는 곳인 'Baggage Claim' 화살표를 따라간다. 사람들의 줄이 길게 늘어서 있는 곳은 입국심사장으로 이곳을 통과해야 한다. 입국심사장은 Immigration 또는 Passport Control이라 쓰여 있다. 줄을 설 때 우리는 외국인 Foreigner 또는 Non EU 라인에 서서 입국 심사를 받아야 한다. 우리나라는 관광 목적의 방문이라면 90일간 무비자로 입국이 가능하다. 입국 심사는 심플하다. 대부분 그냥 입국 도장을 찍어주는데 간혹 질문을 하기도 한다. 질문의 내용은 방문 목적이 뭔지, 얼마나 머물 것인지 또는 어디로 갈 것인지 정도다. 입국 심사에는 여권이 필요하다. 수속의 편의를 위해 여권 커버는 미리 벗겨두는 것이 좋다.

❖여권과 비자 준비하기

여권

해외여행을 하려면 반드시 필요한 신분증이다. 출국 시 여권 유효기간이 6개월 이상 남아 있어야 한다.

❶ 필요서류
여권용 사진 1매(6개월 이내 촬영), 신분증, 여권발급신청서(여권 신청장소에 비치 또는 홈페이지에서 다운로드 후 컬러 출력), 병역 관계 서류(남성 해당자만. 단, 행정정보 공동이용망을 통해 확인 가능한 경우 제출 생략), 여권 유효기간이 남아 있다면 지참(구멍 뚫은 후 돌려받음) *미성년자는 기본증명서나 가족관계증명서(행정전산망으로 확인 불가능 시)를 가져가면 친권자가 신청 가능

❷ 신청장소
- 구청, 시청, 도청 등
- 온라인(전자여권 발급 이력이 있는 성인-수령 시 본인 직접 방문)
  국내 정부24 www.gov.kr **국외** 영사민원 consul.mofa.go.kr

❸ 소요시간 보통 3~5일

❹ 요금 성인 58면 53,000원, 26면 50,000원 **8~18세** 58면 45,000원, 26면 42,000원 **5~8세** 58면 33,000원, 26면 30,000원 5세 미만 15,000원

❺ 홈피 www.passport.go.kr

tip 여행증명서와 단수여권

여행 중 여권을 도난당하거나 분실했을 때 바로 신청한다(p.251 참고). 여행증명서는 여권 대신 쓸 수 있는 서류로, 기재된 1국가에 입국할 때까지만 사용 가능하다. 단수여권은 복수여권보다 빨리 발급돼 시간을 아낄 수 있다. 유효기간 1년의 사진 부착식 비전자 여권이다.
필요서류 : 여권용 사진 1매(6개월 이내 촬영), 여권발급신청서(대사관에 비치), 신분증(여권 사본 가능)
신청장소 : 파리 한국대사관
가격 : 단수여권 € 47.70, 여행자증명서 € 18.00 (현금결제만 가능)

쉥겐 협약(Schengen Agreement) 이해하기

장기여행자는 쉥겐 협약을 반드시 알아두어야 한다. 쉥겐 협약 국가는 모두 합쳐(입국일과 출국일을 모두 합산) 90일 체류가 가능하다. 비쉥겐 협약국으로 나갔다 오더라도 180일 내에는 누적되니 총 여행 기간은 최대 90일을 넘겨서는 안 된다. 여권의 유효기간은 최소 3개월 이상 남아 있어야 한다.

쉥겐 협약국(27개국, 총 90일 체류 가능)
그리스, 네덜란드, 노르웨이, 덴마크, 독일, 라트비아, 룩셈부르크, 리투아니아, 리히텐슈타인, 몰타, 벨기에, 스웨덴, 스위스, 스페인, 슬로바키아, 슬로베니아, 아이슬란드, 에스토니아, 오스트리아, 이탈리아, 체코, 포르투갈(180일 중 누적 90일까지), 폴란드, 프랑스, 핀란드, 헝가리, 크로아티아

비쉥겐 협약국 체류 가능 일수
30일 바티칸 교황청, 벨라루스(러시아 경유 또는 육로를 통한 출입국시 비자 필요), 우즈베키스탄, 카자흐스탄 **60일** 러시아, 키르키즈스탄 **90일** 루마니아, 마케도니아, 모나코, 몬테네그로, 몰도바, 보스니아 헤르체고비나, 불가리아, 사이프러스, 산마리노, 세르비아, 아일랜드, 안도라, 알바니아, 우크라이나, 코소보, 터키 **180일** 아르메니아, 영국 **360일** 조지아

비자

각 나라를 방문할 때 비자(입국 허가)가 필요하나 국가 간 협약으로 비자 없이 여행 가능한 경우가 있다. 대한민국 국민은 유럽 대부분의 국가에서 비자 없이 90일간 여행이 가능하다.

유용한 증명카드

❶ 국제학생증(ISIC/ISEC)

프랑스와 유럽 및 전 세계에서 통용되는 학생증으로, 소지자는 단, 만 26세 이상일 경우 국제학생증이 있어도 할인이 불가할 수 있다. 그리고, 루브르 박물관, 오르세 미술관, 오랑주리 미술관 등은 30세 이하 예술, 건축 관련학과의 학생만 할인이 가능하다.

ISIC International Student Identity Card

만 12세 이상의 학생에게 발급된다. 하나 체크카드나 유스호스텔증을 결합한 상품도 있다.

발급방법 ISIC 제휴 학교 홈페이지, 또는 ISIC 홈페이지에서 온라인 신청

필요서류 사진, **재 · 휴학생** 재 · 휴학증명서(1개월 이내) **유학생** 학생비자 또는 입학허가서(해외교육기관에 등록한 증명서)+학비송금영수증 **중고생** 학생증 *ISIC 제휴 학교 홈페이지 신청 시 불필요

요금 17,000원(1년), 34,000원(2년)

홈피 www.isic.co.kr

ISEC International Student Exchange Identity Card

우리은행 체크카드를 결합한 상품도 있으며 카드 발급 시 모바일 카드를 제공한다. 만 26세 이하지만 학생이 아닌 사람을 위한 국제유스증도 발급한다.

발급방법 **온라인** ISEC 홈페이지 **오프라인** 일부 여행사, 우리은행(결합 체크카드 발급 시)

필요서류 신분증(여권 권장) 사본, 사진, **재 · 휴학생** 재 · 휴학증명서(3개월 이내) 또는 학생증 앞면 사본(일부 학번만 가능) **유학생** 재 · 휴학증명서 사본(3개월 이내) 또는 학생증 앞뒷면 사본 **중고생** 학생증 앞뒷면 사본

요금 15,000원(1년), 30,000원(2년)+배송비 별도

홈피 www.isecard.co.kr

❷ 국제 교사증(ITIC/ISEC)

해외에서 교사 신분을 인증하는 카드로, 입장료 할인혜택이 있으니 해당자라면 발급받는 게 좋다. 정부가 인정하는 정규 교육 기관에 재직 중인 교사 · 교수 및 청소년지도자 자격증 소지자에게 발급된다.

발급방법 홈페이지 또는 일부 여행사

필요서류 사진 **ITIC** 재직증명서(1개월 이내), 교사 공무원증 앞뒷면, 교사 · 교수 비자 중 택1 **ISEC** 신분증(여권 권장) 사본, 재직증명서(3개월 이내)

요금 ITIC 17,000원(1년), 34,000원(2년) **ISEC** 15,000원(1년), 30,000(2년)+배송비 별도

홈피 ITIC www.itic.co.kr **ISEC** www.isecard.co.kr

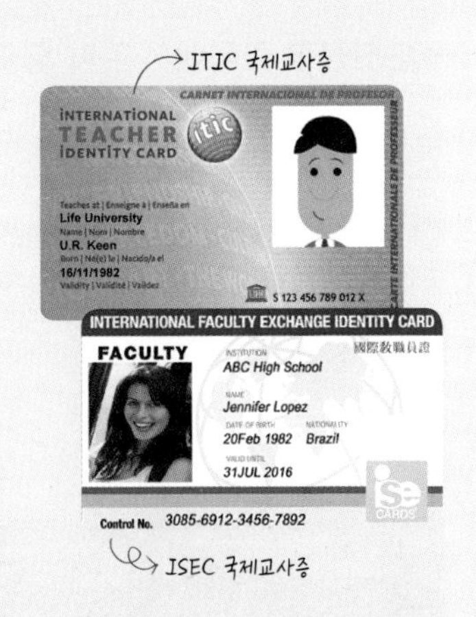

ITIC 국제교사증

ISEC 국제교사증

❸ 국제운전면허증

렌트로 파리 근교를 묶어 둘러볼 때에 유용하다.

유의사항

*국제운전면허증의 유효기간에도 불구하고 국제 협약의 내용 및 해당국 관계 법령에 따라 해당 국가 입국 후 1년이 경과한 경우 효력이 인정되지 않을 수 있다.

*외국에서 국제운전면허증으로 운전할 경우, 한국면허증과 여권을 함께 지참하지 않으면 무면허 운전으로 처벌받을 수 있으니, 반드시 국제운전면허증, 한국면허증, 여권 3가지를 함께 지참해야 한다.

*국제운전면허증상의 영문 이름 스펠링과 여권상의 영문 이름 스펠링이 일치하지 않는 경우 국제운전면허증의 효력을 인정받을 수 없다.

*영문 운전면허증만으로 해외에서 사용가능한 국가가 있으나 프랑스인 경우 국제운전면허증 발급이 필요하다.

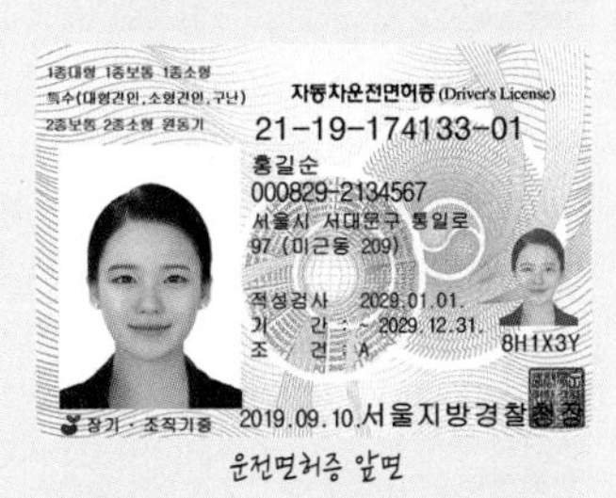

운전면허증 앞면

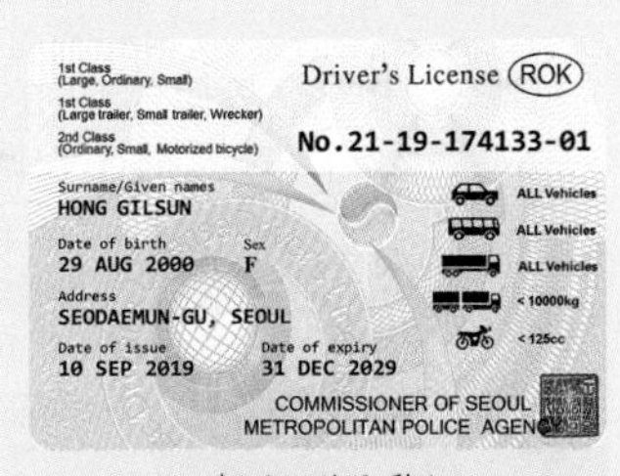

영문 운전면허증 뒷면

한국인이 운전 가능한 유럽국

그리스, 네덜란드, 노르웨이, 덴마크, 독일, 라트비아, 러시아, 루마니아, 룩셈부르크, 리투아니아, 리히텐슈타인, 마케도니아, 모나코, 몬테네그로, 몰도바, 바티칸 교황청, 벨기에, 벨라루스, 보스니아-헤르체고비나, 불가리아, 사이프러스, 산마리노, 세르비아, 스웨덴, 스위스, 스페인, 슬로바키아, 슬로베니아, 아르메니아, 아이슬란드, 아일랜드, 알바니아, 에스토니아, 영국, 오스트리아, 우크라이나, 이탈리아, 조지아, 체코, 크로아티아, 터키, 포르투갈, 폴란드, 프랑스, 핀란드, 헝가리

발급장소 전국 운전면허 시험장, 경찰서(일부), 인천 · 김해 · 제주공항 국제운전면허 발급센터, 지자체(일부), 온라인(등기배송 최대 7일 소요) *일부 지자체에서는 여권 발급 시 국제운전면허증 동시 신청 가능

필요서류 여권 또는 사본(행정정보공동이용 동의 시 생략 가능), 운전면허증, 여권용 사진 1매(6개월 이내 촬영)

요금 8,500원

유효기간 발급일로부터 1년

홈피 www.safedriving.or.kr

❖인천공항 출국에서 파리 도착까지

인천국제공항에서 출발

인천국제공항은 2004년에 문을 연 대한민국의 국제공항이다. 개항 이후 세계 공항 서비스평가에서 연속 1위 수상을 할 정도로 현대적인 각종 편의 공간, 빠른 수속 절차 등으로 명실공히 세계 최고의 공항이다.

❶ 여객터미널 확인하기

자신의 항공사가 제1여객터미널인지, 제2여객터미널인지 확인해야 한다. 최악의 경우 비행기를 놓칠 수도 있으니 공항으로 출발하기 전 자신의 터미널을 확인하자. 만약 다른 여객터미널에 도착했다면 공항철도로 이동하거나(6분 소요), 여객터미널 간 무료 셔틀버스(운행간격 5분, 소요시간 터미널1에서 15분, 터미널2에서 18분)를 타고 이동할 수 있다.

***셔틀버스 첫차/막차 시간**

제1여객터미널 05:06/23:56, 제2여객터미널 04:38/23:48

제1여객터미널 취항 항공사 (스타얼라이언스 항공동맹과 기타 항공사)	아시아나항공, 에바항공, 에어차이나, 루프트한자, LOT폴란드항공, 오스트리아항공, 크로아티아항공, 싱가포르항공, 타이항공, 터키항공 등
제2여객터미널 취항 항공사 (스카이팀 동맹항공사)	대한항공, 델타항공, 에어프랑스, KLM, 아에로멕시코, 알리탈리아, 중화항공, 가루다인도네시아, 샤먼항공, 체코항공, 아에로플로트

❷ 체크인 카운터 찾기

공항에 도착하면 먼저 근처의 모니터나 전광판을 확인한다. 자신의 항공권에 적힌 항공편명(예) KE123)과 출발시각 · 목적지를 참고해 해당 체크인 카운터 번호(예) F101~131)를 확인한다. 모니터에 Check In 표시가 깜빡이고 있으면 체크인 수속을 받을 수 있다.

❸ 체크인하기 * 여권 필요

유아 동반을 제외한 승객들은 셀프 체크인(웹, 모바일, 키오스크 중 선택)을 한 뒤에 탑승권을 발급받아 카운터로 가야한다. 키오스크는 해당 카운터 근처에 있으며 직원들이 체크인을 도와줘서 편리하다. 탑승권을 받은 후 체크인 카운터로 가서 짐을 부치면 된다.

❹ 짐 부치기 * 여권 & 탑승권 필요

탑승권을 발권한 후 카운터에 가면 이코노미 클래스, 비즈니스 클래스, 퍼스트 클래스 줄 중에 해당하는 곳에 서면 된다. 체크인 카운터에서 여권과 탑승권을 보여주면 짐을 부칠 수 있다. 수하물은 위탁수하물과 기내수하물로 나뉘는데 위탁수하물의 무게는 보통 20kg, 기내수하물은 10kg 정도이며 수하물의 최대 크기는 항공사마다 다르니 해당 항공사의 수하물 규정을 사전에 확인하고 짐을 싸는 것이 좋다.

기내 수하만 반입 가능	리튬배터리가 장착된 전자장비(노트북, 카메라, 휴대전화 등), 여분의 리튬이온 배터리(160Wh 이하만 가능), 화폐, 보석 등 귀중품, 전자담배, 라이터(1개만 가능)
제한적 기내수하 가능	물 · 음료 · 식품 · 화장품 등 액체류, 스프레이 · 겔류(젤 또는 크림)로 된 물품은 100mL 이하의 개별용기에 1인당 1L투명 비닐지퍼백 1개에 한해 반입이 가능하다. 남은 용량이 100mL 이하라도 용기가 100mL 보다 크면 반입이 불가능하니 주의하자. 유아식 및 의약품 등은 항공여정에 필요한 용량에 한하여 반입 허용된다. 단, 의약품 등은 처방전 등 증빙서류를 검색요원에게 제시해야 한다.

❺ 보안 검색하기 * 여권 & 탑승권 필요

탑승게이트가 있는 면세구역으로 들어가기 위해서는 보안 검색대를 통과해야 한다. 보통 30분 정도 소요되나 게이트가 멀거나 성수기인 경우 보안검색구역이 혼잡하니 최소 탑승시간 1시간 전에 여유 있게 들어가자. 보통 체크인 카운터에서 보안 검색 상황을 안내해준다. 보안검색을 할 때는 두꺼운 겉옷은 벗고, 노트북이나 태블릿PC 등은 별도로 꺼내 검색을 한다.

인천공항 내

면세점

셔틀트레인

기내 탑승

❻ 탑승게이트로 이동하기 * 탑승권 필요

출국심사 후 면세구역에 들어오면 명품부터 식품까지 다양한 면세품을 만날 수 있다. 인터넷으로 면세품을 산 고객이라면 면세품 인도장으로 가면 된다. 보딩 시간이 되면 탑승게이트로 이동한다.

❼ 탑승하기

제1여객터미널

- 1~50 게이트 탑승객은 제1여객터미널에서 탑승
- 101~132 게이트 탑승객은 제1여객터미널에서 셔틀트레인을 타고 이동(5분). 이동 후에는 돌아올 수 없다.

제2여객터미널

- 230~270번 게이트 탑승객은 제2여객터미널에서 탑승한다.

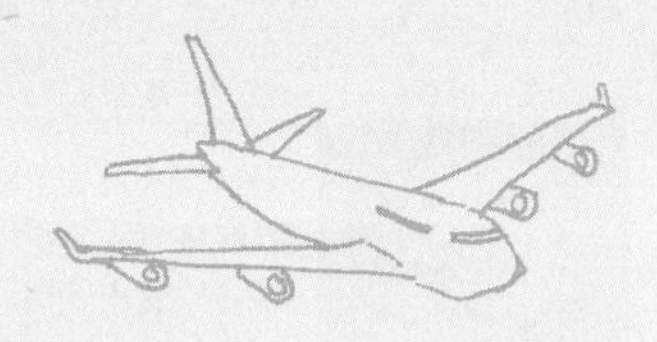

tip 자동출입국

만 19세 이상 전자여권 소지 한국인이라면 사전등록 없이 자동출입국심사대를 이용할 수 있다. 여권과 지문, 안면 인식으로 출입국 심사를 통과할 수 있어 편리하다. 단, 개명 등 인적사항 변경이 있거나 주민등록증 발급 후 30년이 경과한 사람, 만 7세에서 만 18세 이하 한국인(부모 동반 및 가족관계 확인 서류 지참)은 공항의 사무실에서 사전 등록이 필요하다.

자동출입국심사 등록센터

위치 제1여객터미널 : 3층 H 체크인카운터 맞은 편 (4번 출국장 부근)
제2여객터미널 : 2층 정부종합행정센터 법무부 출입국서비스센터

운영 07:00~18:00(연중무휴)

전화 032-740-7400, 032-740-7368

파리 공항에 도착

❶ 비행기가 목적지에 도착하면 짐 찾는 곳Baggage Claim 또는 도착Arrivals 간판을 따라가면 입국심사장에 도착한다.

❷ 입국장에서는 EU와 Non EU국가로 나뉘어 줄을 선다. 우리는 EU국가의 국민이 아니므로 Non EU 라인에 줄을 서고 입국심사를 받는다. 입국심사는 대체로 간단하게 진행되는데 바로 도장을 찍어주는 편이다. 여행의 목적, 체류일 수, 출국일, 숙소를 질문하기도 하는데 당황하지 않도록 대답을 준비해두면 편하다.

❸ 입국심사를 마치면 짐 찾는 곳Baggage Claim으로 갈 수 있다. 짐을 찾고 세관 신고할 품목이 없다면 초록색 라인인 Nothing to Declare 쪽을 통과한다.

❹ 공항의 무료 WiFi 또는 준비해온 유심을 이용하거나 신문 판매점Relay에서 유심을 구입해 숙소를 찾아간다.

항공기 내에서의 에티켓

1. 이착륙 시 의자와 탁자를 제자리에 놓고 창문 덮개는 연다. 전자기기는 끄는 것이 원칙이나 항공사에 따라 에어플레인 모드 설정 후 켜놓아도 된다.
2. 식사 시 뒷사람의 식사에 방해되지 않게 의자를 제자리로 세우는 것이 예의다.
3. 승무원을 부를 때는 손을 들며 눈을 맞추거나 자신의 좌석에 딸려 있는 버튼 중 사람표시 버튼을 누르면 된다. 승무원의 몸을 만지거나 크게 부르는 것은 무례한 행동이다.
4. 화장실은 Vacant(초록색) 표시일 때 사용 가능하다. 다른 사람이 사용 중인 경우 Occupied(빨간색) 표시등이 뜬다. 화장실 문은 가운데 부분을 누르면 열린다. 화장실에 들어간 후 문을 잠그지 않으면 밖에서 Vacant(초록색)로 표시되어 다른 사람이 문을 열 수 있으니 주의하자. 변기를 사용할 때 1회용 변기 시트를 사용하면 위생적이다. 기내 화장실이 너무 좁기에 세안 등은 탑승 전에 화장실에서 하는 것이 편리하다. 기내에서 흡연은 엄격하게 금지된다.
5. 식사 시간 외에 승무원을 통해 음료나 라면을 부탁해 먹을 수 있다. 라면을 요청할 때는 "Can I get a instant noodle soup?"라고 물어보면 된다.
6. 기본적으로 장거리 비행 구간인 경우 안대, 수면양말, 베개와 담요, 칫솔과 치약 등을 제공해주는 항공사가 많다. 춥거나 베개가 필요하다면 승무원에게 요청하면 추가로 가져다준다. 이때 역시 "Can I get a pillow(베개. 담요인 경우 blanket)?"라고 물어보면 된다. 베개, 담요, 헤드폰은 항공사의 자산이므로 절대 가져가면 안 된다.
7. 기내에서 항상 "Please"와 "Thanks"를 항상 붙여 말하면 매너 있는 승객이 된다. 무언가를 달라고 할 때 Please만 붙이면 공손한 표현이 된다. 예를 들어, "Water Please(물 주세요)"라고 한다. 물 대신 주스, 커피 등 많은 응용이 가능하다. "Thanks"는 물건을 받은 뒤에 사용하면 된다.

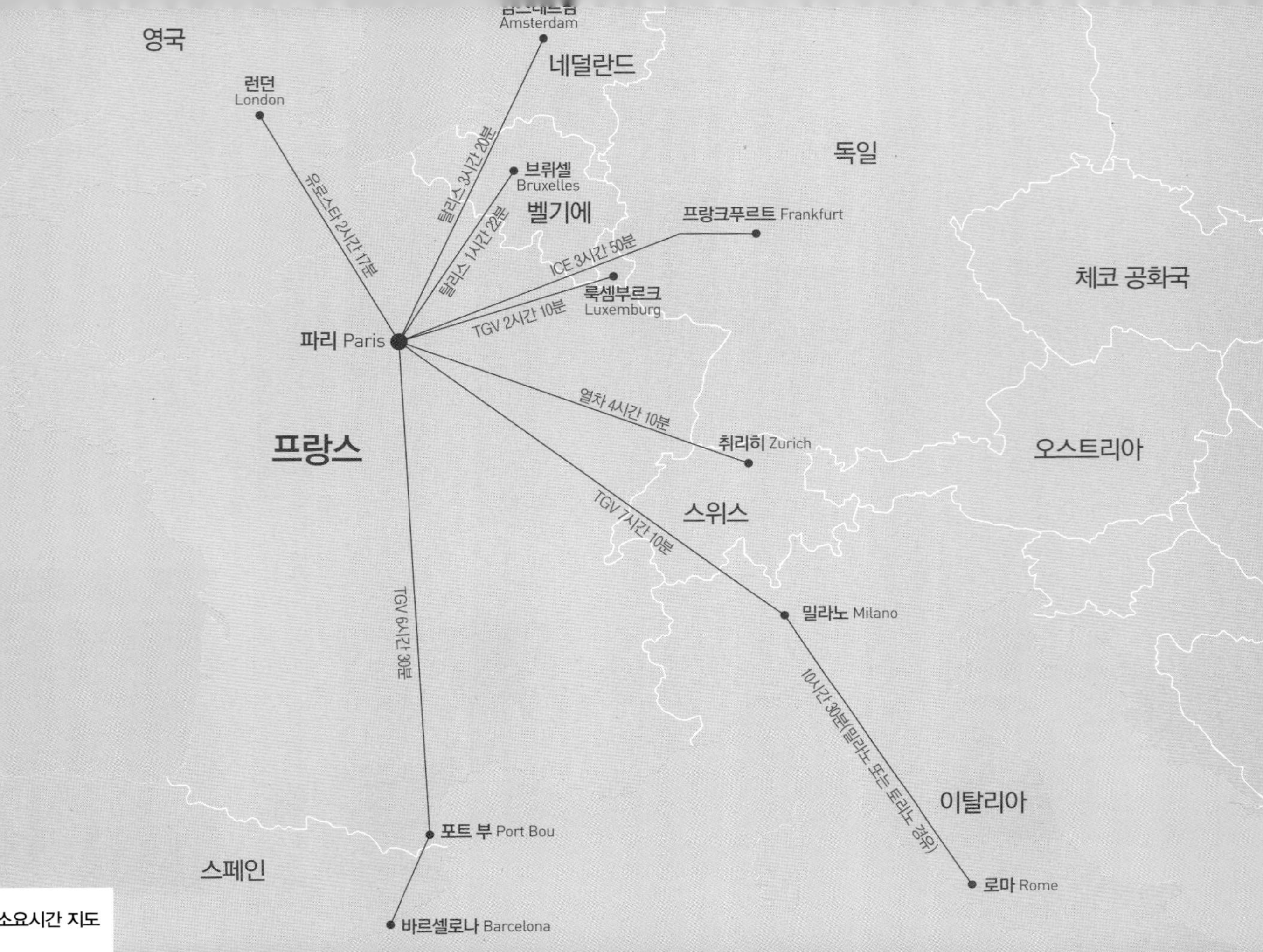
영국
Amsterdam
네덜란드
런던
London
브뤼셀
Bruxelles
벨기에
독일
유로스타 2시간 17분
탈리스 3시간 20분
탈리스 1시간 22분
프랑크푸르트 Frankfurt
ICE 3시간 50분
룩셈부르크
Luxemburg
TGV 2시간 10분
체코 공화국
파리 Paris
열차 4시간 10분
프랑스
취리히 Zurich
오스트리아
TGV 7시간 10분
스위스
TGV 6시간 30분
밀라노 Milano
10시간 30분(밀라노 또는 토리노 경유)
이탈리아
포트 부 Port Bou
스페인
로마 Rome
바르셀로나 Barcelona

파리에서 주변국 이동 소요시간 지도

❖파리에서 유럽과 주변 국가 가기

비행기

유럽의 주요 도시에서 파리로 거의 모든 저가항공사들이 취항하고 있다. 저렴한 노선은 이탈리아, 스페인, 오스트리아를 중심으로 핀란드나 덴마크, 노르웨이 등지의 북유럽, 헝가리, 폴란드 등의 동유럽도 저렴한 편이다. 대표적인 저가항공은 이지젯EasyJet, 라이언에어Ryanair, 스카이유럽Sky Europe, 스마트윙스SmartWings, 부엘링Vueling 등 수십 개의 저가항공이 있다. 일찍 예매하거나 이벤트 시기에 예매할 경우 단돈 몇 만 원에 항공권을 끊을 수 있기도 하다. 파리에서 유럽의 주요 도시, 또는 유럽의 주요 도시에서 파리로의 최저가 항공을 찾는 사이트는 다음과 같다. 목적지를 넣으면 취항하는 항공사가 나열되며 그중 최저가 항공사를 클릭하면 해당 항공사 홈페이지로 들어간다.

≫최저가 항공 검색 : skyscanner.co.kr

열차

파리의 기차역은 '스타시옹Station'이라고 한다. 파리에서의 직행 열차 이동은 영국, 벨기에, 네덜란드, 독일, 스위스, 이탈리아가 가능하다. 이 중 야간열차 이용이 가능한 곳은 이탈리아와 스페인이다. 유레일패스 소지자는 벨기에와 네덜란드, 룩셈부르크를 연결하는 고속열차 탈리스Thalys를 이용할 경우 꽤 비싼 추가요금을 지불해야 한다.

≫프랑스 열차 스케줄 보기 및 예약 : www.sncf-connect.com

동역

파리의 기차역

파리에는 기차역이 모두 7곳이 있다. 기차역은 보통 05:00~05:30에 문을 열어 24:00~01:15에 문을 닫는다. 관광안내소는 북역, 동역, 리옹역에 있으며 운영시간에 대한 정보는 p.241을 참고하자. 기차역 내에는 관광안내소(베르시역과 생-라자르역을 제외), 유인 짐 보관소Left Baggage(운영시간은 기차역에 따라 다르지만 05:00~07:00부터 21:00~23:00까지), 무인 짐 보관소Lockers, 환전소, ATM, 화장실, 카페, 식당 등의 편의시설이 있다.

❶ **북역 Gare du Nord** : 영국(유로스타), 벨기에와 네덜란드 등의 북부를 연결
❷ **동역 Gare de l'Est** : 독일, 스위스, 오스트리아 등의 동쪽을 연결
❸ **리옹역 Gare de Lyon** : 프랑스 중남부 지방-프로방스-코트-다쥐르Provence-Alpes-Côte-d'Azur, 론-알프스Rhône-Alpes, 랑그독-루시옹Languedoc-Roussillon, 부르고뉴Bourgogne)-과 스위스, 이탈리아, 스페인Montpellier 경유
❹ **베르시역 Gare de Bercy** : 프랑스 부르고뉴 지방, 이탈리아 야간열차
❺ **오스테를리츠역 Gare d'Austerlitz** : 프랑스 루아르Centre-Val de Loire 지방, 니스, 스페인
❻ **몽파르나스역 Gare Montparnasse** : 프랑스 남서부 지방-노르망디Normandy, 브르타뉴Bretagne, 북부 스페인
❼ **생-라자르역 Gare Saint-Lazare** : 프랑스 교외선, 노르망디 지방

소요시간 **파리**Paris Nord Eurostar–**영국 런던 세인트 판크라스 인터내셔널**St. Pancras International 유로스타 2시간 17분
파리Paris Nord–**벨기에 브뤼셀 미디**Bruxelles-Midi 탈리스 1시간 22분
파리Paris Est–**룩셈부르크 룩셈부르크**Luxemburg TGV 2시간 10분
파리Paris Nord–**네덜란드 암스테르담 센트랄**Amsterdam Centraal 탈리스 3시간 20분
파리Paris Est–**독일 프랑크푸르트**Frankfurt(Main)Hbf TGV 또는 ICE 3시간 50분
파리Paris Gare de Lyon–**스위스 취리히**Zurich HB TGV 4시간 10분

경유노선 **파리**Paris Gare de Lyon–**경유**(포트 부Port Bou), **프랑스–바르셀로나**Barcelona Sants TGV 6시간 30분

유로스타 이용하기

파리에서 영국으로 이동 시 소요시간이 짧아 유로스타를 이용하는 경우가 많다. 유로스타를 타는 곳은 파리 북역이다. EU에서 Non-EU로의 이동이기 때문에 파리에서 출국 심사와 영국 입국 심사, 그리고 X-Ray 짐 검사를 거쳐야 한다. 면세 신고할 내용이 있다면 좀 더 일찍 가도록 하자. 최소 30분 전에 도착해야 하는데 성수기라면 혼잡하므로 여유 있게 최소 2시간 전에 도착하도록 하자. 온라인 티켓 예매자는 'Achat Retrait échange de Billets'라고 쓰인 노란색 기계에서 예약번호를 이용해 실물티켓으로 발권 받고, E-ticket 소유자라면 QR코드를 기계에 대면 문이 열린다.

버스

기차보다 저렴하지만, 소요시간이 길기 때문에 이용률은 많이 떨어진다. 유용할 때가 있다면 바로 기차 파업 때다. 갑자기 기차가 취소되었을 때 대안으로 생각해두자. 대부분의 버스는 베르시 버스 터미널Gare routière Bercy Seine에서 출발하는데 플릭스버스FlixBus와 블라블라카BlaBlaCar를 주로 이용하게 된다. 면세환급Tax Refund을 처리하는 카운터는 없으니 영국으로 출국 시에는 유로스타나 항공을 이용해야 한다. 아래는 버스를 이용해 갈 만한 곳의 소요 시간이다.

소요시간 **파리–영국 런던 빅토리아**Victoria 야간버스 9시간 €43~
파리–벨기에 브뤼셀 미디 Bruxelles Midi 3시간 45분~4시간 €11~
파리–네덜란드 암스테르담 Amsterdam 야간버스 8시간 10분 €22~
파리–독일 프랑크푸르트 Frankfurt Am Main 야간버스 7시간 35분 €28~

❖파리에서 프랑스 내 도시로의 이동

프랑스는 우리나라의 7배나 넓은 국토를 가진 나라로 스페인(피레네 산맥)과 스위스(알프스 산맥) 쪽의 국경을 제외한 곳은 대체로 평평한 지형을 가지고 있다. 때문에 느린 버스보다 고속열차인 TGV가 매우 효율적으로 이용된다. 프랑스패스 또는 유레일패스를 사용할 때 좌석 예약 수수료가 드는데 꽤 비싼 편이다. 프랑스 여행 시 철도 패스가 반드시 필요하다고 할 수는 없다. 프랑스는 일찍 예매할 경우 저렴한 가격에 티켓을 구입할 수 있다.

≫프랑스 열차 스케줄 보기 및 예약 : www.sncf-connect.com

소요시간

리옹역Gare De Lyon 출발

파리–니스 Nice Ville 6시간
파리–님Nîmes Centre 3시간
파리–디종 Dijon Ville 1시간 35분
파리–리옹 Lyon Part Dieu 2시간
파리–마르세유 Marseille St Charles 3시간 20분
파리–제네바 Genève 3시간 10분
파리–아를 Arles 3시간 40분~4시간
파리–아비뇽TGVAvignon Tgv 2시간 40분
파리–아비뇽 Avignon Centre 3시간
파리–엑상프로방스 Aix-en-Provence 4시간 30분
파리–칸 Cannes 5시간 10분

동역Paris Est 출발

파리–스트라스부르 Strasbourg 2시간

몽파르나스역Paris Montparnasse 출발

파리–베이온 Bayonne(환승)–**생 장 피에 드 포트**Saint-Jean–Pied-de-Port 6시간
파리–보르도 Bordeaux St Jean 2시간
파리–빌되레폴레 Villedieu-les-Poêles(환승)–**몽 생 미셸** Le Mont St Michel 4시간 20분
파리–투르 Tours 2시간 15분

생 라자르역Paris St. Lazare 출발

파리–루앙 Rouen Rive Droite 1시간 20분

오스트렐리츠Austerlitz역 출발

파리–투르 Tours 2시간

Step 7. 파리 공항에서 시내 이동하기

파리에는 공항이 3곳 있다. 우리나라에서 출발한다면 주로 샤를 드 골 공항을 이용하게 된다. 가끔 오를리 공항을 이용하게 되는 경우도 있다. 유럽 내의 저가 항공을 이용한다면 보베 공항을 이용하는 경우가 많다.

샤를 드 골 공항
Aéroport Charles De Gaulle (CDG)

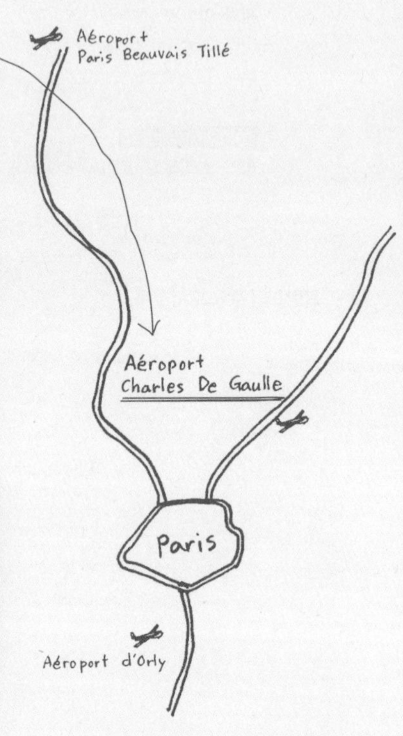

제5공화국 대통령이었던 샤를 드 골의 이름을 따서 만든 국제공항으로 파리 시내에서 25km 떨어져 있다. 런던의 히드로 공항 다음으로 가장 많은 승객들이 이용하는 공항이다. 따라서 항상 복잡하고 수속하는 데 시간도 오래 걸리며, 소매치기 역시 많으니 주의해야 한다. 공항의 터미널은 3곳으로 나뉜다.
대부분의 국제 항공사가 취항하는 CDG1(Terminal1)과 CDG2(Terminal2) 그리고 저가항공이 드나드는 CDG3(Terminal3) 이렇게 3곳의 터미널이 있다. CDG1은 Terminal 3 Roissypole역 또는 CDG2 역에서 내린 후 CDGVAL을 타고 가야 한다. RER을 타고 공항으로 간다면, 터미널에 따라 내리는 곳이 다르니 출국 시 항공권에 쓰인 터미널 번호를 기억해두는 것이 좋다. 각 터미널들은 무료 전동차인 CDGVAL로 연결된다.
홈피 www.parisaeroport.fr

❖TAX Refund 면세품 부가세 환급(샤를 드 골 공항, 오를리 공항)

같은 날 단일 매장에서 €100 초과하는 금액의 물품을 살 경우 세금 환급이 가능하다. 세금 환급률은 품목에 따라 5~15%이며 해당 매장에서 서류 작성 후 EU 국가를 나갈 때 환급해 준다. 파리 공항에서는 보베 공항을 제외한 샤를 드 골 공항과 오를리 공항에서 할 수 있다.
택스 리펀드 키오스크 도입으로 소요 시간이 많이 줄어들었으나 관광객들이 많은 성수기에는 출국 3시간 전보다 1시간 더 일찍 가는 것을 추천한다. 간혹 면세품을 확인하기도 하기에(원칙적으로는 물품을 보여줘야 한다) 짐을 부치기 전에 가는 것이 좋으며 물품은 빼기 쉬운 곳에 넣어두자. 또는 면세 물품이 액체류가 아니라면 큰 짐을 미리 부치고 기내 반입용 트렁크에 면세 물품을 넣고 택스 리펀드 장소로 가는 방법도 있다.

❶ 공항에 도착하면 터미널 내에 비치된 안내도를 참고하거나 Détaxe(Customs Tax Refund) 표시를 따라가자. 터미널에 따른 위치는 다음과 같다.

샤를 드 골 공항

Terminal 1 : Niveau CDGVAL, hall 6
Terminal 2D : Niveau Départs, porte 6
Terminal 2E : Niveau Départs, porte 4
Terminal 2F : Niveau Arrivées
Terminal 3 : Niveau Arrivées

오를리 공항

Orly 4 : Départs 4
Orly 1-2 : Arrivées 2

❷ Détaxe Electronique(Electronic Tax Refund), 파블로PABLO에서 언어 선택 후(한국어) 매장에서 받은 서류의 바코드를 스캔한다.

초록색 화면이 뜬 경우: 면세 도장Tax Free Stamp을 받은 것이다. 서류를 우체통에 넣을 필요가 없다. 서류는 문제가 생겼을 때를 대비해 잘 보관하자.

빨간색 화면이 뜬 경우: 사람이 처리해주는 택스 리펀드 카운터Tax Refund Counter로 가야 한다. 여권, 항공권, 택스 리펀드 서류와 구입한 물건을 보여주면(요구 시) 면세 도장을 찍어준다. 신용카드 환급을 선택했다면 면세 도장을 받은 후 받은 서류를 우체통에 넣어야 한다. 해당 택스 리펀드 사의 우체통에 넣거나 일반 우체통이라면 왼쪽은 공항이 위치한 발두아즈Val D'Oise, 오른쪽은 발두아즈를 제외한 나머지 지역Autres Départements Etranger으로 오른쪽에 넣어야 한다. 서류를 넣기 전 만약의 상황을 대비해 사진을 찍어두는 것이 좋다.

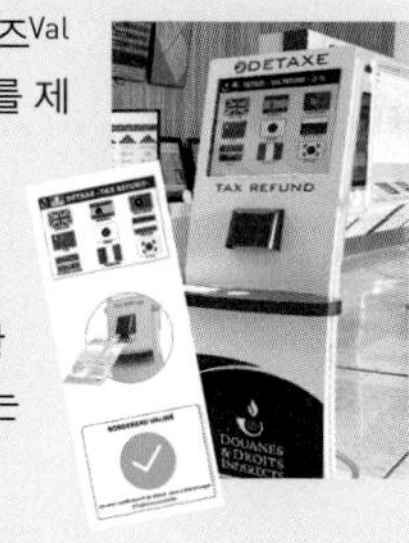

❸ 카드 환급을 선택했다면 2~6주의 시간이 걸린다. 현금 환급을 선택했다면 공항 내 세금 캐쉬 파리Cash Paris라고 쓰인 곳에서 키오스크를 통해 유로화로 받을 수 있다.

현금환급 장소

***샤를 드 골 공항**

Terminal 1 : Niveau CDGVAL Hall 6
Terminal 2E : Niveau Départs, Porte 1

***오를리 공항**

Orly 4 : Départs 4

tip Tax Refund 쉽게 적용하기

- 카드 환급 시 시간이 지난 후에도 환급 소식이 없으면 보관 또는 사진을 찍어놓은 서류를 증빙해 해당 택스 리펀드 회사에 문의하자.
- 파블로에서 바코드를 찍고 초록색 불로 통과된 후 출국 시간이 촉박하거나 현금 환급소의 문이 닫혀 환급을 받을 수 없었다면, 한국으로 돌아와 해당 택스 리펀드 회사의 홈페이지로 문의하면 카드로 환급해 준다.
- 몽주 약국 등의 가게에서는 선택스 리펀드(환급할 세금을 빼고 결제하는 것)를 해주는데 이때는 15일 안에 출국하고 면세 확인이 되어야 한다. 조건에 충족하지 못했을 때는 3%의 패널티와 함께 세금이 카드로 결제된다.
- 세금 환급은 현금보다는 카드가 대체로 좋은데 업체마다 카드와 현금에 따른 수수료가 다르니 비교해 본 후 선택하면 된다.
- 명품구매로 국내 입국 후 세관 신고가 필요하다면 FTA Document(원산지 증명서)를 받아야 한다. 대체로 매장에서 알아서 함께 준다.

샤를 드 골 공항 ↔ 시내

샤를 드 골 공항과 파리 시내를 연결하는 교통수단은 매우 다양하다. 저렴한 일반버스도 있지만 시간이 많이 걸리기 때문에 대부분 다른 교통을 이용하는 편이다. 우리나라와 차이점이 있다면 24시간 공항과 연결된다는 것. 대중교통이 끊기는 자정부터 새벽 시간대에는 녹틸리앙이라는 야간버스가 운행된다.

1. RER (B선)

파리 시내와 샤를 드 골 공항을 잇는 가장 편리한 교통수단으로 파리의 고속지하철이다. 파리 시내의 북역에서 공항까지 30분이 소요된다. CDG1/2 정류장이 있다.

운행시간 샤를 드 골 공항→북역 04:50~23:50(10~20분 간격), 북역→샤를 드 골 공항 04:53~00:15(10~15분 간격)

요금 €11.80

***2025년까지 현대화 사업으로 구간 공사 중일 수 있다. 트위터 계정을 참고해 공사 중인지 확인하고 가자. twitter.com/RERB**

시내를 빠르게 연결하는 RER

2. 루아시 버스 Roissy Bus

파리 중심가인 오페라까지 직행으로 운행하는 버스. 공항까지 60~75분이 걸린다.

타는 곳 11 Rue Scribe(오페라를 바라보고 왼쪽 길, 네스프레소 건물)

운행시간 샤를 드 골 공항→오페라 05:15~00:30(15~20분 간격), 오페라→샤를 드 골 공항 06:00~00:30(15~20분 간격)

요금 €16.6

루아시 버스와 티켓

3. 택시

편리하긴 하지만 혼자 타기에는 부담스러운 가격. 시내에서 공항으로 가는 경우, 숙소에서 만난 3~4명이 함께 타는 경우가 많다. 이럴 경우 다른 대중교통 요금과 비슷해진다. 약 45분 소요.

요금 파리 센강 북쪽 €55, 센강 남쪽 €62

***19:00~다음 날 07:00, 일·공휴일인 경우 요금의 15% 추가**

4. 일반버스

파리 시내에서 샤를 드 골 공항을 잇는 가장 저렴한 교통수단이다. 저렴하지만 교통상황에 따라 시간이 오래 지연되기도 해서 여행자들이 많이 이용하지는 않는다. 차가 밀리지 않는다면 1시간 10~20분 소요된다. 항공 스케줄이 여유가 있고 가방이 단출한 여행자라면 이용해볼 만하다.

요금 €2.15(매표기, 매표소 버스 운전기사에게 구매 가능)

노선

350번

소요시간 60~80분

타는 곳 7&9 Rue du 8 mai 1945(동역 정문 앞 길)

운행시간 샤를 드 골 공항→동역 06:05~22:30(15~30분 간격), 동역→샤를 드 골 공항 05:33~21:30(15~30분 간격)

351번

소요시간 70~90분

타는 곳 2 Ave. du Trône(동역 정문 앞 길)

운행시간 샤를 드 골 공항→Nation역 07:00~21:37(15~30분 간격), Nation역→샤를 드 골 공항 05:35~20:20(15~30분 간격)

5. 심야버스, 녹틸리앙 Noctilien

대중교통이 운행하지 않는 시간에 공항과 파리 시내를 연결하는 심야버스다. 부엉이 그림이 그려져 있어 '부엉이 버스'라고 부른다. 비행기가 일찍 출발하거나 늦게 도착했을 경우 유용하다.

운행시간 00:30~05:30 **요금** €4.3

노선

N140

· 동역(01:00/02:00/03:00/03:40, 주말·공휴일에는 01:30 추가)→북역(3분 소요)→CDG2(1시간 12분 소요)→CDG1→CDG3(1시간 22분 소요)

· CDG3(01:00/02:00/03:00/04:00)→CDG1→CDG2→북역(1시간 21분 소요)→동역(1시간 24분 소요)

N143

· 동역(0:55~04:25 30분 간격, 04:45/05:08, 7·8월에는 02:10/04:10 추가)→북역(3분 소요)→CDG2(43분 소요)→CDG1→CDG3(57분 소요)

· CDG3(00:02~04:32 30분 간격, 7·8월에는 00:47/03:17 추가)→CDG 1→CDG2→북역(52분 소요)→동역(55분 소요)

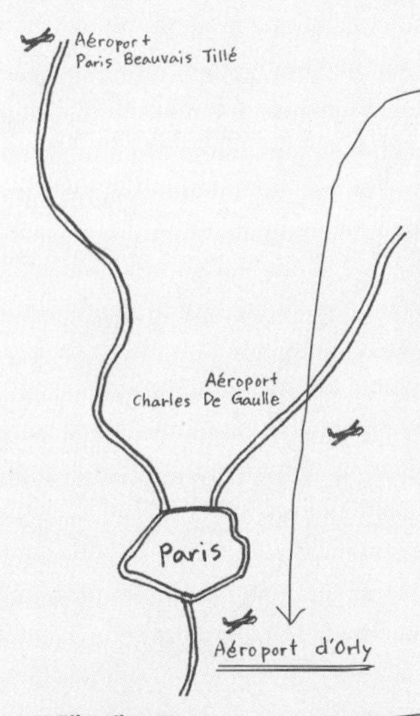

오를리 공항 Aéroport d'Orly

파리 시내에서 14km 떨어져 있는 공항으로 일부 국제선과 국내노선을 운행한다. 공항은 Orly Ouest(서)와 Orly Sud(남) 2곳의 터미널로 나뉘는데 무료 셔틀버스로 연결된다.

오를리 공항 ↔ 시내

공항과 시내를 연결하는 교통편은 여러 가지가 있지만 모두 갈아타야 한다. 다음은 저렴한 순서대로.

1. 트램+메트로

트램 7호선 T7을 타고 가면 가장 저렴하고 쾌적하게 오를리 공항에 갈 수 있다.

요금 €2.15 **운행시간** 05:30~00:30(8~15분 간격)

2. 일반버스+메트로

공항 밖에 있는 버스정류장에서 183번(15~40분 간격)을 타고 메트로 7호선 Porte de Choisy역에서 내려(40분 소요) 메트로를 타고 시내로, 또는 버스 285번(월~토 10~20분 간격, 일·공휴일 30분 간격)을 타고 메트로 7호선 Villejuif - Léo Lagrange 역에서(15분 소요) 시내로 들어오면 된다. **요금** €2.15

3. 오를리 버스+메트로

공항 밖에 있는 Orly Bus 정류장에서 버스를 타고 Denfert Rochereau-Orly Sud 정류장까지 이동한 후(30분 소요), Denfert Rochereau역에서 메트로를 타고 시내로 들어오면 된다.

운행시간 오를리 공항→Denfert-Rochereau역 06:00~00:30, Denfert-Rochereau역→오를리 공항 05:35~00:00(8~15분 간격)

요금 오를리 버스 €11.5

4. 오를리발+RER

공항에서 오를리발Orlyval 전동차를 타고 Orly Sud-Antony역까지 간 후(6분 소요), RER B선으로 환승해 들어오면 된다. 중심가인 Chatele-les Halles역까지 36분 소요.

운행시간 오를리발 오를리 공항-RER B선 Antony역 06:00~23:35(4~7분 간격)

요금 오를리발 €11.3, 파리 시내까지 €14.5

5. 택시 25분 소요.

요금 파리 센강 북쪽 €41, 센강 남쪽 €35

＊19:00~다음 날 07:00, 일·공휴일인 경우 요금의 15% 추가

6. 심야버스, 녹틸리앙 Noctilien

파리 시청사까지 운행하는 N22번, 리옹역Gare de Lyon까지 운행하는 N31, N131, N144번이 있다. 리옹역까지 운행하는 심야버스 중에서는 가장 빠른 N131번을 추천한다.

요금 €4.3(버스 안에서 구매 시 €5)

노선

N22

· 오를리 공항(월~금00:34~04:55, 토·일 00:24~04:24 20분 간격)→Châtelet(파리 시청사) (1시간 8분 소요)

· Châtelet(파리 시청사)(월~금 00:15~04:55, 토·일 00:25~04:45 20분 간격)→오를리 공항(1시간 소요)

N131

· 리옹역(01:35/02:35/03:35/04:35)→오스테를리츠역(3분 소요)→오를리 공항 Sud(22분 소요)→오를리 공항 Ouest(25분 소요)

· 오를리 공항 Ouest(00:57/01:57/02:57/03:57)→오를리 공항 Sud(3분 소요)→오스테를리츠역(24분 소요)→리옹역(28분 소요)

보베 공항
Aéroport Paris Beauvais Tillé

파리 시내에서 북쪽으로 85km 떨어져 있다. 주로 Ryanair, Wizzair, Blue air 등의 저가항공사가 취항하는 작은 공항이다. 유일한 교통수단은 보베 공항을 운행하는 셔틀버스와 택시뿐이다. 택시 요금은 주간 €185~야간 €230 정도. 소요시간은 1시간~1시간 30분.

보베 공항 셔틀버스는 이 건물 맞은편의 주차장에서 정차한다.

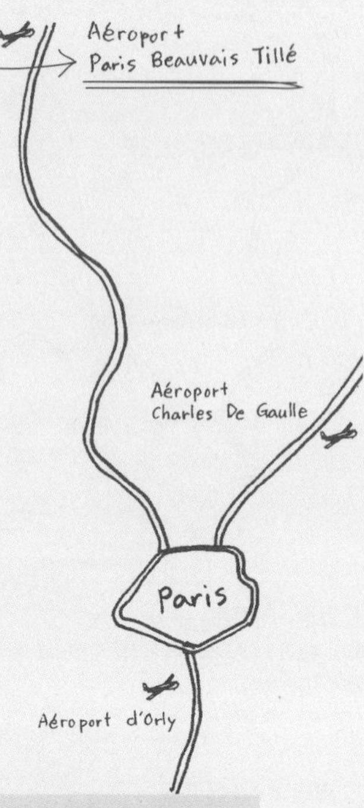

보베 공항 ↔ 시내

셔틀버스

비행기의 이착륙 시간에 맞춰 셔틀버스가 있다. 공항에서는 비행기 도착 20분 뒤에 출발하고, 시내에서는 비행기 출발 3시간 15분 전에 셔틀버스가 있다. 티켓은 공항에서는 공항 바깥에 있는 매표소에서, 공항에 갈 때에는 버스 안에서 사면 된다. 소요 시간은 1시간 15분.

타는 곳 메트로 1호선 Porte Maillot 역에 내린 후 Boulevard Pershing 방향으로 나와 그 길 옆에 있는 넓은 주차장Pershing에서 대기하고 있으면 버스가 온다.

요금 편도 12세 이상 €29.9(온라인 €16.9, 4~11세 €9.9), 4세 미만 무료 *왕복 예매 시 할인

홈페이지 www.aeroportparisbeauvais.com/en/access-parking/paris-airport-shuttle

우버 Uber와 볼트 Bolt

우버와 볼트는 모바일 앱을 통해 차량과 승객을 연결해주는 서비스다. 세계 여러 나라에서 하나의 앱으로 사용 가능하며 프랑스 또한 우버와 볼트가 보편화되어 있다. 여행자 입장에서 과잉요금이나 불친절 문제가 해결되고, 팁도 줄 필요가 없어 낯선 파리에서 편리한 교통수단이다. 특히, 밤늦게 파리에 도착하거나 이른 비행기를 이용할 때 택시보다 저렴하게 이용할 수 있어 좋다. 가격은 우버보다 볼트가 더 저렴한데 시간과 수요 고객에 따라 할인율이 달라져 잘 선택하면 대중교통보다 효율성이 높다. 한때 프랑스 택시운송조합에서 우버 기사들이 일반 택시 기사들처럼 길거리에서 손님을 태운다고 고소를 하고 고속 도로를 점거하는 일도 있었다.

우버 사용법

❶ 한국에서 미리 앱을 다운받아 가자(첫 이용 시 추천인 코드를 넣으면 €10 할인 혜택이 있어 '공항↔파리 시내' 등의 장거리 이용 시 유용하다).

❷ 공항은 무료 Wifi 이용해 목적지와 택시를 선택한 후 우버 택시를 부르면 된다. 택시의 종류는 저가형(UBER POOL), 일반형(UBER X), 고급형(UBER Black), 4명 이상일 경우에는 밴(Van)을 선택하면 된다.

❸ 목적지에 도착 후 앱을 실행시킬 때 등록해둔 카드로 택시 요금이 빠져나가기 때문에 그냥 내리면 된다.

Step 8. 파리의 시내 교통

2024년 7월 20일~9월 8일 파리 올림픽 기간, 대중교통이 약 2배 정도 인상된다. 자세한 내용은 296p를 참고하자.

❖파리의 대중교통

파리에는 우리나라보다 다양한 대중교통수단이 있다. 메트로, RER, 버스, 트램, 시티바이크인 벨리브(Vélib') 그리고 대중교통이 멈춘 동안 새벽을 밝히는 심야버스 녹틸리앙이 있다. 티켓은 한 종류의 티켓으로 모든 교통수단을 이용할 수 있고 4세 미만은 무료, 4~10세는 성인의 50% 요금이 적용된다.

Ticket 't+'

파리 교통은 한 티켓으로 OK! 티켓은 Ticket 't+'로 90분 안에 환승이 가능하다. 환승은 메트로–메트로/RER, 버스–버스, 버스–트램, 트램–트램이 가능하다. 우리나라처럼 메트로(또는 RER)–버스간의 환승은 불가하다. 요금은 **€2.15**, 운전사에게 직접 살 경우 **€2.5**(환승불가)다. 1장씩 사는 것보다 '카르네Carnet'라 불리는 10장 묶음이 €17.35로 20% 저렴하다. 카르네는 더이상 종이 교통권 묶음으로는 구입할 수 없고(2023년 단종) 한국의 선불 교통권처럼 나비고 이지 Navigo Easy카드를 만들어(€2) 충전하는 형식으로만 구입가능하다.

메트로

RER

버스

벨리브

메트로

가장 자주 이용하게 되는 교통수단! 메트로는 우리나라와 이용 방법이 거의 동일하다. 차이점이 있다면 들어갈 때는 표를 넣지만 나올 때는 넣을 필요가 없다는 것. 그렇다고 표를 버리면 종종 무임승차로 간주되어 벌금을 내기도 하니 나올 때까지 표를 가지고 있어야 한다. 그리고 한 가지 더! 우리나라처럼 정류장에 도착하면 자동으로 문이 열리는 곳도 있지만, 대부분 반자동으로 버튼을 누르거나 손잡이를 올려야 문이 열린다.

운행시간 05:30~01:15, 금 · 토 · 공휴일 전날밤은 05:30~02:15

RER

고속지하철로 시내의 주요 역과 근교를 연결한다. 일반 메트로가 다니는 여러 정거장을 건너뛰고(인천의 직통 지하철처럼) 운행하기 때문에 속도가 빠르다. RER 구역을 들어갈 때는 파리 시내(1존)에 한해 동일한 메트로 티켓으로 이용할 수 있는데 한 번 더 티켓을 넣을 뿐이지 추가 요금이 있는 것은 아니다.

운행시간 05:30~01:20

버스

버스에는 일반버스(06:30~20:30)와, 일반버스가 운행하지 않는 심야(00:30~05:30)에 다니는 녹틸리앙이 있다.

트램

파리 남쪽을 운행하는데 여행자라면 거의 탈 일이 없지만 유일하게 오를리 공항으로 갈 때 유용하다. 오를리 공항으로 가는 가장 저렴하고 쾌적한 교통수단이다.

벨리브 Vélib'

자세한 소개와 이용 방법은 p.287을 참고하자.

❖교통패스 종류와 요금

파리의 교통존(zone)은 1~5존으로 구성되어 있다. 관광지가 대부분 몰려 있는 1~2존, 오를리 공항과 베르사유 궁전이 있는 4존, 샤를 드 골 공항과 라 발레 빌라주(아웃렛 쇼핑몰), 오베르 쉬르 우아즈(반 고흐의 묘), 디즈니랜드 파리, 퐁텐블로 성이 있는 5존. 여행자들이 원하는 목적지와 여행 기간에 따라 다양한 교통패스를 선택할 수 있다. 시내에만 주로 있는다면 카르네나 벨리브만으로도 충분하다. 모든 교통권은 당일 00:00부터 23:59까지 유효하다. 4~10세 미만은 50% 할인되고 4세 미만은 무료다.

나비고 Navigo

파리시는 환경보호를 위해 2024년부터 1회용 승차권을 제외한 종이 승차권 발매를 중단하고 충전식 교통카드만을 사용하고 있다. 여행자들을 위한 충전식 교통카드는 초단기 여행자나 주로 도보 여행자를 위한 '나비고 이지'와 좀 더 장기 여행자들을 고려한 '나비고 데쿠베르트'가 있다.

나비고 이지

나비고 이지 Navigo Easy

충전식 선불카드로 1회권과 1회권 10장 묶음인 카르네, 1일권, 오를리 버스, 루아시 버스, 만 26세 미만을 위한 나비고 젠느 위크엔드를 충전할 수 있는 카드다. 보증금 €2가 들며 타인에게 양도가 가능하다. 자동발매기, 직원이 있는 메트로역에서 카드 구입이 가능하다.

1회권 €2.15, 카르네(10장 할인권) €17.35,
1일권 1~2존 €8.65 1~3존 €11.6 1~4존 €14.35 1~5존 €20.60

나비고 데쿠베르트 Navigo Découverte

나비고 데쿠베르트

1일권, 일주일권, 한 달권을 충전할 수 있어 장기 여행자들에게 유리하다. 많이 이용하는 일주일권은 패스 구입 후 무조건 일요일 23:59까지 유효하다. 파리 도착 요일을 주초로 맞추면 좋다. 만들 때 반환되지 않는 보증금 €5가 들며 사진 1장이 필요하며 본인만 쓸 수 있다. 공항, 직원이 있는 메트로역, SNCF에서 구입이 가능하다.

요금

1일권	일주일권	한달권
1~2, 2~3, 3~4, 4~5존 €8.65	1~5존 €30.75	1~5존 €86.40
1~3, 2~4, 3~5존 €11.60	2 · 3존 €28.20	2 · 3존 €78.80
1~4, 2~5존 €14.35	3 · 4존 €27.30	3 · 4존 €76.80
1~5존 €20.60	4 · 5존 €26.80	4 · 5존 €74.80

나비고 젠느 위크엔드 Navigo Jeunes Week-end

만 26세 미만 사용자를 위한 저렴한 교통패스로 토 · 일 · 공휴일에만 사용할 수 있다. 단, 공항행 RER이나 OrlyVal, 공항버스는 이용 불가. 공항행 일반버스는 이용 가능하다. 나비고 이지Navigo Easy와 나비고 데쿠베르트Navigo Découverte에 충전할 수 있다.

요금 1~3존 €4.70 1~5존 €10.35 3~5존 €6.05

파리 비지테 Forfait Paris Visite

1 · 2 · 3 · 5일 동안 해당 존의 모든 대중교통수단과 루아시와 오를리 공항버스, 기차를 제한 없이 탈 수 있는 패스. 박물관 · 미술관 식당 등에서 할인을 받을 수도 있다.

요금 1~3존 1일 €13.95, 2일 €22.65, 3일 €30.90, 5일 €44.45(4~11세는 50% 할인)
1~5존 1일 €29.25, 2일 €44.45, 3일 €62.30, 5일 €76.25

티오오티버스

바토 뷔스

바토 무슈

바토 파리지앵

❖여행자들을 위한 특별한 교통수단

여행자들을 대상으로 운영하는 투어버스와 보트가 있다. 투어버스에는 빨간색 2층 빅버스Big Bus와 티오오티TOOT버스가 있는데 루트와 요금이 조금씩 다르다. 파리 시내의 주요 관광지를 도는데 1일 또는 2일권을 사면 자유롭게 이용 가능한 방식이다. 파리시를 한 바퀴 돌고 싶거나 어른들을 모시고 가는 경우 편리하다.
센 강에는 투어버스와 같은 형식으로 주요 관광지를 도는 바토 뷔스Bato Bus가 있다. 그리고 여행자들에게 잘 알려진 유람선으로 바토 무슈Bateaux Mouches와 바토 파리지앵Bateaux Parisiens이 있다. 이들 티켓은 모두 온라인으로 구입하는 것이 편리하다. 종종 할인 혜택도 있다.

빅버스 Big Bus Paris

요금 24시간 일반 €59.4~12세 €35, 48시간 €75, 4~12세 €42, 4세 미만 무료(홈페이지에서 예약 시 20% 할인)
홈페이지 www.bigbustours.com

티오오티버스TOOT Bus

요금 1일 일반 €44, 4~12세 €24, 2일 일반 €52, 4~12세 €30, 3일 일반 €57, 4~12세 €33, 4세 미만 무료(홈페이지에서 예약 시 15% 할인)
운영시간 4~10월 09:30~18:30(10분 간격), 11~3월 09:30~17:00(15분 간격)
홈페이지 www.tootbus.com

바토 뷔스 Bato Bus

요금 1일권 €23, 3~15세 €13, 2일권 €27, 3~15세 €17, 3세 미만 무료
운영시간 10:00~19:00(겨울 평일은~17:00)
※ 2024 파리 올림픽 기간 비운영
홈페이지 www.batobus.com

바토 무슈 Bateaux Mouches

상세설명 p.89

소요시간 1시간 10분
요금 일반 €15, 4~12세 €6, 4세 미만 무료
운영시간 4~9월 10:15~22:30(30~45분 간격), 10~3월 10:15~21:20(30~45분 간격)
홈페이지 www.bateaux-mouches.fr

바토 파리지앵 Bateaux Parisiens

상세설명 p.89

소요시간 1시간
요금 일반 €18, 4~11세 €9, 4세 미만 무료
운영시간 4~9월 10:00~22:00(30~45분 간격), 10~3월 10:30~21:30, 주말 · 공휴일 10:00~22:00(30~45분 간격)
홈페이지 www.bateauxparisiens.com

❖파리에서 교통권 구입하기

파리에서 대중교통권을 구입하는 방법은 우리나라와 비슷하다. 메트로 안의 역무원에게 사거나 자동발매기를 이용하면 된다. 보통 역무원에게 티켓을 사는 줄은 길기 때문에 자동발매기를 이용하면 더욱 빠르게 티켓을 구입할 수 있다. 또는 신문가판대나 RAPT라고 쓰인 구멍가게에서도 가능하다. 다음은 메트로 내의 자동발매기를 이용하는 방법이다.

* 영국을 여행하고 온 여행자라면 소지한 컨택리스 카드의 교통권 사용 여부를 궁금해하는데 파리는 불가하다.

교통권 판매 간판 신문가판대 반자동식문. 버튼을 누르거나 손잡이를 올려야 문이 열린다.

자동발매기 이용 방법

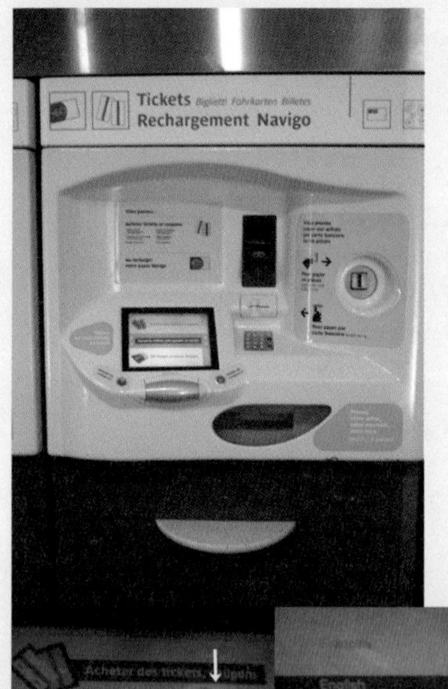

1 먼저 메트로 내에 위치한 자동발매기를 찾는다.

2 프랑스어가 화면에 보이지만 당황하지 말자. 어렵지 않다.

3 종이표를 구입할 것인지 나비고 카드를 충전할 것인지 선택한 후 가운데의 휠과 오른쪽의 녹색 '선택' 버튼을 이용해 'English'를 선택한다.

4 1회용 티켓부터 10회권인 카르네, 모빌리, 샤를 드 골 공항과 오를리 공항, 그리고 파리 근교로 가는 티켓까지 선택 가능하다.

5 원하는 티켓 또는 충전액을 선택했다면 오른쪽의 동전이나 지폐, 또는 카드를 이용해 결제하면 된다.

2 첫 화면 3 언어 중 영어 선택 4 그림을 보고 원하는 티켓 선택이 가능하다. 5 선택 후 현금이나 신용카드로 결제하면 된다.

❖파리의 시티바이크, 벨리브 대여 방법

벨리브Vélib는 파리시에서 운영하는 시티바이크로 2007년에 만들어졌다. 파리시의 교통도 원활해지고 도시의 매연을 줄이는 친환경 교통수단으로 파리 시민들에게 많은 사랑을 받고 있다. 파리 시내에만 2만 대의 자전거가 비치되어 있고, 무인 정류장인 벨리브 스테이션은 2,000여 곳에 이른다. 대여 비용은 1회 **€3**(45분), 24시간 **€5**(전기자전거는 **€10**), 3일에 **€20**이다. 24시간 권을 예로 들자면 대여 후 30분 안에 다른 정류장에 가져다 놓으면 무료, 그 이상 시간이 초과하면 첫 30분에 **€1**씩(전기자전거는 **€2**) 요금이 추가되는 시스템이다. 최대 5번까지 갈아타는 게 가능하다. 주의할 점은 반납 시 거치대에 걸리는 '딸깍' 소리가 났는지 꼭 확인해야 한다. 무인 시스템이기 때문에 제대로 주차되지 않으면 반납되지 않은 것으로 간주해 **€300**의 디포짓 요금이 빠져나갈 수도 있다.

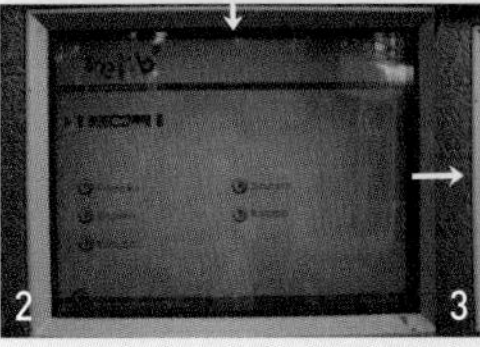

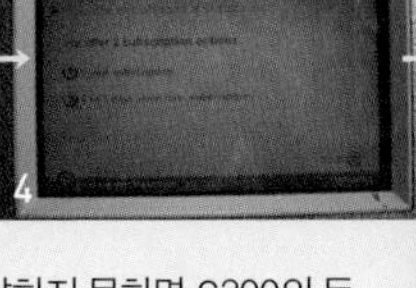

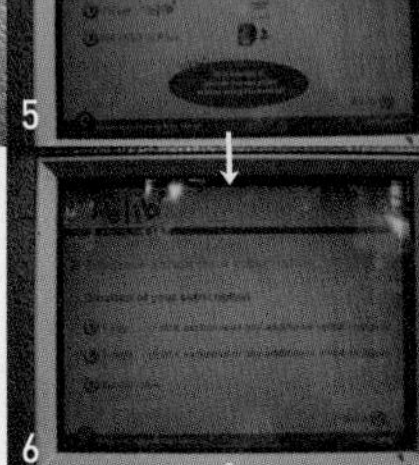

1 벨리브 앱을 이용하거나 벨리브 스테이션을 찾는다. 벨리브 대여는 스테이션의 양면에서 모두 가능하다. 한쪽 면에는 지도에 현재 위치와 근처의 벨리브 스테이션이 표시되어 있다. 이 지도는 벨리브가 모두 대여되었거나 반납할 거치대가 없을 때 근처의 스테이션을 찾기에 유용하다.

2 스크린을 클릭해 일단 영어를 선택한다.

3 나비고 카드가 있거나 벨리브 카드가 있다면 1번, 벨리브 대여를 위한 카드를 만들려면 2번을 선택한다.

4 1년 대여는 1번, 1~7일간 대여는 2번을 선택한다.

5 대여를 위한 일회용 벨리브 카드를 만들려면 1번, 나비고 카드가 있다면 2번을 선택한다.

6 1일 대여용 카드는 1번, 7일간은 7번을 누른다.

7 자전거를 반납하지 못하면 €300의 돈이 빠져나간다는 무시무시한 경고문이 보인다. 녹색버튼을 클릭해 다음으로 넘어간다.

8 벨리브 서비스에 대한 안내가 나온다. 5번을 누르면 다음 페이지로 넘어가는 녹색버튼이 보인다.

9 카드를 넣으라는 화면이 보이면 카드를 넣는다.

10 비밀번호를 입력한다. 디포짓 €300는 자전거를 반납하지 않았을 때 빠져나가는 돈이다.

11 자전거를 대여할 때 필요한 자신만의 비밀번호를 입력한다. 이 비밀번호는 벨리브 대여 카드를 잃어버렸을 때 다른 사람이 자전거를 대여하는 것을 방지하기 위한 비밀번호이다.

12 한 번 더 입력한 후 녹색버튼을 누른다.

13 대여 카드가 발급된다. 1번을 누르면 즉시 자전거를 대여할 수 있다.

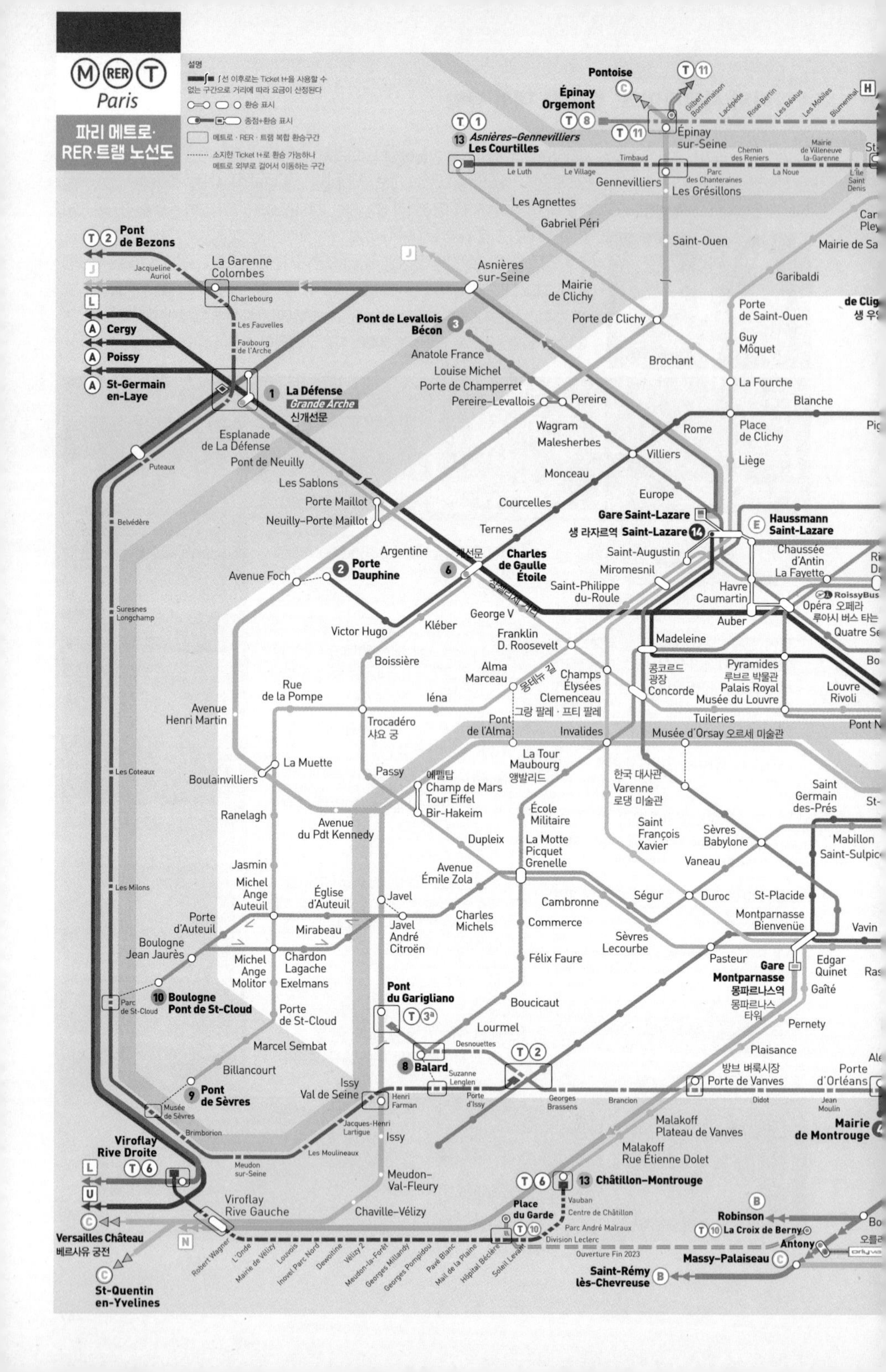

M RER T
Paris
파리 메트로·
RER·트램 노선도
설명
∫선 이후로는 Ticket t+을 사용할 수 없는 구간으로 거리에 따라 요금이 산정된다
환승 표시
종점+환승 표시
메트로 · RER · 트램 복합 환승구간
소지한 Ticket t+로 환승 가능하나 메트로 외부로 걸어서 이동하는 구간
Pontoise
Épinay Orgemont
Épinay sur-Seine
Gilbert Bonnemaison
Lacépède
Rose Bertin
Les Béatus
Les Mobiles
Blumenthal
13 Asnières–Gennevilliers Les Courtilles
Le Luth
Le Village
Timbaud
Gennevilliers
Les Grésillons
Parc des Chanteraines
Chemin des Reniers
Mairie de Villeneuve la-Garenne
La Noue
L'Île Saint Denis
Les Agnettes
Gabriel Péri
Saint-Ouen
Mairie de Sa
Garibaldi
Pont de Bezons
Jacqueline Auriol
La Garenne Colombes
Charlebourg
Les Fauvelles
Faubourg de l'Arche
Asnières sur-Seine
Mairie de Clichy
Porte de Clichy
Porte de Saint-Ouen
Guy Môquet
Brochant
La Fourche
Blanche
Cergy
Poissy
St-Germain en-Laye
1 La Défense
Grande Arche
신개선문
Pont de Levallois Bécon
Anatole France
Louise Michel
Porte de Champerret
Pereire–Levallois
Pereire
Wagram
Malesherbes
Rome
Place de Clichy
Liège
Villiers
Esplanade de La Défense
Pont de Neuilly
Puteaux
Les Sablons
Porte Maillot
Neuilly–Porte Maillot
Monceau
Courcelles
Europe
Ternes
Gare Saint-Lazare
생 라자르역 Saint-Lazare
Haussmann Saint-Lazare
Belvédère
Argentine
개선문
Charles de Gaulle Étoile
Saint-Augustin
Miromesnil
Chaussée d'Antin La Fayette
Avenue Foch
Porte Dauphine
Saint-Philippe du-Roule
Havre Caumartin
RoissyBus
Opéra 오페라
루아시 버스 타는
Suresnes Longchamp
Victor Hugo
Kléber
George V
Auber
Quatre Se
Franklin D. Roosevelt
Madeleine
Boissière
Alma Marceau
몽테뉴 길
Champs Élysées Clemenceau
그랑 팔레 · 프티 팔레
콩코르드 광장 Concorde
Pyramides
루브르 박물관
Palais Royal Musée du Louvre
Louvre Rivoli
Rue de la Pompe
Iéna
Avenue Henri Martin
Trocadéro
샤요 궁
Pont de l'Alma
Invalides
Tuileries
Musée d'Orsay 오르세 미술관
Les Coteaux
Boulainvilliers
La Muette
Passy
에펠탑
Champ de Mars Tour Eiffel
Bir-Hakeim
La Tour Maubourg
앵발리드
한국 대사관
Varenne
로댕 미술관
Saint Germain des-Prés
Ranelagh
Avenue du Pdt Kennedy
École Militaire
Saint François Xavier
Sèvres Babylone
Mabillon
Saint-Sulpice
Dupleix
La Motte Picquet Grenelle
Vaneau
Jasmin
Avenue Émile Zola
Les Milons
Michel Ange Auteuil
Église d'Auteuil
Javel
Cambronne
Ségur
Duroc
St-Placide
Montparnasse Bienvenüe
Vavin
Porte d'Auteuil
Mirabeau
Javel André Citroën
Charles Michels
Commerce
Sèvres Lecourbe
Boulogne Jean Jaurès
Michel Ange Molitor
Chardon Lagache
Exelmans
Félix Faure
Pasteur
Gare Montparnasse
몽파르나스역
몽파르나스 타워
Edgar Quinet
Gaîté
10 Boulogne Pont de St-Cloud
Parc de St-Cloud
Porte de St-Cloud
Pont du Garigliano
Boucicault
Pernety
Marcel Sembat
Lourmel
Desnouettes
Plaisance
Billancourt
8 Balard
방브 벼룩시장
Porte de Vanves
Porte d'Orléans
9 Pont de Sèvres
Musée de Sèvres
Issy Val de Seine
Suzanne Lenglen
Henri Farman
Porte d'Issy
Georges Brassens
Brancion
Didot
Jean Moulin
Brimborion
Jacques-Henri Lartigue
Issy
Malakoff Plateau de Vanves
Mairie de Montrouge
Viroflay Rive Droite
Les Moulineaux
Meudon sur-Seine
Malakoff Rue Étienne Dolet
Meudon–Val-Fleury
13 Châtillon–Montrouge
Viroflay Rive Gauche
Chaville-Vélizy
Place du Garde
Vauban
Centre de Châtillon
Parc André Malraux
Division Leclerc
Robinson
La Croix de Berny
Antony
Versailles Château
베르사유 궁전
Robert Wagner
L'Onde
Mairie de Vélizy
Louvois
Inovel Parc Nord
Dewoitine
Vélizy 2
Meudon-la-Forêt
Georges Millandy
Georges Pompidou
Pavé Blanc
Mail de la Plaine
Hôpital Béclère
Soleil Levant
Ouverture Fin 2023
Massy–Palaiseau
Saint-Rémy lès-Chevreuse
St-Quentin en-Yvelines

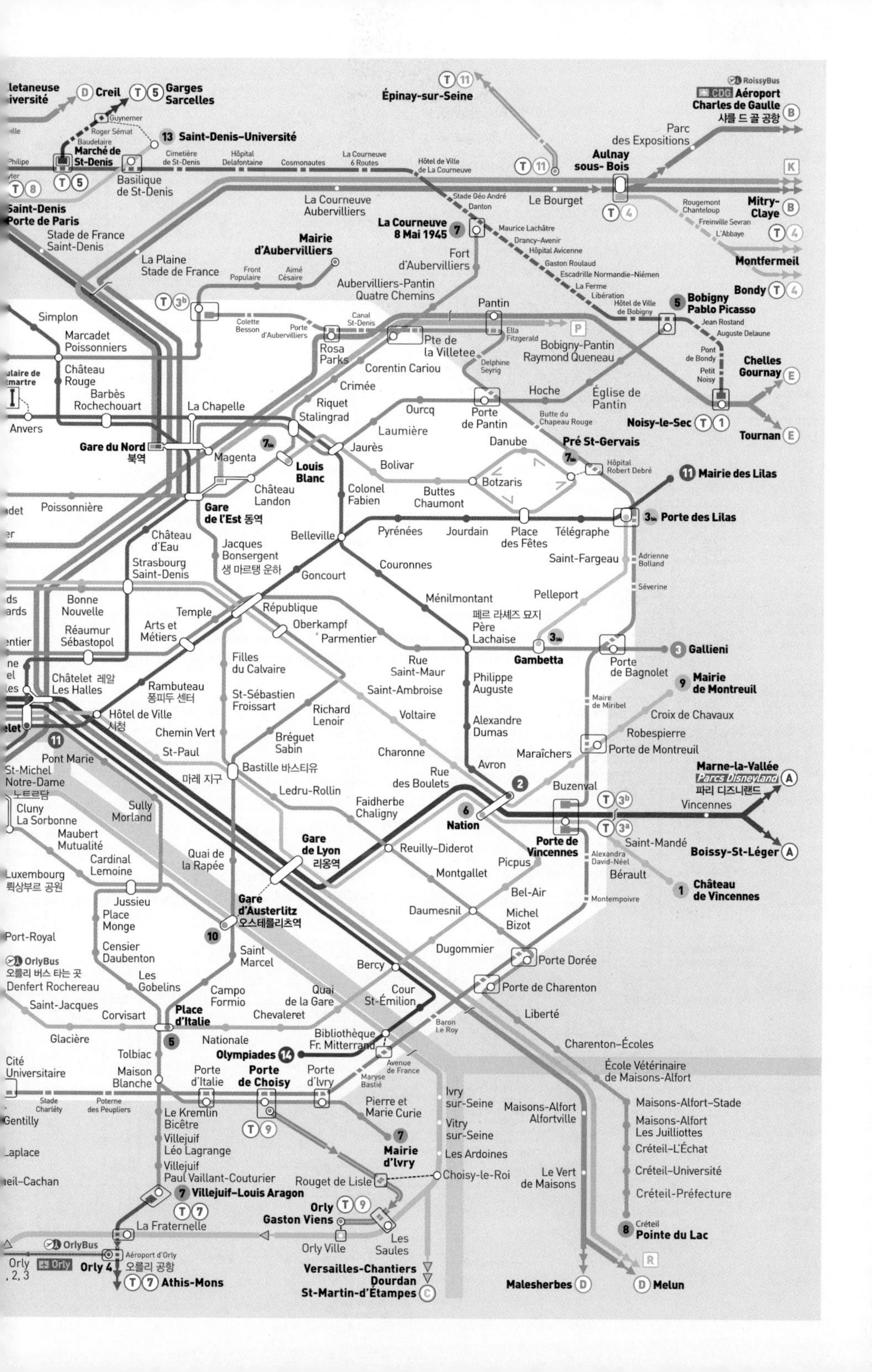

Creil
Garges Sarcelles
Épinay-sur-Seine
RoissyBus
CDG Aéroport Charles de Gaulle
샤를 드 골 공항
Saint-Denis-Université
Marché de St-Denis
Basilique de St-Denis
Cimetière de St-Denis
Hôpital Delafontaine
Cosmonautes
La Courneuve 6 Routes
Hôtel de Ville de La Courneuve
Parc des Expositions
Aulnay sous-Bois
Saint-Denis Porte de Paris
Stade de France Saint-Denis
La Courneuve Aubervilliers
Stade Géo André
Danton
Le Bourget
Rougemont Chanteloup
Freinville Sevran
L'Abbaye
Mitry-Claye
La Courneuve 8 Mai 1945
Maurice Lachâtre
Drancy-Avenir
Hôpital Avicenne
Gaston Roulaud
Escadrille Normandie-Niémen
La Ferme
Libération
Hôtel de Ville de Bobigny
Montfermeil
Bondy
Mairie d'Aubervilliers
Fort d'Aubervilliers
La Plaine Stade de France
Front Populaire
Aimé Césaire
Aubervilliers-Pantin Quatre Chemins
Bobigny Pablo Picasso
Jean Rostand
Auguste Delaune
Pont de Bondy
Petit Noisy
Simplon
Marcadet Poissonniers
Colette Besson
Porte d'Aubervilliers
Canal St-Denis
Rosa Parks
Pantin
Ella Fitzgerald
Pte de la Villette
Bobigny-Pantin Raymond Queneau
Delphine Seyrig
Corentin Cariou
Château Rouge
Barbès Rochechouart
Crimée
Chelles Gournay
Hoche
Église de Pantin
Anvers
La Chapelle
Riquet
Stalingrad
Ourcq
Porte de Pantin
Butte du Chapeau Rouge
Noisy-le-Sec
Tournan
Gare du Nord
북역
Magenta
Louis Blanc
Jaurès
Laumière
Danube
Pré St-Gervais
Bolivar
Hôpital Robert Debré
Mairie des Lilas
Château Landon
Colonel Fabien
Buttes Chaumont
Botzaris
Poissonnière
Gare de l'Est 동역
Porte des Lilas
Château d'Eau
Jacques Bonsergent
생 마르탱 운하
Belleville
Pyrénées
Jourdain
Place des Fêtes
Télégraphe
Saint-Fargeau
Adrienne Bolland
Strasbourg Saint-Denis
Goncourt
Couronnes
Séverine
Bonne Nouvelle
Temple
République
Ménilmontant
Pelleport
Arts et Métiers
Oberkampf
Réaumur Sébastopol
Parmentier
페르 라셰즈 묘지
Père Lachaise
Gambetta
Porte de Bagnolet
Gallieni
Filles du Calvaire
Rue Saint-Maur
Philippe Auguste
Mairie de Montreuil
Châtelet 레알
Les Halles
Rambuteau
퐁피두 센터
Saint-Ambroise
St-Sébastien Froissart
Maire de Miribel
Croix de Chavaux
Hôtel de Ville
시청
Richard Lenoir
Voltaire
Alexandre Dumas
Robespierre
Chemin Vert
Bréguet Sabin
Porte de Montreuil
St-Paul
Charonne
Maraîchers
Pont Marie
Bastille 바스티유
Avron
St-Michel Notre-Dame
노트르담
마레 지구
Rue des Boulets
Buzenval
Marne-la-Vallée
Parcs Disneyland
파리 디즈니랜드
Ledru-Rollin
Cluny La Sorbonne
Sully Morland
Faidherbe Chaligny
Nation
Vincennes
Maubert Mutualité
Gare de Lyon
리옹역
Porte de Vincennes
Saint-Mandé
Boissy-St-Léger
Reuilly-Diderot
Cardinal Lemoine
Quai de la Rapée
Picpus
Alexandra David-Néel
Luxembourg
뤽상부르 공원
Montgallet
Bérault
Château de Vincennes
Jussieu
Gare d'Austerlitz
오스테를리츠역
Bel-Air
Place Monge
Daumesnil
Michel Bizot
Montempoivre
Port-Royal
Censier Daubenton
Saint Marcel
Dugommier
OrlyBus
오를리 버스 타는 곳
Les Gobelins
Porte Dorée
Denfert Rochereau
Bercy
Campo Formio
Quai de la Gare
Cour St-Émilion
Porte de Charenton
Saint-Jacques
Corvisart
Place d'Italie
Chevaleret
Liberté
Baron Le Roy
Glacière
Nationale
Bibliothèque Fr. Mitterrand
Charenton-Écoles
Tolbiac
Olympiades
Avenue de France
École Vétérinaire de Maisons-Alfort
Cité Universitaire
Maison Blanche
Porte d'Italie
Porte de Choisy
Porte d'Ivry
Maryse Bastié
Stade Charléty
Poterne des Peupliers
Ivry sur-Seine
Maisons-Alfort Alfortville
Maisons-Alfort-Stade
Gentilly
Le Kremlin Bicêtre
Pierre et Marie Curie
Vitry sur-Seine
Maisons-Alfort Les Juilliottes
Villejuif Léo Lagrange
Mairie d'Ivry
Les Ardoines
Créteil-L'Échat
Laplace
Villejuif Paul Vaillant-Couturier
Rouget de Lisle
Choisy-le-Roi
Le Vert de Maisons
Créteil-Université
Villejuif-Louis Aragon
Créteil-Préfecture
Orly
Gaston Viens
La Fraternelle
Créteil Pointe du Lac
Les Saules
OrlyBus
Orly Ville
Aéroport d'Orly
Orly 4
오를리 공항
Versailles-Chantiers
Dourdan
St-Martin-d'Étampes
Malesherbes
Melun
Athis-Mons

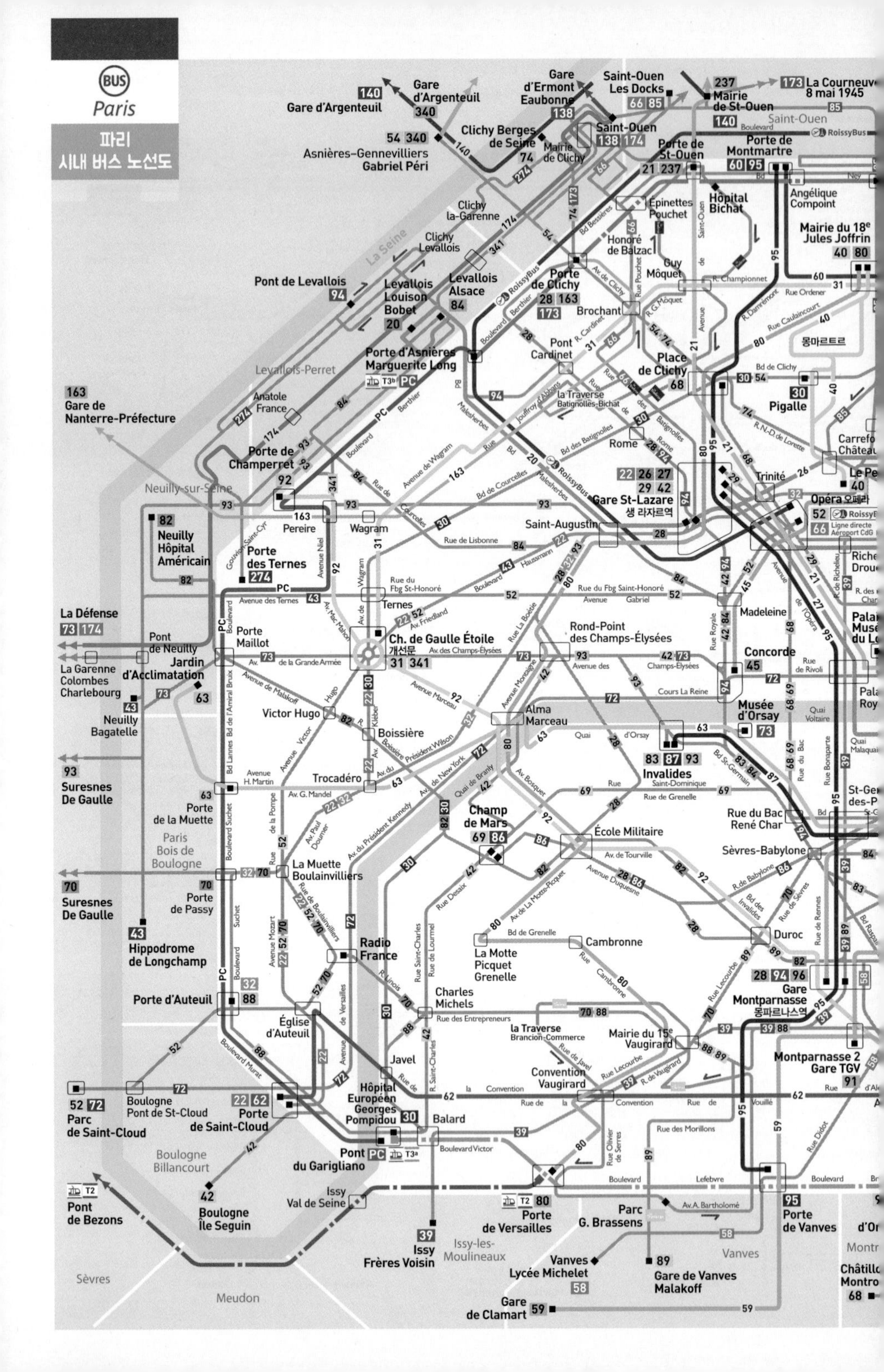
BUS
Paris
파리
시내 버스 노선도
Gare d'Argenteuil
Gare d'Argenteuil
Gare d'Ermont Eaubonne
Saint-Ouen Les Docks
Mairie de St-Ouen
La Courneuve 8 mai 1945
Clichy Berges de Seine
Mairie de Clichy
Saint-Ouen
Asnières-Gennevilliers Gabriel Péri
Porte de St-Ouen
Porte de Montmartre
Angélique Compoint
Épinettes Pouchet
Hôpital Bichat
Mairie du 18e Jules Joffrin
Clichy la-Garenne
Clichy Levallois
Honoré de Balzac
Guy Môquet
La Seine
Pont de Levallois
Levallois Louison Bobet
Levallois Alsace
Porte de Clichy
Brochant
Pont Cardinet
Porte d'Asnières Marguerite Long
Levallois-Perret
Place de Clichy
Pigalle
몽마르트르
163 Gare de Nanterre-Préfecture
Anatole France
la Traverse Batignolles-Bichat
Rome
Porte de Champerret
Carrefour Château
Neuilly-sur-Seine
Gare St-Lazare
생 라자르역
Trinité
Le Pe
Opéra 오페라
RoissyBus
Ligne directe Aéroport CdG
Pereire
Wagram
Saint-Augustin
Neuilly Hôpital Américain
Porte des Ternes
Ternes
Madeleine
La Défense
Porte Maillot
Ch. de Gaulle Étoile
개선문
Rond-Point des Champs-Élysées
Concorde
Pont de Neuilly
Jardin d'Acclimatation
La Garenne Colombes Charlebourg
Neuilly Bagatelle
Victor Hugo
Boissière
Alma Marceau
Musée d'Orsay
Invalides
Trocadéro
93 Suresnes De Gaulle
Porte de la Muette
Champ de Mars
École Militaire
Rue du Bac René Char
Paris Bois de Boulogne
La Muette Boulainvilliers
Sèvres-Babylone
70 Suresnes De Gaulle
Porte de Passy
Hippodrome de Longchamp
Radio France
La Motte Picquet Grenelle
Cambronne
Duroc
Porte d'Auteuil
Charles Michels
Gare Montparnasse
몽파르나스역
Église d'Auteuil
la Traverse Brancion-Commerce
Mairie du 15e Vaugirard
Montparnasse 2 Gare TGV
Javel
Convention Vaugirard
Parc de Saint-Cloud
Boulogne Pont de St-Cloud
Porte de Saint-Cloud
Hôpital Européen Georges Pompidou
Balard
Boulogne Billancourt
Pont du Garigliano
Pont de Bezons
Boulogne Île Seguin
Issy Val de Seine
Porte de Versailles
Parc G. Brassens
Porte de Vanves
Issy Frères Voisin
Issy-les-Moulineaux
Vanves Lycée Michelet
Gare de Vanves Malakoff
Vanves
Sèvres
Meudon
Gare de Clamart

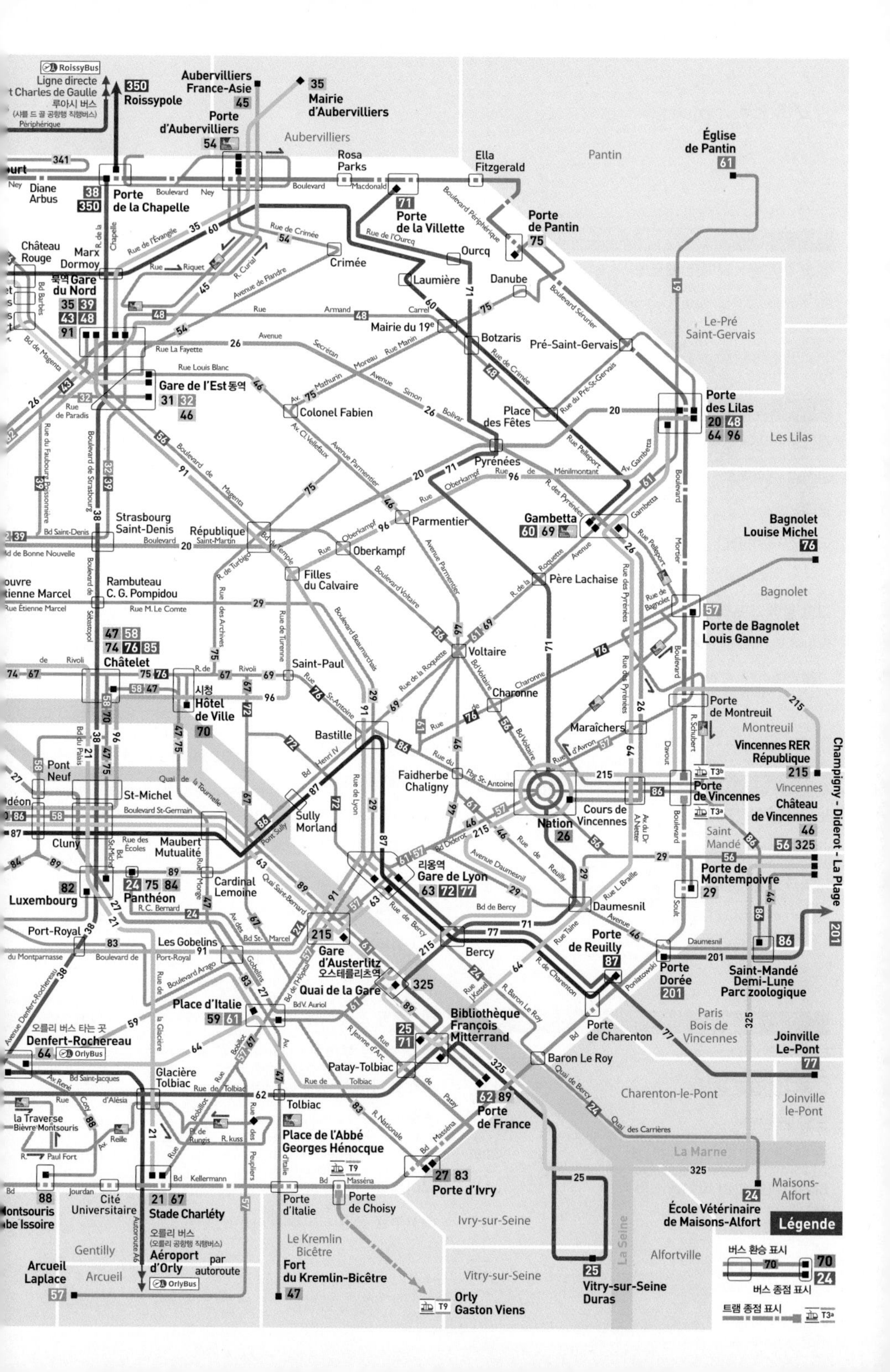

RoissyBus
Ligne directe Charles de Gaulle
루아시 버스
(샤를 드 골 공항행 직행버스)
Périphérique
350
Roissypole
Aubervilliers France-Asie
45
35
Mairie d'Aubervilliers
Porte d'Aubervilliers
54
Aubervilliers
341
Rosa Parks
Ella Fitzgerald
Pantin
Église de Pantin
61
Diane Arbus
38
350
Porte de la Chapelle
Boulevard
Ney
Macdonald
71
Porte de la Villette
Boulevard Périphérique
Porte de Pantin
75
Château Rouge
Marx Dormoy
Rue de Crimée
Crimée
Rue de l'Ourcq
Ourcq
Laumière
Danube
Gare du Nord
35 39
43 48
91
Rue Riquet
Avenue de Flandre
Rue Armand Carrel
Mairie du 19e
Botzaris
Pré-Saint-Gervais
Boulevard Sérurier
Le-Pré Saint-Gervais
Rue La Fayette
Avenue Secrétan
Rue Manin
Rue Louis Blanc
Gare de l'Est
31 32
46
Colonel Fabien
Avenue Simon Bolivar
Place des Fêtes
Porte des Lilas
20 48
64 96
Les Lilas
Rue de Paradis
Boulevard de Strasbourg
Boulevard de Magenta
Avenue Parmentier
Pyrénées
Rue Oberkampf
Rue de Ménilmontant
Gambetta
60 69
Bagnolet Louise Michel
76
Strasbourg Saint-Denis
Bd Saint-Denis
République
Boulevard Saint-Martin
Parmentier
Oberkampf
Père Lachaise
Bagnolet
Rambuteau C. G. Pompidou
Filles du Calvaire
Rue M. Le Comte
29
57
Porte de Bagnolet Louis Ganne
Louvre Étienne Marcel
Rue Étienne Marcel
47 58
74 76 85
Châtelet
Rue de Rivoli
Saint-Paul
Voltaire
Charonne
Porte de Montreuil
Montreuil
Vincennes RER République
215
Champigny - Diderot - La Plage
시청
Hôtel de Ville
70
Bastille
Maraîchers
Pont Neuf
Faidherbe Chaligny
St-Michel
Sully Morland
Nation
26
Cours de Vincennes
Porte de Vincennes
T3b
T3a
Vincennes
Château de Vincennes
46
56 325
Saint Mandé
Odéon
Boulevard St-Germain
Quai de la Tournelle
Cluny
Maubert Mutualité
Rue des Écoles
Rue Monge
리옹역
Gare de Lyon
63 72 77
Porte de Montempoivre
29
Luxembourg
82
24 75 84
Panthéon
Cardinal Lemoine
Avenue Daumesnil
Bd de Bercy
Daumesnil
R.C. Bernard
Port-Royal
Boulevard de Port-Royal
Les Gobelins
215
Gare d'Austerlitz
오스테를리츠역
Bercy
Porte de Reuilly
87
86
201
Saint-Mandé Demi-Lune Parc zoologique
Porte Dorée
Quai de la Gare
325
Place d'Italie
59 61
Boulevard Arago
Rue de la Glacière
Bd V. Auriol
Bibliothèque François Mitterrand
25
71
Porte de Charenton
Paris Bois de Vincennes
Joinville Le-Pont
77
오를리 버스 타는 곳
Denfert-Rochereau
64
OrlyBus
Patay-Tolbiac
Baron Le Roy
Quai de Bercy
Glacière Tolbiac
Rue de Tolbiac
Tolbiac
62
62 89
Porte de France
Charenton-le-Pont
Joinville le-Pont
Quai des Carrières
La Traverse Bièvre Montsouris
Paul Fort
Place de l'Abbé Georges Hénocque
T9
La Marne
88
Bd Kellermann
Bd Masséna
27 83
Porte d'Ivry
24
Maisons-Alfort
École Vétérinaire de Maisons-Alfort
Légende
Montsouris Tombe Issoire
Cité Universitaire
21 67
Stade Charléty
Porte d'Italie
Porte de Choisy
Ivry-sur-Seine
La Seine
오를리 버스
(오를리 공항행 직행버스)
Aéroport d'Orly par autoroute
OrlyBus
Autoroute A6
Gentilly
Arcueil Laplace
Arcueil
57
Le Kremlin Bicêtre
Fort du Kremlin-Bicêtre
47
Vitry-sur-Seine
Orly Gaston Viens
Vitry-sur-Seine Duras
Alfortville
버스 환승 표시
버스 종점 표시
트램 종점 표시

Index. -가나다순-

ㅁ

ㅂ

ㅅ

ㅇ

ㅈ

2024 파리 하계 올림픽 Jeux Olympiques d'été de 2024

올림픽 역사상 세 번째로 파리에서 열리는 올림픽으로 1924년 파리 올림픽 이후 100년 만에 같은 장소에서 열려 그 의미가 깊다. 이번 올림픽 대회의 컨셉은 'Open Always Wins 열린 마음은 언제나 승리한다'로 경기를 치르는 장소도 파리의 상징적인, 열린 장소에서 펼쳐지며 세계의 사람들과 함께 경험하는 축제로 진행할 것을 준비하고 있다. 32개 종목의 경기가 펼쳐지며 10,500명이 참가한다. 올림픽 국가 최초로 일회용 플라스틱 사용을 하지 않고, 풍력과 태양광 등의 재생에너지만을 사용하는 친환경 올림픽을 만들 예정이다.

일정 파리 하계 올림픽 2024년 7월 26일~8월 11일
파리 하계 패럴림픽 2024년 8월 23일~9월 9일
홈피 www.paris2024.org
입장권 구매 tickets.paris2024.org/en

올림픽 기간 교통 요금 인상

올림픽 동안 대중교통 요금이 약 2배가량 오르고, 나비고 1일권과 일주일권은 7월 20일~9월 8일 동안 판매가 중단되며 올림픽 기간 전용 패스가 생긴다. 1회권 €4, 카르네(10회권) €32, 공항버스(루아시 · 오를리) €16
Pass Paris 2024(1~5존, 루아시 · 오를리 버스 포함) 1일권 €16, 일주일권 €70
* 나비고 이지 카드(€2)를 구입해 충전해야 한다.

개막식

성화 봉송은 5월 8일부터 7월 26일까지 프랑스 주요 문화 유적지와 도시를 돌아 파리에 도착한다. 성화는 랜드마크인 에펠탑으로 옮겨져 올림픽 기간 불을 밝히게 될 예정이다. 개막식은 보트를 탄 각국 선수들이 센 강의 오스테를리츠 다리Pont d'Austerlitz에서 출발해 에펠탑 근처의 이에나 다리Pont d'Iéna까지 약 6km를 이동하게 된다. 센 강변을 따라 루브르 박물관, 오르세 미술관, 노트르담 대성당, 콩코르드 광장 등의 명소를 소개하는 다채로운 문화 공연이 펼쳐진다. 선수들이 종착지인 이에나 다리에서 내리면 트로카데로 정원Jardins du Trocadéro에 임시로 설치한 '미니스타디움'에 모여 성대한 개막식을 치르게 된다.

입장권 가격 : A~E석 €90~2700

폐막식

파리 생드니 지역에 있는 스타드 드 프랑스 Stade de France 경기장에서 폐막식을 진행한다.

입장권 가격 : A~E석 €45~1600

프리주, 마스코트 이야기

2024 파리 올림픽 마스코트인 '프리주Phryge'는 작은 프리기아 모자다. 프리기아 모자는 자유, 통합, 연대의 프랑스 공화국을 상징하며 역사적으로는 고대 로마에서 노예가 해방됐을 때 쓴 모자로 남북 아메리카에서도 엠블럼으로 쓰이는 등 '자유'를 상징한다. 패럴림픽 프리주는 경주용 의족을 착용하고 있다.

양궁 Archery

세계 최강 양궁팀을 가진 한국이다. 특히 여자 대표팀은 올림픽 단체전 10연패에 도전한다.
파리 시내, 나폴레옹이 잠들어있는 엥발리드Hôtel des Invalides 건물 앞에서 양궁 경기가 펼쳐진다.

일정 7월 30일~8월 4일 **입장권 가격** €24~190

엥발리드 Invalides
주소 Esplanade des Invalides
위치 RER C선 Invalides역에서 110m, 메트로 1호선 Champs-Élysées-Clemenceau역에서 900m, 버스 72번

육상 Athletics

세계랭킹 1위에 오른 높이 뛰기High Jump 우상혁 선수가 출전한다. 육상 종목 대부분이 열리는 스타드 드 프랑스Stade de France에서 열린다.

일정 8월 1일~8월 11일(높이 뛰기 결승은 8월 10일)
입장권 가격 €24~990

스타드 드 프랑스 Stade de France
주소 93200 Saint-Denis
위치 RER B선 La Plaine–Stade de France역에서 900m

배드민턴 Badminton

세계 랭킹 1위 안세영, 12위인 김가은이 여자 단식에 나간다. 남자 복식 서승재, 강민혁은 세계랭킹 3위로 배드민턴에서 기대되는 선수들이 많다. 경기는 파리 북쪽의 아레나 포르트 데 라 샤펠에서 열린다.

일정 7월 27일~8월 5일
입장권 가격 €24~320

아레나 포르트 데 라 샤펠 Arena Porte de la Chapelle
주소 Av. de la Prte de la Chapelle
위치 메트로 12호선 Porte de la Chapelle역에서 260m

수영 Swimming

2008년 베이징 올림픽, 2012년 런던 올림픽에서 박태환 선수가 금·은 메달을 딴 이후 잠잠하던 수영 종목이었다. 상승세를 타고 있는 황선우, 김우민, 양재훈, 이호준, 이유연 남자 수영 대표팀은 메달을 기대하고 있다.

일정 2024년 7월 27일~8월 4일

입장권 가격 €24~980

파리 라 데팡스 아레나 Paris La Défense Arena

주소 99 Jard. de l'Arche, 92000 Nanterre

위치 메트로 1호선 La Défense역에서 1km

파리 라 데팡스 아레나

탁구 Table Tennis

한국 탁구는 올해 100주년을 맞았다. '2024 부산세계탁구선수권대회'에서 남자대표팀은 동메달, 여자대표팀은 5위로 올림픽 출전권을 얻었다.

일정 2024년 7월 27일~8월 10일

입장권 가격 €24~280

사우스 파리 아레나 4 South Paris Arena 4

주소 1 Pl. de la Porte de Versailles

위치 메트로 12호선 Porte de Versailles역에서 350m, 트램 T3a Porte de Versailles 정류장에서 650m

핸드볼 Hand Ball

한국 여자 핸드볼은 아시아 예선 1위로 올림픽 본선 진출에 성공했다. 예선 경기는 파리 남쪽의 South Paris Arena 6에서, 4강 이후는 스타드 피에르 모루아 경기장에서 열린다.

일정 2024년 7월 25일~8월 11일 **입장권 가격** €24~280

사우스 파리 아레나6 South Paris Arena 6

주소 South Paris Arena 6

위치 메트로 12호선 Porte de Versailles역에서 350m, 트램 T3a Porte de Versailles 정류장에서 650m

사우스 파리 아레나

tip 관광명소에서 펼쳐지는 올림픽 경기

에펠탑을 배경으로 마르스 광장에서 진행되는 비치발리볼 Beach Volleyball, 베르사유 궁전에서는 승마, 사이클, 근대 5종이 열린다. 특히, 올림픽 어반 스포츠라 불리는 길거리 농구 3x3 Basketball, 프리스타일 BMX BMX Freestyle, 정식 종목으로 처음으로 선보이는 브레이킹 Breaking, 스케이트보드 Skateboarding는 콩코드르 광장 Place de la Concorde에서 열리는데 입장권 가격도 €24로 저렴하다.

스타드 피에르 모루아 Stade Pierre Mauroy
주소 261 Bd de Tournai, 59650 Villeneuve –d'Ascq **위치** 파리 북역(Gare du Nord)에서 Lill Europe역까지 1시간 16분, 메트로 Lille-Flandres 역에서 4 Cantons Grand Stade역에 내려 900m

펜싱 Fencing

펜싱은 프랑스가 종주국이다. 펜싱 경기는 파리 시내 중심의 그랑 팔레에서 열린다. 한국의 펜싱은 아시아 1위, 올림픽 때마다 금 · 은 · 동 메달을 획득하는 주요 종목 중 하나다. 2020년 도쿄 올림픽에서 남자 사브르 단체전에서 금메달을 땄던 김정환, 구본길, 오상욱이 파리에서 3연패에 도전한다.

일정 2024년 7월 27일~8월 4일 **입장권 가격** €24~290

그랑 팔레 Grand Palais
주소 3 Av. du Général Eisenhower
위치 메트로 1호선 Champs-Élysées-Clemenceau 역에서 250m, 버스 42·72·73·93번

태권도 Taekwondo

2000년 시드니 올림픽부터 정식종목이 된 태권도는 한국이 종주국이지만 역대 최소 규모로 파리 올림픽에 나간다. 박태준, 서건우, 이다빈 등의 선수가 출전하며 경기는 그랑 팔레에서 열린다.

일정 2024년 8월 7~10일 **입장권 가격** €24~190

골프 Golf

한 국가당 2명의 선수가 출전하는데 세계랭킹 15위 내에 드는 선수를 보유한 국가는 최대 4명까지 출전이 가능하다. 고진영, 김효주가 확정이며 양희영과 신지애가 세계 15, 16위로 6월 24일 최종 결정된다.

일정 2024년 8월 1일~10일 **입장권 가격** €24~150

르 골프 나시오날 Le Golf National
주소 2 Av. du Golf, 78280 Guyancourt, 프랑스
위치 RER C선 Saint-Quentin en Yvelines역에서 셔틀버스 환승.

Travel Note

믿고 보는 해외여행 가이드북

셀프트래블

셀프트래블은 테마별 일정을 포함한 현지의 최신 여행정보를
감각적이고, 실속 있게 담아낸 프리미엄 가이드북입니다.

01 크로아티아
02 이스탄불
03 싱가포르
04 규슈
05 교토
06 홍콩 · 마카오
07 라오스
08 필리핀
09 미얀마
10 타이베이
11 남미
12 말레이시아
13 대마도
14 오사카
15 오키나와
16 그리스
17 나트랑 · 푸꾸옥
18 베이징
19 프라하
20 스페인
21 블라디보스토크
22 발리
23 하와이
24 북유럽
25 미국 서부
26 동유럽
27 독일
28 괌
29 스위스
30 뉴욕
31 나고야
32 다낭
33 도쿄
34 호주
35 베트남
36 타이완
37 후쿠오카
38 포르투갈
39 런던
40 홋카이도
41 이탈리아
42 방콕
43 파리

www.esangsang.co.kr

상상출판